致霾污染物排放云网格治理机制

黄光球　陆秋琴　著

北　京
冶　金　工　业　出　版　社
2018

内容简介

本书介绍了致霾污染物排放云网格治理机制设计方法，内容包括：关联区域可伸缩层次化云网格系统体系结构设计方法、致霾污染物排放联防联控云网格精细化管理机制设计方法、树形层次化清单编制及其网格化方法、关联区域致霾污染物浓度分布估算方法、多源致霾污染物迁移致生态环境系统损害级联传播过程分析与评价方法、大气复合污染损害度评价方法、雾霾的健康风险与雾霾危害性评价方法、致霾污染物排放跨时空协同最佳减排方案生成方法以及致霾污染物排放型企业对标考核方法等内容。本书介绍的研究成果可为大型城市或城市群致霾污染物排放治理方案的设计提供借鉴。

本书内容丰富、系统性强，可供管理科学与工程、城市环境管理、管理系统工程、环境科学与工程等学科的科研人员、工程技术人员阅读，也可供大专院校相关专业师生参考。

图书在版编目(CIP)数据

致霾污染物排放云网格治理机制/黄光球，陆秋琴著. —北京：冶金工业出版社，2018.5

ISBN 978-7-5024-7781-3

Ⅰ.①致… Ⅱ.①黄… ②陆… Ⅲ.①霾—空气污染控制—研究 Ⅳ.①X510.6

中国版本图书馆 CIP 数据核字（2018）第 097900 号

出 版 人 谭学余
地　　址 北京市东城区嵩祝院北巷 39 号 邮编 100009 电话 (010)64027926
网　　址 www.cnmip.com.cn 电子信箱 yjcbs@cnmip.com.cn
责任编辑 刘晓飞 美术编辑 彭子赫 版式设计 孙跃红
责任校对 李 娜 责任印制 牛晓波
ISBN 978-7-5024-7781-3
冶金工业出版社出版发行；各地新华书店经销；固安华明印业有限公司印刷
2018 年 5 月第 1 版，2018 年 5 月第 1 次印刷
169mm×239mm；15 印张；291 千字；223 页
69.00 元

冶金工业出版社 投稿电话 (010)64027932 投稿信箱 tougao@cnmip.com.cn
冶金工业出版社营销中心 电话 (010)64044283 传真 (010)64027893
冶金书店 地址 北京市东四西大街 46 号(100010) 电话 (010)65289081(兼传真)
冶金工业出版社天猫旗舰店 yjgycbs.tmall.com

前　言

致霾污染物包括挥发性有机化合物（VOCs）和提升雾霾毒性的矿尘颗粒物。VOCs是大气臭氧（O_3）和二次有机气溶胶（SOA）污染的关键前体物，是数百种有机化合物的统称。VOCs排放到大气环境中后，在紫外线和O_3的作用下，会产生SOA。在适宜的气候条件下，众多SOA聚集在一起就会形成雾霾。矿尘颗粒物来源于包括矿产资源开采和加工在内的工业生产。控制雾霾，实际上归结为控制VOCs的排放；控制雾霾毒性，实际上是控制矿尘颗粒物的排放。

“十三五”期间，我国环保工作的总体目标是：生态环境质量总体改善，主要污染物排放总量大幅减少，环境风险得到有效管控。在环境质量指标方面，将地级及以上城市$PM_{2.5}$浓度下降比例、空气质量优良天数比例、重点地区重污染天数减少等作为主要指标；在主要污染物排放指标方面，将致霾污染物纳入总量控制范围。

致霾污染物容易随风飘移，若干相邻的城市组成的城市群内致霾污染物排放相互联系、相互影响，空气污染联系紧密，因此必须把若干相邻的城市组成的城市群看成一个整体。本书称若干相邻的城市组成的城市群为关联区域，只有对关联区域内的致霾污染物进行联防联控才能真正实现减排。

为了解决一个关联区域内致霾污染物治理中存在的问题，并考虑到致霾污染物排放涉及的行业较多、企业众多、地域分布广泛等特征，本书介绍了一种新的致霾污染物排放治理机制，即关联区域致霾污染物排放联防联控云网格精细化治理机制。该机制的价值如下：（1）整个精细化云网格管理系统可覆盖关联区域所有与致霾污染物排放相关的企业；（2）集成化的致霾污染物完整大数据链信息可为致霾污染物排放标准和控制政策的制定、控制技术和控制措施的有针对性的应用奠定良好的基础；(3) 将互联网技术引入到关联区域致霾污染物排放精细化治理中，可以确保海量数据集成不存在技术性障碍，采用云计算管理技术来统一管理各区域致霾污染物网格中心系统，既能使海量数据达到高度共享程度，数据安全性能得到保证，又能大幅降低实施成本；(4) 可实现重点行业致霾污染物综合整治和重点区域致霾污染物排放联防联控，有利于建立健全重污染天气应急处理机制。

本书是作者多个相关科研成果的总结。全书共分为 13 章，各章介绍的内容如下：

第 1 章介绍了关联区域致霾污染物排放网格化管理的优势，给出了关联区域致霾污染物排放可伸缩树形层次化网格体系结构设计方法。该体系结构可在不同层次网格中心之间建立信息聚合关系，实现不同层级网格系统的关联，为实现数据的汇总分析和信息合并提供支持。

第 2 章介绍了致霾污染物排放联防联控云网格精细化管理机制设计方法。将关联区域致霾污染物排放可伸缩树形层次化网格体系部署到云计算平台中，给出了功能云网格、任务云网格和执行云网格的运作机制；依据区域之间的联防联控的流程，构建出具有长效机制的总体构架体系，该体系突破了行政边界的限制，实现了整个关联区域致霾污染物联防联控的目标。

第 3 章介绍了致霾污染物排放清单树和企业活动水平信息树编制方法及其网格化方法。采用树形层次化结构可以最大限度地适应各种各样的企业任意复杂的工艺流程。当企业生产工艺发生变化时，树形结构可以方便地进行动态调整，每个企业都有符合自身特色的清单树；树形层次化结构中的数据逻辑非常清晰，便于统计分析，同时其内涵十分丰富，一旦树形结构建立完成，很少需要修改结构以满足变动；树形层次化结构为网格化管理系统的实现提供了便利，活动水平信息录入界面可以实现自动生成，子树嫁接过程可以实现自动匹配。

第 4 章介绍了关联区域致霾污染物浓度分布估算模型。为了获取关联区域内的致霾污染物浓度分布规律，提出了关联区域致霾污染物浓度分布估算模型，克服了高斯扩散模型气象因素考虑不足、HYSPLIT

模型无法计算准确浓度数值的缺陷。该模型以致霾污染物迁移路径为基础数据，耦合使用高斯扩散模型、改进的反距离权重数据展布方法、克里金插值方法，分析多个时空维度上的致霾污染物数值浓度分布规律。以神府煤田为例，模拟连续排放过程中矿尘迁移扩散情形，对每个季节三个高度层上矿尘浓度数值及其分布规律进行计算和分析，确定了各时段矿尘浓度富集区域，为关联区域生态环境评价提供理论支持。

第5章介绍了多源致霾污染物迁移过程致生态系统损害级联传播过程分析与评价方法。采用致霾污染物迁移前向路径和后向路径构建由排放源到目标生态系统的致霾污染物迁移网络，明确潜在的危害来源路径，给出了生态系统损害级联传播Petri网评价模型（PN-EDCP）的定义，阐述了将迁移路径网络抽象为Petri网模型的一般方法。通过向Petri网模型中引入库所对象属性与方法的概念，模型现实含义清晰，具备对生态系统对象间逻辑关系及损害级联传播路径的描述和分析能力。在以榆神矿区为研究区域的实例研究中，使用PN-EDCP模型完成了仿真分析，并对得到的损害度变化趋势及与之相关的级联路径进行了深入讨论。该模型能够将致霾污染物迁移现象损害生态系统的过程直观展现出来，为预测矿区生态系统损害度变化趋势并制定相应防护和治理措施提供参考。

第6章介绍了致霾污染物迁移下级联传播模型的生态环境系统脆弱性分析方法。为了描述连续扰动下生态环境脆弱化级联传播问题，在传统对象Petri网中引入函数的概念，提出了一种全新的对象函数GeoPetri网模型。综合考虑污染物迁移方向和生态环境在地理空间上的关联关系，用对象库所表示脆弱化级联传播路径上生态子系统，用变迁表示子系统间的关联关系，用前弧表示Token的触发条件，从而直观地构造了基于GIS的生态环境Petri网。在此基础上，定义了基于OFG-PNM的脆弱度和阈值的概念，利用两者的关系进行脆弱性级联传播分析，从而明确级联传播的三种状态（稳定状态、负载状态、崩溃状态），并以级联传播规模作为衡量脆弱性的全局指标。最后，以神府煤田矿尘迁移作为污染物连续排放的污染源，通过模型方法的模拟仿真分析，对生态环境系统在级联传播下的脆弱性进行了深入探讨。已有的研究方法和结果不仅在生态环境脆弱性研究领域做出了新的贡献，而且为环境的修复和重建提供了参考价值。

第 7 章介绍了致霾污染物迁移致生态环境系统毁坏的随机动力学关联性分析模型（SFPN-SD）。SFPN-SD 模型很好地继承了 SD 模型的全部特征，同时又将随机 Petri 网的全部特征融入到 SFPN-SD 模型中。与 SD 模型相比，SFPN-SD 模型具有系统的状态及其类型的含义更明确、状态演变过程更明确的特点，且其描述的系统变化动态性是通过事件激发的，从而更逼真地描述了复杂系统的自主动态随机演变行为。实例研究表明，用 SFPN-SD 模型分析致霾污染物迁移致生态环境系统毁坏的动力学关联性具有独到的优势。

第 8 章介绍了致霾污染物排放致生态环境系统毁坏的广义随机动力学关联分析模型（GSFPN-SD）。GSFPN-SD 模型很好地继承了 SD 模型的全部特征，同时又将 GSPN 的全部特征融入到 GSFPN-SD 模型中。GSFPN-SD 模型具有如下优势：（1）系统的状态及其类型的含义更明确，通过变迁的激发，使得状态的演变过程更明确；（2）系统变化动态性是通过事件激发的，而不是通过计算驱动的，从而更逼真地描述了复杂系统的自主动态演变行为；（3）变迁的激发是通过托肯的移动而实现的，从而天然地实现了系统可以有条件或无条件转移；（4）该模型可以实现部分变迁具有延时特征，而其他变迁没有延时特征的系统动力学模拟。实例研究表明，GSFPN-SD 模型用于致霾污染物排放致生态环境系统毁坏的动力学关联分析具有独到的优势。

第 9 章基于化学反应和 Petri 网原理，将两者优点有效结合起来，并将其应用于大气环境质量损害度评价系统。用库所表示参与光化学反应的反应物和生成物，用变迁表示光化学反应发生所需的条件，用弧权表示化学计量数，用标记表示参与反应的单位分子的数量，从而直观地表示大气环境质量损害过程的逻辑因果化学反应关系，提出了一种基于化学反应 Petri 网的大气环境质量损害度评价模型（CRPNEM），该方法可为关联区域大气环境质量管理提供参考。

第 10 章以西安市为例，介绍了关联区域雾霾中重金属健康风险评价方法。

第 11 章为了评价不同 $PM_{2.5}$ 质量浓度的雾霾对人群健康的危害性，采用函数 Petri 网与人工神经网络的学习机制相结合的方法，构建了结构解析型神经 Petri 网模型，简称 SP_ NPN 模型。该模型可以继承 ANN 的自学习功能，具有 ANN 的联想存储功能，并能够快速寻找最优解；该模型的网络结构可以是任意的，从而具有良好的适应性；该模型对输入信息没有依赖，它将网络内部的动态作为关注焦点，因而特别适用于复杂系统结构的解析与因果关联分析；该模型的内部节点具有明确的物理含义，因而方便对复杂系统建模。应用结果表明：利用 SP_ NPN 模型解析雾霾对人体健康的危害性，一组观测输入和输出会获得多种解析结果，据此可以发现人体系统内部存在的所有致病类型，从而为相关精确诊断方案的制定指明方向；通过固定某些弧的权系数，可以使解析结果达到唯一，从而发现导致解析结果唯一时的关键因果关联关系，依据这些关联关系设置观测方案，能够为精确诊断方案的制定提供依据；此外，利用 SP_ NPN 模型的因果关联关系解析功能，能够揭示雾霾中 $PM_{2.5}$ 质量浓度变化与人体致病机制之间存在的因果关联关系，并计算出不同 $PM_{2.5}$ 质量浓度的雾霾对人群健康的危害性程度，从而达到对雾霾危害性进行评价的目的。

第 12 章介绍了致霾污染物排放跨时空协同最佳减排方案生成方法。其特点如下：(1) 将致霾污染物排放减排方案优化问题看成是一个多目标优化问题，可以照顾到各方要求；(2) 所获得的最佳减排方案考虑到了致霾污染物跨区域、跨时间的迁移特征，具有较高的精度；(3) 所获得的最佳减排方案是在联防联控视角下获得的，具有跨区域协同减排的显著优势。

第 13 章介绍了基于熵权—密切值—DEA 的致霾污染物排放型企业的致霾污染物排放控制效果对标考核评价方法。在该方法中，权重的确定和虚拟的最优点均来自于样本数据，没有主观臆断和不确定性因素，考核评价结果更为客观合理，可信度较高，比常用的评价法更为实用；采用 DEA 模型，可以得出企业提升致霾污染物排放控制效果的努力方向。采用该方法，可以将不同时间点的致霾污染物排放控制对标管理指标作为评价对象进行比较，分析该企业在致霾污染物排放控制效果方面的变化情况。该方法为致霾污染物排放型企业全方位地了解自身的致霾污染物排放控制效果对标管理提供了新的途径和可靠的依据。

本书内容得到了以下科研项目的资助：

(1) 陕西省社科界2017年度重大理论与现实问题研究项目，陕西省雾霾治理云网格精细化管理模式研究，2017C078；

(2) 陕西省社会科学基金项目，环境污染规制下大西安路网结构最佳布局及其实现对策研究，2017S035；

(3) 教育部人文社会科学研究规划基金项目，西北干旱地区矿尘海量排放与雾霾毒化的相关性研究，15YJA910002；

(4) 陕西省自然科学基础研究计划面上项目，地热效应作用下井下超深通风网络中可吸入矿尘多级消除方法研究，2017JM5011；

(5) 陕西省自然科学基础研究计划重点项目，多源冲击波作用下井下复杂巷网中爆生烟尘运移机理及其控制方法研究，2015JZ010；

(6) 陕西省教育厅服务地方科学研究计划项目，井下海量矿尘就地消除策略设计系统开发，16JF015。

由于作者水平有限，书中不妥之处在所难免，敬请读者不吝指正。

作　者

2018年2月

目　录

1 关联区域可伸缩层次化网格系统体系结构

1.1 引言

最近几年频繁发生的雾霾污染，对经济、政治、社会、民生造成了严重的危害，也引发了高度的社会关注和民众焦虑[1~3]。经合组织（OECD）在国际交通论坛 2014 年年度峰会上发布空气污染成本评估报告，指出："室外空气污染导致每年在全球有 350 万人死亡，由此造成的健康成本每年高达 3.5 万亿美元。其中，中国的死亡人数约为 120 万，占总死亡人数的五分之二，经济损失约为每年 1.4 万亿美元。"根据世界卫生组织（WHO）统计，每年因为大气污染而导致人类过早死亡所造成的经济损失约占全球 GDP 总值的 1.2%~2%左右。数据表明，中国的情况可能比全球的平均水平要严重，可见消除雾霾迫在眉睫[4~8]。致霾污染物的关键来源是挥发性有机化合物（Volatile Organic Compounds，VOCs）和其他提升雾霾毒性的大气污染物，如含重金属的矿尘。致霾污染物中的 VOCs 来源广泛，主要有汽车排放的尾气、工厂因大量使用有机化工产品而释放出来的废气、化石能源燃烧、秸秆燃烧和烟花爆竹燃放而产生的烟雾等。VOCs 是雾霾的关键前体物，而矿尘主要是提升雾霾毒性，消除雾霾首先必须减少致霾污染物排放量[9~14]。

另外，由于致霾污染物容易随风飘移，若干相邻的城市组成的城市群内致霾污染物排放相互联系、相互影响，空气污染联系紧密，因此必须把若干相邻的城市组成的城市群看成一个整体，为方便起见，本书称若干相邻的城市组成的城市群为关联区域，对关联区域内的致霾污染物进行联防联控才能真正实现减排。

网格化管理是借用计算机网格管理的思想，将管理对象按照一定的标准划分成若干网格单元，利用现代信息技术和各网格单元间的协调机制，使各个网格单元间能有效地进行信息交流，透明地共享组织的资源，以最终达到整合组织资源、提高管理效率的现代化管理思想[15]。网格化管理起源于国外的街区管理理念，是一种主动中间网格体系结构，用于快速、自治的网格服务创建、部署、激活和管理[16]，可以解决信息共享、业务协作等问题，是优化流程的有力武器[17]。国内外学者对网格化管理研究最为常见的视角是从政府管理流程优化再造方面进行分析，近年来常应用在社区管理、公共服务管理、城市管理、应急管理、环境管理等领域。网格化管理的核心在于基层提交数据的简洁性和上级布置任务反应到基层的迅捷性，是加强社会治理的重要举措，是实施群众路线的特殊路径[18]。文献［19］认为网格技术可以帮助科学家克服气候研究中数据泛滥的问题，可促进数据的大规模共享和重用，建立了基于机构间合作的工作环境中处理数据访问机制。文献［20］总结了网格化环境管理这一创新模式在兰州、河北、河南等地的应用，分析了网格化环境管理的特征及对当前环境管理的启示。文献［21］根据环境总体规划中环境空间管控要求，将环境“一张图”与环境网格化管理相结合，提出了建立“行政网格+标准公里网格”的环境网格化管理平台。文献［22］建立了可逐级细分的水环境网格化管控体系，为实现水环境精细化管理、保障城市水环境安全奠定了基础。文献［23］推出了网格化监控系统，业务涵盖生态环境监测装备、运维服务、社会化检测、环境大数据分析及决策支持服务、VOCs 治理以及民用净化等六大领域。文献［24］建立了一个“横向到边、纵向到底”的网格化环境监管体系，全力实施对污染源全覆盖的环保网格化监管模式。文献［25］认为网格化监测系统对准确查找污染源、实时掌握整个区域大气质量变化情况、提升大气污染防治的监管能力有所帮助。文献［26］阐述了网格化环境监管平台的总体架构，描述了网格化环境监管平台的 GIS 地图展示、任务管理、信息查询、统计分析等功能。文献［27］设计出了“单元网格管理法”，将城市进行空间划分，通过“事件部件管理法”将大气污染管理对象进行分类，构成了一个工作流程清晰、组织严密、指挥高效的大气污染防治工作体系。文献［28］认为网格化在线监测能有效推动环境监测精细化管理。文献［29］通过构建网格化大气监测传感网络及环境空气质量大数据平台，提供专业的网格化环境空气质量管理服务，使其成为区域空气质量预警预测，污染物排放全天候监管，污染成因分析的有效支撑。

1.2　关联区域致霾污染物排放网格化管理的优势

致霾污染物排放控制困难的核心原因事实上归结为：关联区域缺少致霾污染物排放源高分辨率信息链，从而导致致霾污染物控制技术与控制措施无法取得有针对性的应用；相关控制政策也缺乏针对性。为了解决关联区域致霾污染物排放控制问题，本章采用网格管理技术构建出了关联区域统一的高分辨率致霾污染物排放网格化管理系统[15~20]，为建立完整的致霾污染物排放大数据信息链奠定了基础。关联区域致霾污染物排放网格化管理的优势如下：

（1）整个网格化管理系统可覆盖整个关联区域所有行业中所有与致霾污染物排放相关的企业。

（2）整合的致霾污染物信息包括五类：1）致霾污染物排放源所在地及其特征；2）致霾污染物排放企业的信息；3）致霾污染物对应的有机化工产品的信息；4）企业排放的致霾污染物信息；5）致霾污染物排放时间信息。

（3）企业上传信息量少且稳定。

（4）可解决单纯依靠环保部门进行大气环境监测但又不能有效解决问题的困境。

（5）集成化的致霾污染物完整大数据链信息可为控制政策的制定、控制技术和控制措施有针对性的应用、致霾污染物控制技术研究奠定良好的基础。

（6）可为揭示关联区域雾霾的成因提供完整的数据链。

（7）可提供依据关联区域实情来建立致霾污染物排放因子数据库和致霾污染物活动水平信息数据库，从而使得排放因子测试工作系统化和本土化，可提升致霾污染物活动水平信息的可靠性，从而可解决排放因子值对关联区域各行业不同排放源的适用性和代表性问题。

1.3 致霾污染物排放监测网格系统设计方法

网格划分是网格化管理系统的基础，要依托网格化管理平台实现对致霾污染物排放的监测和估计，首先要保证网格具有足够的分辨率，且网格划分方法便于管理平台实现自动化管理。致霾污染物排放量数据与地理位置有紧密关系，受到工业企业密度、工业企业类型、致霾污染物关键组分以及自然环境的影响，不同地理区域的致霾污染物污染严重程度有明显差异。属于不同行业的企业有其各自不同的主要致霾污染物中的组分污染物排放类型，不同的致霾污染物中的组分污染物在空间中有不同的分布特征，要实现对不同种类致霾污染物中的组分污染物排放的网格化管理，需要使用不同分辨率的网格。关联区域致霾污染物排放网格适宜按照地理位置进行划分，为满足网格化管理系统对不同的分辨率要求，按照分辨率由高到低的规律设计四级网格。

每一级网格均为方形几何网格，由若干个符合相应等级网格标准的单元网格构成，单元网格划分遵循以下原则：

（1）全面性。各单元网格的并集应为整个关联区域，即每一级网格都必须无遗漏地覆盖整个关联区域范围。

（2）唯一覆盖性。各单元网格之间在地理范围上不存在交集，即任意两个属于同一级网格的单元网格之间不存在地理区域上的交叉。

关联区域网格由 $w \times w$（km^2）的细小网格构成，覆盖了整个关联区域地理范围，且排除了部分明显不包含致霾污染物排放源的网格。采用 w-网格划分方法可以在关联区域东西方向划分 L 个单元，南北方向划分 W 个单元，共计 LW 个单元网格。单元网格中心点坐标及覆盖范围如式（1-1）、式（1-2）所示。将全部单元网格边界以黑色实线绘制到关联区域电子地图上，可以得到图 1-1 所示结果。

$$C_{m,\ n} = \left[S_o + \frac{(n - 0.5) \times w}{3.6} L_{\text{lon}},\ S_a - \frac{(m - 0.5) \times w}{3.6} L_{\text{lat}} \right] \tag{1-1}$$

$$G_{m,\ n} = \left[C_m \ \pm \frac{w \times 0.5}{3.6} L_{\mathrm{lon}},\ C_n \ \pm \frac{w \times 0.5}{3.6} L_{\mathrm{lat}} \right] \tag{1-2}$$

式中，w 表示网格的大小；m 和 n 分别表示单元网格行列坐标；$C_{m,n}$表示坐标为第 m 行 n 列的单元网格中心点坐标；S_a表示研究范围经度起始值；S_o表示研究范围纬度起始值；L_{lon}表示地表每公里距离经度跨度，其数值近似为 25. 516667s；L_{lat}表示地表每公里距离纬度跨度，其数值近似为 30. 883333s；$G_{m,n}$表示单元网格覆盖范围；C_m表示该单元网格中心点经度；C_n表示该单元网格中心点纬度。

当致霾污染物排放量在连续空间分布中变化剧烈时，可以使用 w 级粒度网格划分方法得到的单元网格对致霾污染物排放活动建立有针对性的网格管理机制。

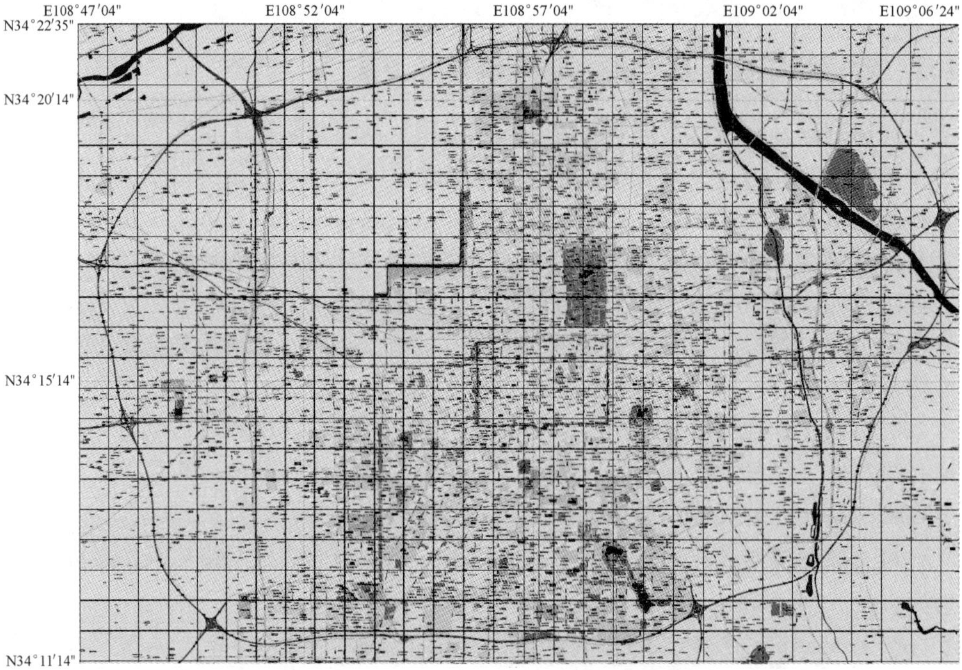

图 1-1　w-网格示意图

1.4　用于致霾污染物排放监测的树形层次化网格系统结构设计方法

1.4.1　网格系统设计总体思路

树形层次化网格结构是指在不同分辨率网格之间建立具有层次特点的树形分支关系，实现不同级别网格的关联，为实现数据的汇总分析和信息合并提供支持。按照前述不同级别的网格粒度的划分方法，每一层级的单元网格都有一定的覆盖范围，若干个连续的同一层级的底层网格的覆盖范围可等同于一个上层网格的覆盖范围。可以将此若干个底层单元网格作为一个上级粒度网格的分支，从最底层的 w-网格依次向上递推到顶层网格即可建立树形网格结构。

将网格节点分为点源节点和面源节点，其中面源节点对应于不同粒度级别的单元网格，即一个单元网格又称为一个面源节点，如图 1-2 所示。一个点源节点是虚拟节点，用于监测一个致霾污染物排放责任主体，而面源节点无责任主体，仅用于分析该节点内的致霾污染物扩散和迁移特征。网格系统既存在点源节点，又存在面源节点，但点源节点和面源节点是独立的，无论它们二者在空间上是否存在重叠。

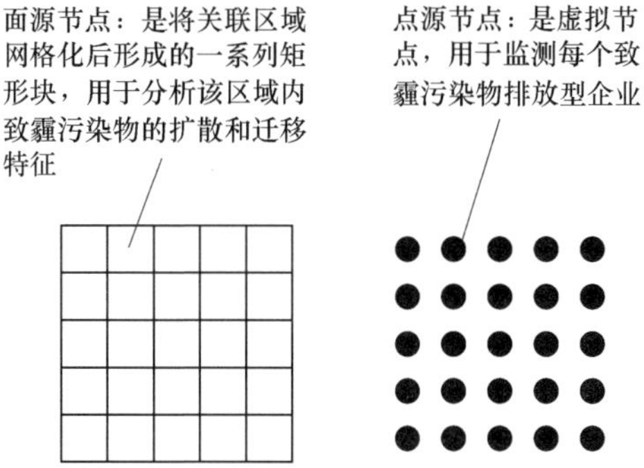

面源节点：是将关联区域网格化后形成的一系列矩形块，用于分析该区域内致霾污染物的扩散和迁移特征
点源节点：是虚拟节点，用于监测每个致霾污染物排放型企业

图 1-2 点源节点和面源节点

针对关联区域各区县分别建立不同粒度级别的网格系统，将关联区域各区县内的每个与致霾污染物排放相关的企业视为一个点源节点。

针对每个网格节点，采用 GIS 技术、空间相关性分析法、现场调研和文献分析的方法，收集每个网格节点与致霾污染物排放相关的资料。

1.4.2 可伸缩层次化网格系统体系结构设计

能够管辖一些点源和面源节点或一些网格中心的中心称为网格中心，本网格系统拥有多个网格中心。按照“关联区域—城市—区县—乡镇（街道）”为级别建立四级树形层次化联防联控网格中心，如图 1-3 所示。每个乡镇（街道）设一个底层网格中心，管理该乡镇（街道）内所有点源和面源网格节点；每个区县设一个三级网格中心，管理该区县内所有底层网格中心；关联区域中每个城市设一个二级网格中心，管理该城市内所有三级网格中心；整个关联区域设一个顶层网格中心，管理所有二级网格中心；每个点源和面源网格节点按其行政归属与一个底层网格中心相连；网格节点与网格中心之间、网格中心与网格中心之间采用互联网相连接。引入互联网技术到关联区域致霾污染物大气污染监测中，数据集成不存在硬件基础设施障碍和技术性障碍。

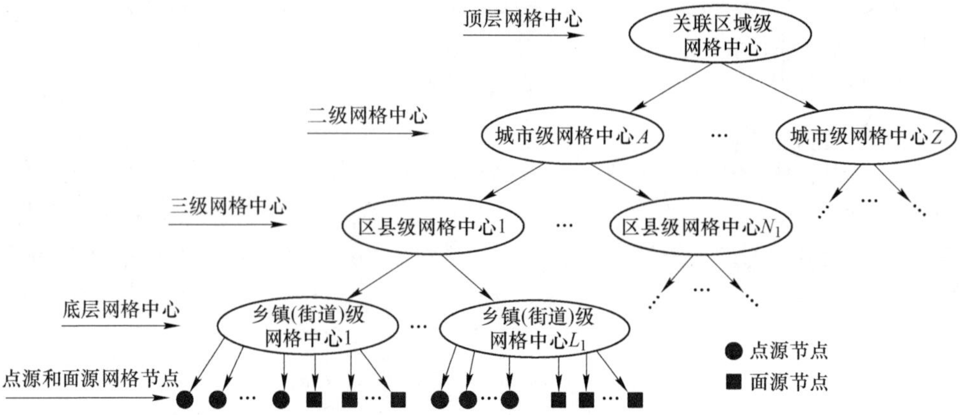

图 1-3　可伸缩层次化联防联控网格系统体系结构

在图 1-3 中，点源节点和面源节点只属于底层网格中心，且一个节点只能属于一个网格中心。底层网格中心保存最原始的节点数据；一个父网格中心保存来自其所有子网格中心、但经合并整理后的数据，即一个父网格中心的数据要比其子网格中心的数据粒度粗。所以，层级越高，数据粒度越粗，信息的概括性越强。

图 1-3 所示的树形层次化联防联控网格系统，是在互联网虚拟空间存在的逻辑视图，可以任意扩展或收缩，既可适用于面积较小的区域，又可适用于面积巨大的区域。

1.5　本章小结

本章提出了关联区域致霾污染物排放可伸缩树形层次化网格体系结构设计方法，树形层次化网格体系结构是指在不同层级网格中心之间建立信息聚合关系，实现不同级别网格系统的关联，为实现数据的汇总分析和信息合并提供支持。

参考文献

[1] 郭逸飞，宋云，孙晓峰，等．国外 VOCs 污染防治政策体系借鉴［J］．环境保护，2012，13：75~77.

[2] 张国宁，郝郑平，江梅，等．国外固定源 VOCs 排放控制法规与标准研究［J］．环境科学，2011，32（12）：3501~3508.

[3] 张新民，薛志钢，孙新章，等．中国大气挥发性有机物控制现状及对策研究［J］．环境科学与管理，2014，39（1）：16~19.

[4] Guo H，So K L，Sinpson I J，et al. C1-C8 Volatile organic compounds in the atmosphere of

Hong Kong: Overview of atmospheric processing and source apportionment [J]. Atmospheric Environment, 2007, 41: 1456~1472.

[5] Steven G. Brown, Anna Frankel, Hilary R. Hafner. Source apportionment of VOCs in the Los Angeles area using positive matrix factorization [J]. Atmospheric Environment, 2007, 41: 227~237.

[6] Geir Legreid, Johannes Staehelin, et al. Oxygenated volatile organic compounds (OVOCs) at urban background site in Zürich (Europe): Seasonal variation and source allocation [J]. Atmospheric Environment, 2007, 41: 8409~8423.

[7] David A Olson, Gary A Norris, Robert L Seila, et al. Chemical characterization of volatile organic compounds near the World Trade Center: Ambient concentrations and source apportionment [J]. Atmospheric Environment, 2007, 41: 5673~5683.

[8] Jaymin Kwon, Clifford P. Weisel, Maria T. Morandi, et al. Source proximity and meteorological effects on residential outdoor VOCs in urban areas: Results from the Houston and Los Angeles RIOPA studies [J]. Science of The Total Environment, 2016, 573: 954~964.

[9] A. Cincinelli, T. Martellini, A. Amore, et al. Measurement of volatile organic compounds (VOCs) in libraries and archives in Florence (Italy) [J]. Science of The Total Environment, 2016, 572: 333~339.

[10] Deepak Singh, Amit Kumar, Krishan Kumar, et al. Statistical modeling of O_3, NO_x, CO, $PM_{2.5}$, VOCs and noise levels in commercial complex and associated health risk assessment in an academic institution [J]. Science of The Total Environment, 2016, 572: 586~594.

[11] 魏巍. 中国人为源挥发性有机化合物排放现状及未来趋势 [D]. 北京: 清华大学, 2009: 27~34.

[12] 陈颖. 我国工业源 VOCs 行业排放特征及未来趋势研究 [D]. 广州: 华南理工大学, 2011.

[13] 区家敏. 珠江三角洲 VOCs 排放来源识别、验证与基于反应活性的控制对策研究 [D]. 广州: 华南理工大学, 2014.

[14] 王铁宇, 李奇锋, 吕永龙. 我国 VOCs 的排放特征及控制对策研究 [J]. 环境科学, 2013, 34 (12): 4756~4763.

[15] 郑士源, 徐辉, 王浣尘. 网格及网格化管理综述 [J]. 系统工程, 2005 (3): 25~32.

[16] Alex Galis, Jean-Patrick Gelas, Laurent Lefèvre, Kun Yang. Active Network Approach to Grid Management [J]. International Conference on Computational Science, 2003: 1103~1112.

[17] Dan Chang, Danqing Li, Wei Liao. The Construction and Simulation of Mobile Commerce Process Based on Grid Management [J]. LISS 2012, 2013: 859~864.

[18] Xuzhi Fan. Research and Thinking on Grid Service and Management of Community in City S [J]. Procedia Engineering, 2017, 174: 1177~1181.

[19] Bernadette Fritzsch, Wolfgang Hiller. Collaborative Climate Community Data and Processing Grid—C3 Grid: Workf lows for Data Selection, Pre-and Post-Processing in a Distributed Envi-

ronment［J］. Earth System Modelling，2013（6）：49~60.

［20］李文青，刘海滨，于忠华，等．网格化环境管理特征分析及实施建议［J］. 中国环境管理，2015，7（1）：56~58.

［21］王成新，秦昌波，吕红迪，等．基于环境“一张图”的环境网格化管理平台建设思路探讨——以长吉产业创新发展示范区为例［J］. 环境保护科学，2016，42（3）：28~34.

［22］王成新，于雷，王依．广州市水环境网格化管理实施研究［J］. 环境科学与管理，2016，41（9）：15~18.

［23］张厚美．以网格化打通环境监管“最后一公里”［J］. 中国环境监察，2016（3）：43.

［24］陈红．大气环境网格化精准监测系统概述［J］. 中国环保产业，2016（6）：46~48.

［25］郝军，王晓东，朱锐．网格化环境监管平台的应用研究［J］. 环境与发展，2017，29（1）：9~13.

［26］王立群，薛晨光．城市大气污染防治网格化管理信息系统设计［J］. 环境保护与循环经济，2017，37（2）：15~16.

［27］廖小刚．大气网格化在线监测系统浅析［J］. 黑龙江科学，2017，8（18）：26~27.

2 关联区域致霾污染物排放云网格联防联控精细化治理机制

2.1 引言

为了控制关联区域致霾污染物的排放，运用网格精细化管理和云架构技术相结合的方法建立致霾污染物云网格管理机制，可以打破行政区域的界限，实现区域之间的联防联控。

综合考虑，目前研究存在的问题如下：

（1）网格化管理没有设计成可伸缩层次化结构，无法任意扩展和伸缩，从而无法适用于面积较小的区域，也无法适用于面积巨大的区域。

（2）目前的网格化管理并没有体现云的优势，云的优点包括强大的计算能力，自动化管理程度高，可靠性、虚拟化、通用性、可伸缩性等特性突出。云计算可使用户利用不同终端在任意位置获取网络系统所提供的服务，在云系统中能够构造出大量的特殊应用，云的规模能够自由且动态地伸缩，满足应用和用户规模变化的需要。

（3）现实情况表明，仅考虑单个城市的致霾污染物防治模式已经很难解决当前愈演愈烈的城市雾霾问题，很难反映区域致霾污染物扩散和跨界致霾污染物控制问题，无法实现区域间致霾污染物联防联控。

将云架构和网格化管理相结合可以很好地解决以上问题，规定网格划分标准和层级，建立云网格管理框架，明确组织体系和负责人，按照相关流程顺序，建立架构体系，实现区域间共同治理[1~12]。

2.2 云网格管理框架的构建

本章主要是以基于云计算环境的网格化为抓手、推进精细化管理，研究关联区域的致霾污染物的排放情况，从而建立网格精细化管理机制。将关联区域的各个城市划分为较小范围的网格，调整网格布局，细化管理标准，明确岗位职责，进一步完善检查考核制度，使网格化管理工作逐步走向规范化、制度化、精细化。为了实现关联区域的联防联控，首先是划分网格，然后是构建云网格精细化管理框架[13~26]。

2.2.1 网格划分

致霾污染物数据受到工业企业密度和自然地理位置的影响，不同地理区域的污染严重程度有明显差异，适宜采用网格化的方法进行关联区域管理。下面以关联区域是整个陕西省为例来说明网格划分方法。将关联区域划分为四个层级，顶级网格中心为陕西省、二级网格中心为各地级市、三级网格中心为区县、四级网格中心为镇或街道，其中网格大小为 1km×1km，将整个关联区域划分为 205864 个网格，并分级落实具体网格职责和服务内容。每一层级网格中心都有一定的管理范围，若干个同一层级的下层网格的覆盖范围等同于其上层网格的覆盖范围。

网格节点对管理区域精准定位，网格的划分为致霾污染物排放精细化管理奠定了物理基础。一个底层网格中心的覆盖范围是一个镇或街道的范围，其中致霾污染物排放的责任主体设置成点源节点，点源节点可以看做是每个网格里的与致霾污染物排放相关的企业，每一个点源节点都与一个底层网格中心相连，利用 GIS 10. 2 软件可以将关联区域划分成如图 2-1 所示的网格。这些网格作为底层网格，用来收集基本的数据信息和执行最具体的任务。

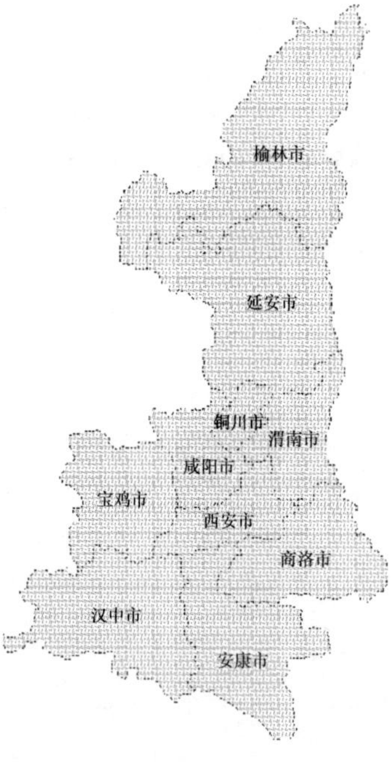

图 2-1　底层网格 1km×1km 示意图

2.2.2　网格的信息收集策略及其可行性分析

（1）高精度、高分辨率、高可靠性和高完整性的有机化工产品致霾污染物排放因子数据库构建的可行性。任何有机化工产品上市销售前，必须提供其致霾污染物排放因子测定证书，可以确保获得所有有机化工产品的致霾污染物排放因子，从而确保了致霾污染物排放因子数据的完整性。有机化工产品的致霾污染物排放因子由第三方专业机构进行测定并公开（即直接上传到本网格管理系统），可以防止有机化工产品的制造者造假，从而确保了致霾污染物排放因子数据的可靠性、精度和分辨率。一个有机化工产品的致霾污染物排放因子只需测定一次，不会给企业造成任何额外负担，说明该项工作的实施是可行的。目前，所有煤矿用产品必须取得由第三方专业机构颁发的防爆认证，才能上市销售和使用。而这种专业机构是由政府或行业协会认定的。因此，依据上述方案可以很容易构建出高分辨率、高精度、高可靠性和高完整性的有机化工产品的致霾污染物排放因子数据库。政府只要像管理煤矿用防爆产品和药品一样管理有机化工产品，其致霾污染物排放因子数据库就可顺利构建完成。

（2）要求使用有机化工产品的企业上传数据的可行性。使用有机化工产品的企业上传数据仅包括有机化工产品的使用数量、时间和地点，这些信息十分简单，这些企业上传数据不存在上报假数据的动机。这是因为，一个有机化工产品的致霾污染物排放量过大，是该有机化工产品本身的错，或者说是其制造者的错，而绝不是使用者的错。例如，一个病人误服一种假药，绝对不是病人的错，而是制造假药的企业的错。因此，使用有机化工产品的企业没有上报假数据的动机。前期研究结果表明，使用有机化工产品的企业向本联防联控云网格管理系统上传数据每次平均耗时只需 1~5min，且不需要实时上传，只需要定期上传即可。因此，该项工作不会对其生产和经营造成任何负担，说明该项工作的实施是可行的。由于使用有机化工产品的企业上传数据是一种社会责任，因此，可以设计出一些奖惩制度来鼓励有机化工产品使用企业积极定期上报数据。一种可行的解决方案是，当使用有机化工产品的企业向统计部门和技术监督部门上报数据时，顺便将本系统需要的数据录入即可；另一种可行的解决方案是，可设置适当的奖惩制度来鼓励有机化工产品使用企业积极定期上报数据。

（3）本联防联控云网格管理系统运行环境已完全具备，且使用成本低廉。本管理系统运行的硬件环境为互联网（包括移动互联网），互联网在关联区域早已普及，不需要大规模基础设施投资。

（4）本联防联控云网格管理系统安全性能得到保证。本管理系统的安全性依赖于商业数据库的安全性和商业云存储环境的安全性，而商业数据库和商业云存储环境可提供很高程度的安全性。此外，本项目自身提高两种安全性保障，一种是提供面向分散式的云存储安全架构及其数据存取方法，另一种是提供基于数据染色的隐私保护方法。因此，这三级安全性可确保本联防联控云网格管理系统的所有数据信息得到最大程度的安全存取。

（5）网格化面源污染的特征模拟采用 HYSPLIT 软件进行计算获取，该软件系统的实现机制与面源污染网格化完全一致，其信息汇集更便捷。

(6) 致霾污染物排放因子数据集成策略简捷可行，该集成策略如下：

1) 对于新发明的有机化工产品，由第三方专业机构测定后直接上传到本云网格管理系统。

2) 对于老有机化工产品：若已由科研机构、环保部门或第三方专业机构测定，且满足本云网格管理系统入库精度条件，则直接上传到本云网格管理系统。

3) 对于老有机化工产品，若未由科研机构、环保部门或第三方专业机构测定，或者已被测定，但不满足本云网格系统入库条件，则需要按 1) 处理。

2.2.3 建立关联区域致霾污染物管理云网格架构

云网格架构可以用来快速方便地进行大量计算，通过云计算和网格收集致霾污染物排放数据并且进行计算分析，收集数据区域可以任意地扩大或缩小；可以用来针对用户按需服务，不同的用户对于应用功能的要求不同，在云的支撑下可以支撑不同应用的运行，解决关于致霾污染物排放数据汇总、减排任务分配和反馈执行情况等问题；可以用来管理不同区域之间的致霾污染物排放，达到将关联区域内的各个地区及其周边地区共同监督和管理的目的，实现区域间联防联控。云网格是将网格化管理与云架构相结合，云对应网格里的服务器，当架构开始运作时，云会连接服务器，收集相应网格的数据，对数据进行分析，派发各层级的任务，反馈执行情况。构建云网格管理体系时首先是明确各部门的管理职责，确定组织体系。

关联区域致霾污染物排放网格化管理的组织体系如下：管理组织体系与网格划分相对应，分为四级组织，每个网格中心设置一个网格管理责任人，称为网格中心责任人。这样，顶层网格中心对应一名顶层网格中心责任人，他负责对整个关联区域的致霾污染物排放实施监督和管理，但他只与二级网格中心责任人打交道；一个二级网格中心对应一名二级网格中心责任人，他负责对该网格中心所属的整个地级市的致霾污染物排放实施监督和管理，但他只与三级网格中心责任人打交道；一个三级网格中心对应一名三级网格中心责任人，他负责对该网格中心所属的整个区县内的致霾污染物排放实施监督和管理，但他只与底层网格中心责任人打交道；一个底层网格中心对应一名底层网格中心责任人，他负责对该网格中心所属的整个乡镇或街道内的致霾污染物排放实施监督和管理，但他只与管辖范围内的企业责任人打交道。

采用云计算模式来打造一种致霾污染物联防联控的云体系架构，致霾污染物管理云是利用云计算技术和分布式计算技术来构建的一种满足致霾污染物联防联控各方需求的网络构架结构，是一种能在致霾污染物管理云平台上按联防联控各方需求进行各种功能的动态部署的新型致霾污染物联防联控信息化管理模式。该架构如图 2-2 所示，具体如下：

（1）致霾污染物管理云的 IaaS 构架。它是从不同致霾污染物排放源的分布情况、致霾污染物联防联控云计算中心、能量控制平台和用户群体，以及整个致霾污染物联防联控系统 IaaS 配置布局的结构来进行构架的。它是致霾污染物管理云运营的基础设施，即为致霾污染物联防联控 PaaS、SaaS 等运营提供基础设施。

（2）致霾污染物管理云的 DaaS 构架。围绕致霾污染物管理信息的（关联区域、地级市、区县、镇或街道）四级数据交换体系，首先通过逐层上报与共享，实现致霾污染物管理图文信息的汇交；其次则依赖于相应的数据上报/建库工具，实现致霾污染物管理数据的汇聚；最终将这些汇交的综合数据纳入统一的数据管理平台，为致霾污染物管理信息系统提供数据支撑。

（3）致霾污染物管理云的 PaaS 构架。它是致霾污染物联防联控云应用及后续扩展的重要基础构架，它建构在 IaaS 之上，是确保 SaaS 能提供稳定的功能应用，以及确保 SaaS 实现适应能力及其变化处置能力、动态可扩展和演化能力。

（4）致霾污染物管理云的 SaaS 构架。它是面向广大用户的各种应用软件服务系统[21]，搭建在 PaaS 和 IaaS 之上。这些软件系统能够满足用户群体的各种需求，是一些具有各种功能的业务系统。

（5）致霾污染物管理云用户群体。指操作致霾污染物管理云的用户群体[22]，这些群体主要包括致霾污染物排放责任方工作人员、各级网格中心负责人等。

（6）致霾污染物管理云服务平台。它为不同用户群体提供各种可用性好的操作平台和业务系统。

（7）致霾污染物管理云数据/信息交互。采用分布式技术处理各用户群体提供的各种数据，并为致霾污染物管理云服务平台提供数据和服务。

（8）致霾污染物管理云服务处理系统。为致霾污染物联防联控云的数据和服务提供载体。

（9）致霾污染物管理云软件支撑体系。为致霾污染物联防联控云提供安全的支撑体制，它是为确保致霾污染物联防联控云正常运行的机制。

（10）致霾污染物管理云服务总线。它为整个致霾污染物联防联控云服务实施运行管理、协调运作、通信整合、路由和过滤、数据传输，也为致霾污染物联防联控云中的各个系统提供标准接口，等等。

利用云网格管理技术建立关联区域致霾污染物管理云架构，该架构体现在对致霾污染物排放实施有效管理的功能云网格设计、任务云网格设计和执行云网格设计上，将致霾污染物排放量收集、减排处理以及实施监督集中于一体，克服了传统的管理方式信息滞后的问题，明确管理职责，从而为建立关联区域致霾污染物排放管理信息系统做铺垫。

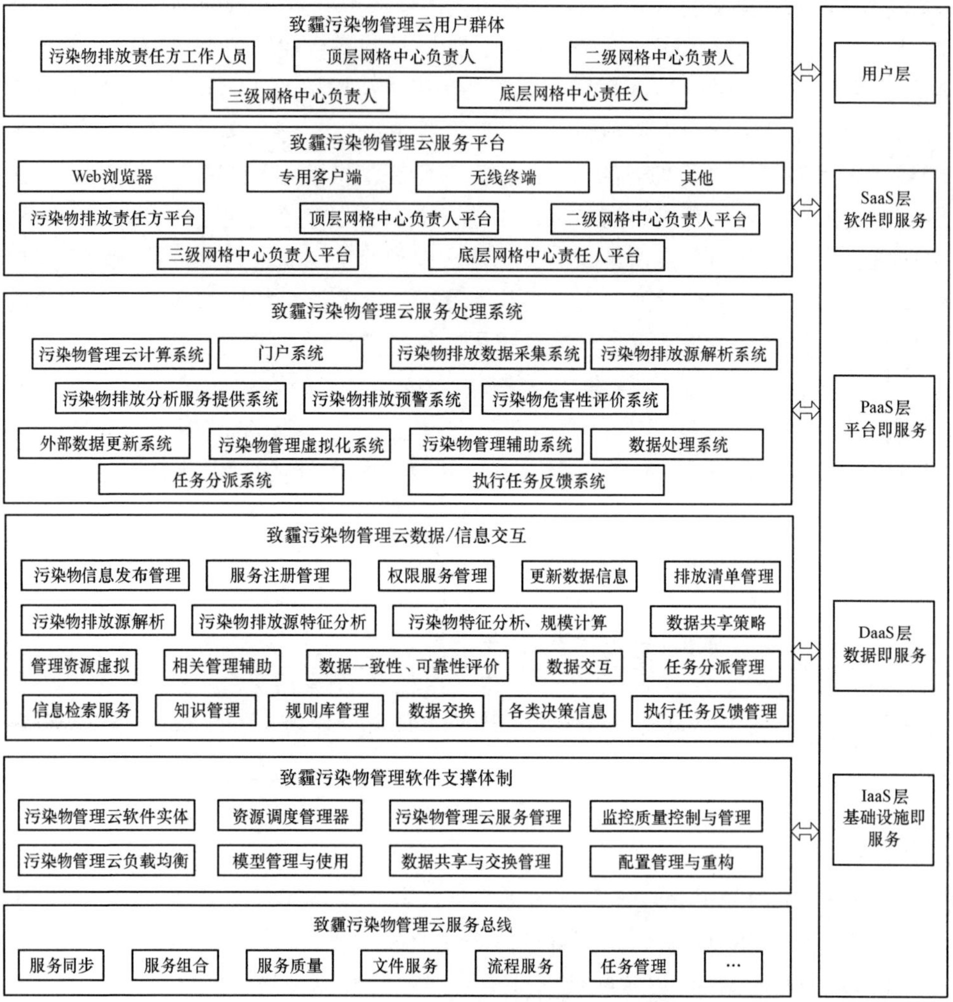

图 2-2 致霾污染物管理云架构体系

2.2.3.1 功能云网格的运作机制

功能云网格用于实现和协调所有与致霾污染物排放管理相关的功能，如数据汇集功能、区域致霾污染物排放分析功能、致霾污染物排放量预报功能、致霾污染物危害评估功能等。

2.2.3.2 云网格数据汇集机制

所有面源节点内的大气污染物浓度通过 HYSPLIT4 软件计算出来，并自动汇集到底层网格中心数据库中。所有点源节点所释放出来的致霾污染物排放量，通过与责任主体相关联的网格化清单和责任主体的活动水平信息，被上传到其所属的底层云网格中心数据库中。

底层云网格中心数据库所保存的致霾污染物排放信息不断通过汇总向其所属的上级云网格中心聚集。上级云网格中心通过收集到的致霾污染物排放汇总信息，即可精确了解其所辖区域内的致霾污染物排放情况。例如，对关联区域管理部门所管理的顶层云网格中心来说，它能收集到各二级云网格中心（地级市）的致霾污染物排放的汇总情况，从而可以确定哪个二级云网格中心的致霾污染物排放量存在问题。对三级管理部门所管理的区县云网格中心来说，它能收集到各乡镇或街道的致霾污染物排放的汇总情况，从而可以确定哪个乡镇或街道的致霾污染物排放量存在问题。对乡镇或街道管理部门所管理的底层云网格中心来说，它能看到所辖区域内每个致霾污染物排放企业的致霾污染物排放情况，从而可以确定哪个企业致霾污染物排放量存在问题。

云网格管理系统中的数据汇集机制如图 2-3 所示。

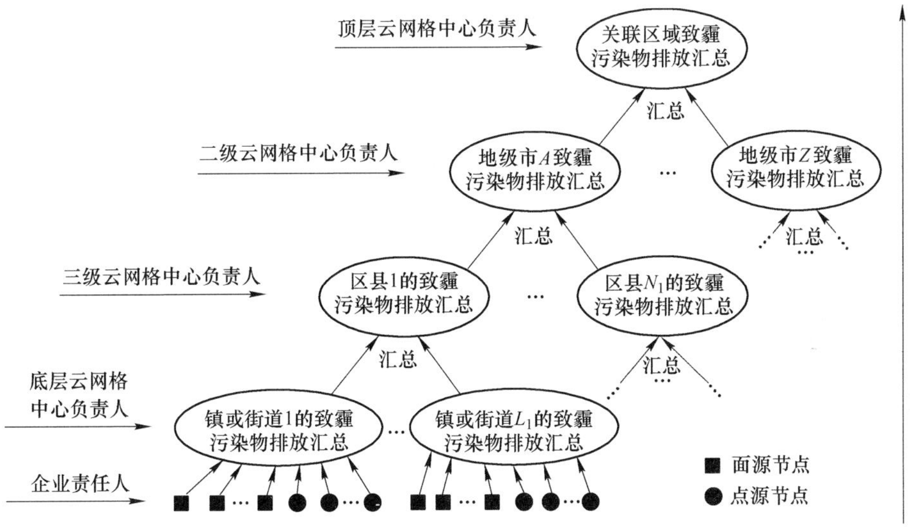

图 2-3 信息汇总运作机制

2.2.3.3 组织云网格运作机制

每个云网格中心设置一个云网格管理负责人，称为云网格中心负责人。这样，顶层云网格中心对应一名顶层云网格中心负责人，他负责对整个关联区域的致霾污染物排放实施监督和管理，但他只与二级云网格中心负责人打交道。一个二级云网格中心对应一名二级云网格中心负责人，他负责对该云网格中心所属的整个地区的致霾污染物排放实施监督和管理，但他只与三级云网格中心负责人打交道。一个三级云网格中心对应一名三级云网格中心负责人，他负责对该云网格中心所属的整个区县的致霾污染物排放实施监督和管理，但他只与底层云网格中心负责人打交道。一个底层云网格中心对应一名底层云网格中心负责人，他负责对该云网格中心所属的整个乡镇或街道内的致霾污染物排放实施监督和管理，但他只与管辖范围内的企业负责人打交道。组织云网格运作机制如图 2-4 所示。

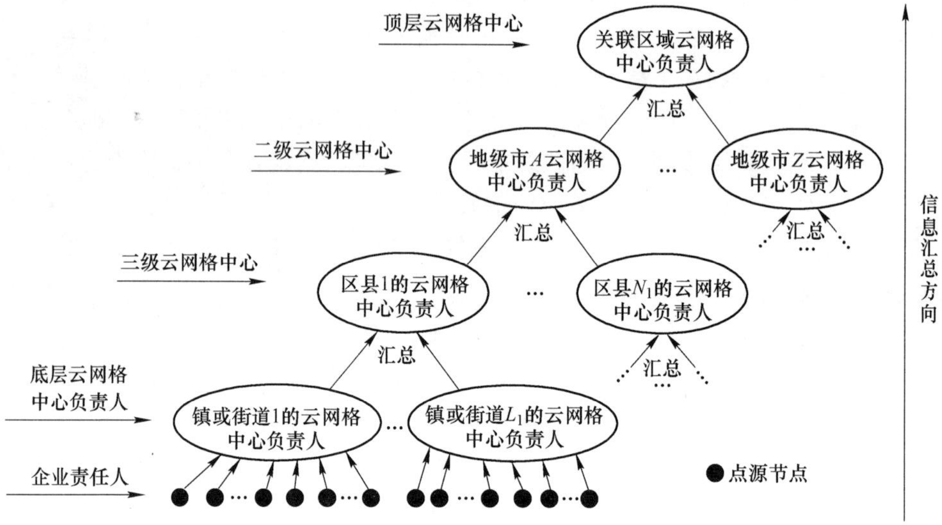

图 2-4　组织云网格运作机制

2.2.3.4　任务云网格的运作机制

任务云网格用于对各层级管理部门派发致霾污染物排放联防联控任务的管理，即减排任务，根据云网格管理机制对于顶层云网格中心负责人来说，他能了解到各地级市致霾污染物排放情况。据此，顶层云网格中心负责人可以针对每个地级市的排放情况下达精确合理的致霾污染物减排任务。对于二级云网格中心负责人来说，他能了解到其所辖的各区县的致霾污染物排放情况。据此，二级云网格中心负责人可以针对其所辖的每个区县下达精确合理的致霾污染物减排任务。对于三级云网格中心负责人来说，他能了解到其所辖的各乡镇或街道的致霾污染物排放情况。据此，三级云网格中心负责人可以针对其所辖的每个乡镇或街道下达精确合理的致霾污染物减排任务。对于底层云网格中心负责人来说，他能了解到其所管理的各企业的致霾污染物排放情况。据此，底层云网格中心负责人可以针对每个企业下达精确合理的致霾污染物减排任务。任务云网格运作机制如图 2-5所示。

2.2.3.5　执行云网格运作机制

执行云网格用于对各层级执行部门执行致霾污染物减排对标考核情况的管理。对于顶层云网格中心负责人来说，利用云网格管理机制可以针对各地级市的致霾污染物减排任务检查其执行情况。对于二级云网格中心负责人来说，他可以针对区县减排任务检查其执行情况。对于三级云网格中心负责人来说，他可以针

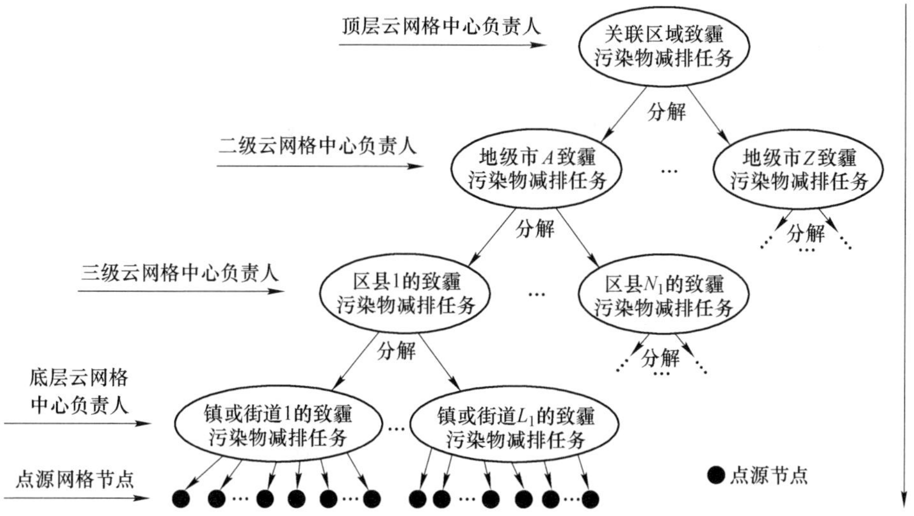

图 2-5　减排任务的运作机制

对镇或街道减排任务检查其执行情况。对于底层云网格中心负责人来说，他可以针对每个企业的致霾污染物减排任务检查其执行情况。减排执行方向和任务下达方向是一致的。如图 2-6 所示。

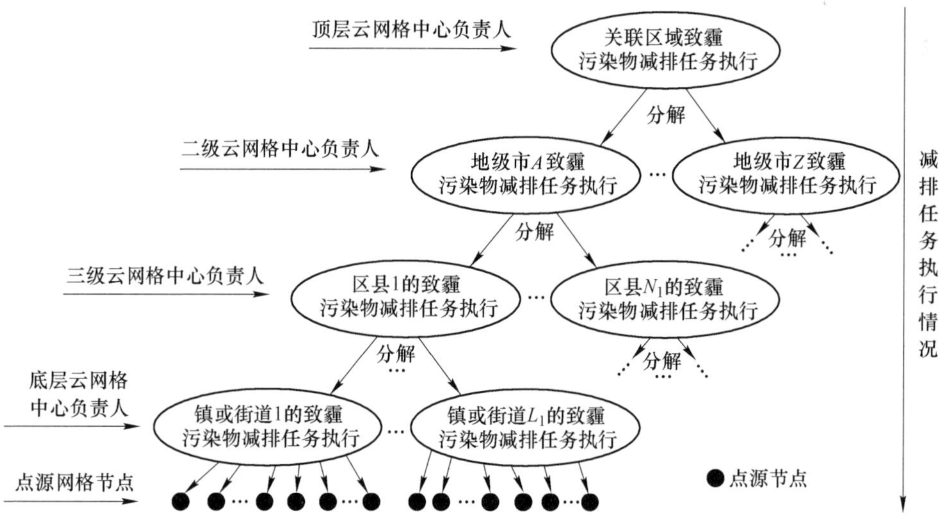

图 2-6　减排任务执行的运作机制

其中，云网格管理中的数据汇集机制是从下向上单向执行的，而且是严格按时间周期上传数据；而致霾污染物减排任务下达机制和任务执行机制是从上向下单向执行的。由于从下向上单向的数据汇集可以获得致霾污染物的排放情况，因此，从下向上单向的数据汇集机制可以立即发现“组织—任务—执行”机制产生的效果。

2.3　云网格联防联控的实现

2.3.1　实现云网格联防联控的流程

结合网格化管理、管理云架构以及其运作机制，可以实现关联区域内各区域之间的联防联控，具体流程如下：首先按照云网格层级，明确管理职责，确定负责人，各功能云网格将自下而上地收集每个网格里致霾污染物的排放数据，云网格中心负责人利用管理云对数据进行分析，求得致霾污染物的排放量；根据排放量自下而上依次进行汇总，在区域政府共同协商、达到共识的基础上，确定致霾污染物排放总量控制目标，将目标自上而下进行分解和传递，使得各个区域为了改善环境，实施共同治理，共同执行减排任务；根据下达的减排任务，自下而上地开始执行任务，在执行过程中实施监控，不断地更新数据，观察减排任务的执行情况，同时反馈执行情况。若是执行情况达到目标要求，则共同治理有效；若是达不到目标要求，则可以重新制定共同治理方案，重新进行监督，观察反馈情况，如图 2-7 所示。

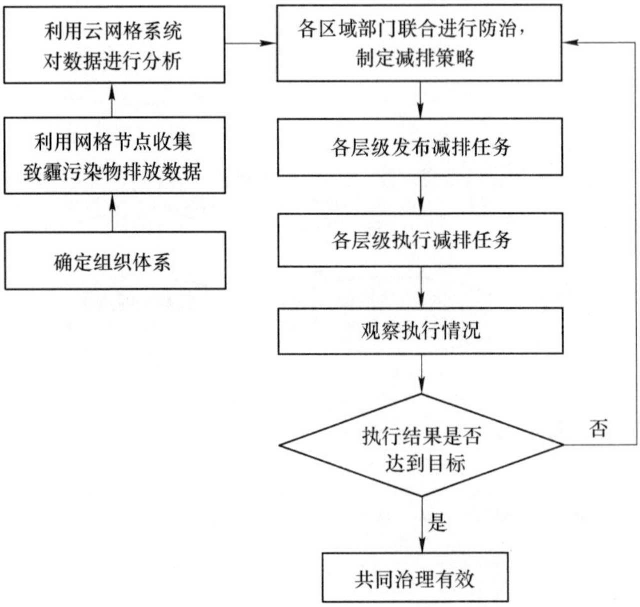

图 2-7　实现云网格联防联控的流程图

2.3.2 总体构架体系

环保部门通过互联网、移动通信网，接入云中心，基于云中心数据和服务，开展网格化管理业务，形成云—网—格相连的信息支撑体系。结合云网格管理技术，构建具有长效机制的总体构架体系就是："明确一个目标、坚持两个原则、细划四级网格、搭建四级平台、形成五级联动。"具体分析如下：

(1) 明确"一个目标"。即努力营造良好的大气环境。要通过以云网格精细化管理为载体的长效机制的运行，使不合格的致霾污染物排放企业得到有效治理、管理流程得到有效改善、反应效率得到有效的提高、区域治理得到有效加强。

(2) 坚持"两个原则"。一是坚持"低成本、高效率、可持续"的原则。就是在不改变现有环保部门管理体制，不增加人员编制的情况下，最大限度地整合现有资源，下沉工作力量，按照"一岗多责、一人多能，一人负责、多人协同"和"简单、高效、易操作"的工作要求，设计工作流程和操作规范，确保网格化管理切实可行、简便易行、长期执行。二是坚持"职责明确、联动负责、逐级问责"的原则。围绕环保负责人职责特别是收集致霾污染物排放数据、分派减排任务、执行减排任务职责的落实，整合各级云网格中心负责人的力量，以云网格化管理促进上下联动，形成逐级负责、各尽其责、各司其职的责任落实机制和工作推进机制。

(3) 细划"四级网格"。以关联区域为单元，网格划分为一级网格（关联区域）、二级网格（地级市）、三级网格（区、县）、四级网格（镇、街道）四个层级。网格的划分要因地制宜，做到布局均衡、边界清晰、全域覆盖，在每一寸土地上发生的致霾污染物的排放都能找到责任人、有人对其负责。围绕收集数据、分派减排任务和执行减排任务的职责落实，对每级云网格中心进行"定人、定岗、定责、定奖惩"。每级云网格中心都要有负责人，指定其职责范围。

(4) 搭建"四级平台"。即建立省、市、区（县）、镇（街道）四级联网的致霾污染物排放云网格化管理信息平台。每一级平台既是一个基层信息数据平台，也是一个工作指挥、处置、监督平台，按照"统一受理、分级处置、跟踪督查、评价奖惩"的原则，对致霾污染物监管、分派任务管理、执行任务服务等问题按照职责范围实行逐级发现、逐级办理、逐级报告，确保各类问题应发现的尽快发现，应处置的尽快处置。

(5) 形成"五级联动"。实行省级负责人分包地级市、市级负责人分包区（县）、区（县）级领导分包镇（街道）、镇（街道）负责人分包企业的制度。管理部门实行"定岗、定责、定目标"，通过媒体网络向社会公开发布，围绕如何履职做出承诺，接受社会监督，履行减排任务。环保部门负责统一监管，明确属地政府为环保工作的责任主体，并与相关部门建立联动机制，形成省、市、区(县)、镇（街道)、企业上下五级联动，一级对一级负责的工作局面，推进各级各部门逐级进行管理，每月定期不定期开展联合环保巡查等活动，及时处理网格内各类环境问题；及时报告环境应急事件，并做好预处置。

总之，建立云网格化管理体系，就是要解决职责不清的问题，通过差异化职责促进条块融合，推进管理方式从被动处置问题向主动发现问题、解决问题转变，从事后执法向源头管理服务转变，从突击式、运动式履行职责向常态化、制度化履行职责转变，从体制机制上保证政府各项职责全覆盖、无缝隙落实。

2.4　致霾污染物排放云网格管理机制的实现

《关联区域致霾污染物排放云网格管理系统》是以关联区域致霾污染物排放网格化和精细化管理为基础，融合大数据、网格技术等管理理念，面向关联区域致霾污染物排放信息网格化管理的一体化信息管理解决方案。软件以关联区域各工业企业废气排放、重金属排放、能源消耗为核心，在时间、空间、行业等多个维度上全面检测和分析关联区域致霾污染物排放数据。

本系统由多个子系统构成，子系统可以分为两大类，分别为致霾污染物排放数据上报系统和数据分析系统。在数据上报系统中，将排放单元的活动数据分解为能源消耗数据、工业废气排放数据、重金属粉尘排放数据。通过合理的子系统划分和数据分解，活动单元需要上报的数据格式固定，且数据量处于可接受范围内，采用 B/S 架构实现。数据分析系统也采用 B/S 架构实现，内置多套估计算法，目的在于确保能够实现数据快速分析，并保证监测和评价数据在时间上达到以天为单位的分辨率，在空间上达到 1 平方公里的分辨率。“关联区域致霾污染物排放云网格管理系统”拓扑结构如图 2-8 所示。

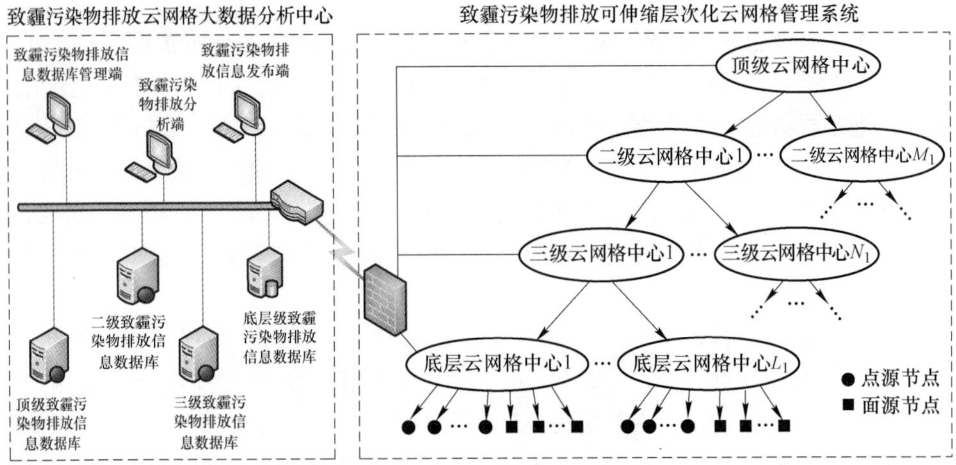

图 2-8　“关联区域致霾污染物排放云网格管理系统”拓扑结构图

2.4.1 致霾污染物排放数据采样系统设计

致霾污染物排放数据采样系统用于获取排放单元排放各项污染物、消耗各种能源的相关数据。按照数据结构设计的结果，需要录入的数据分为三类，分别为工业废气排放数据、重金属污染数据、化石能源消耗数据。每一项数据都有其独有的结构特点，需要为不同类型的数据设计不同的采样系统。

工业废气数据和化石能源消耗数据与排放单元数据有连接关系，需要在排放单元数据条目下进行录入。重金属污染数据通过产品信息与排放单元建立关系，需要在录入时同时进行产品信息的录入。一般来说需要录入系统的数据量不会很大，单条记录依次录入的模式即可满足要求，为了满足突发性的大量数据录入需求，系统同时提供多条记录同时录入的录入模式。

另外，管理系统还为企业基本信息相关数据设计了特殊的采样系统。通过与互联网连接，可以实现从互联网地图数据上读取企业基本信息，最大程度上减少了数据录入工作量，且提高了录入精度。此外还提供传统的采样方式，即手工编辑并提交相关信息，用于纠正自动采样数据的错误，避免数据延迟。

2.4.2 致霾污染物排放数据估算系统设计

致霾污染物排放数据估算系统用于完成对水平空间上的连续地点的污染物浓度计算，是关联区域致霾污染物排放云网格管理系统的核心子系统。该系统将采样系统收集到的数据作为原始数据，对包括七项工业废气、十项重金属元素在内的企业活动数据可以采用三角形法、多边形法、最近距离法、距离 N 次方反比法、地质统计学方法中任意一种或多种进行污染物浓度的估算统计。经过估算统计，可以得到的数据包括地域分布情况、排放强度、排放速率、相关企业目录、行业特征等信息。

估算系统可选两项输出数据，一是在电子地图上，对应相应的地理范围，以从蓝色到红色过渡的不同颜色表示由小到大的污染物浓度数据的估算数据图形表达；二是以数字形式给出的连续区域的各项污染物浓度估算值。输出格式可选，包括 Excel 文档形式输出和输出到数据库，可选格式也受到选用的估算方法的限制，三角形法、多边形法不支持将估算数据以 Excel 文档的格式进行输出。包括最近距离法、距离 N 次方反比法在内的其他估算方法同时支持输出数据文档和输出到数据库。

2.4.3 致霾污染物排放数据呈现系统设计

致霾污染物排放数据呈现系统以数据估算系统得到的数据作为原始数据，将其以图形化的方法展示出来，供直观获取包括七项工业废气、十项重金属元素在内的企业活动数据的地域分布情况，并允许用户按照划分的单元网格对企业的排放强度、排放速率、相关企业目录、行业特征等信息进行查询操作，同时提供了灵活的数据筛选、排序方法。

数据呈现系统本身不产生任何新的数据，只是对已有的数据进行图形化的呈现，这是其与数据估算系统最大的差别。呈现系统接受的原始数据输入有两类，分别对应数据估算系统输出的两项数字类型的数据，即记录了若干项污染物浓度的 Excel 文档和用于存储估算数据的数据库表，这两种数据只需提供一种系统即可正确运行，无需同时存在。使用 Excel 文档作为数据源时，无需联网访问数据库资源，但对文档格式有严格要求。

2.4.4　企业信息查询系统设计

企业信息查询系统与数据估算系统或数据呈现系统共同工作，用于实现单元网格内的企业数据查询功能。根据数据估算系统或数据呈现系统得到的图形化呈现，查询污染物浓度较高的单元网格覆盖范围内的活动单元的基本信息，并以图形化的形式展示其地理位置信息。同时可以查询活动单元的各项废气、重金属污染物排放浓度、各项化石能源消耗量等，并允许设计特定的一个或多个条件对查询结果进行排序。

2.5　本章小结

云网格管理模式有云网格管理信息平台作为技术支撑，实现了信息的实时更新和动态监控。单元网格内一旦某一部分出现问题，会在第一时间被发现、第一时间被解决、第一时间被反馈、第一时间被检验，管理工作的主动性大大增强，实现了准确、及时的动态化管理。通过建立致霾污染物排放云网格管理框架，实现了关联区域各个地区的统一规划、统一监测、统一监管、统一评估的目标，建立了联合巡查和联合控制机制，及时发现问题，尽快解决问题，使得致霾污染物排放管理成为主动管理、精细化管理、信息化管理和监管并重的管理模式，建立合理、高效、不断优化的管理流程，使得云网格管理模式摆脱了传统管理粗放、滞后的缺点，向精细化方向不断发展。网格化管理与管理云架构相结合，可以突破行政边界限制，实现关联区域各个区域的联防联控，对致霾污染物的排放进行共同治理，达到整个区域减排的目标。

参考文献

[1] 叶贤满，徐昶，洪盛茂，等．杭州市大气污染物排放清单及特征［J］．中国环境监测，

2015，31（2）：5~11.

[2] 杨笑笑，汤莉莉，张运江，等．南京夏季市区 VOCs 特征及 O_3 生成潜势的相关性分析［J］．环境科学，2016，37（2）：443~451.

[3] 林军青，林锦贤．面向云计算的服务性能模型研究［J］．电子设计工程，2011，18（19）：22~25.

[4] 张建勋，古志民，郑超．云计算研究进展综述［J］．计算机应用研究，2010，27（2）：429~433.

[5] 杨青峰．云计算时代关键技术预测与战略选择［J］．中国科学院院刊，2015，30（2）：148~161.

[6] 徐保民，倪旭光．云计算发展态势与关键技术进展［J］．中国科学院院刊，2015，30（2）：170~180.

[7] 林闯，苏文博，孟坤，等．云计算安全：架构、机制与模型评价［J］．计算机学报，2013，36（9）：1765~1784.

[8] 王鹏，张磊，任超，等．云计算系统相空间分析模型及仿真研究［J］．计算机学报，2013，36（2）：286~296.

[9] 林伟伟，齐德昱．云计算资源调度研究综述［J］．计算机科学，2012，39（10）：1~6.

[10] 杨善林，罗贺，丁帅．基于云计算的多源信息服务系统研究综述［J］．管理科学学报，2012，15（5）：83~96.

[11] 张峰．云计算应用服务模式探讨［J］．信息技术与信息化，2012（2）：81~83.

[12] 刘正伟，文中领，张海涛．云计算和云数据管理技术［J］．计算机研究与发展，2012，49（S1）：26~31.

[13] 王意洁，孙伟东，周松，等．云计算环境下的分布存储关键技术［J］．软件学报，2012，23（4）：962~986.

[14] 余侃．云计算时代的数据中心建设与发展［J］．信息通信，2011（6）：100~102.

[15] 罗军舟，金嘉晖，宋爱波，等．云计算：体系架构与关键技术［J］．通信学报，2011，32（7）：3~21.

[16] 余晓杉，王琨，顾华玺，等．云计算数据中心光互连网络：研究现状与趋势［J］．计算机学报，2015，38（10）：1924~1945.

[17] 谢丽霞，严焱心．云计算环境下的服务调度和资源调度研究［J］．计算机应用研究，2015，32（2）：528~531.

[18] 范贵生，虞慧群，陈丽琼，等．基于效用的云计算容错策略和模型［J］．中国科学：信息科学，2014，44（1）：158~176.

[19] 张建华，吴恒，张文博．云计算核心技术研究综述［J］．小型微型计算机系统，2013，34（11）：2417~2424.

[20] 孙大为，常桂然，陈东，等．云计算环境中绿色服务级目标的分析、量化、建模及评价［J］．计算机学报，2013，36（7）：1509~1525.

[21] 罗贺，杨善林，丁帅．云计算环境下的智能决策研究综述［J］．系统工程学报，2013，28（1）：134~142.

[22] 李晨晖，张兴旺，崔建明，等．一种基于异构云计算平台的资源管理模型［J］．情报理论与实践，2013，36（1）：104~108.

[23] 左利云，曹志波．云计算中调度问题研究综述［J］．计算机应用研究，2012，29（11）：4023~4027.

[24] 李强，郝沁汾，肖利民，等．云计算中虚拟机放置的自适应管理与多目标优化［J］．计算机学报，2011，34（12）：2253~2264.

[25] 魏晓萍，杨思洛，刘波涛．云计算在区域信息资源共享中的应用探究［J］．图书馆学研究，2011（6）：26~30.

[26] 曾文英，赵跃龙，尚敏．云计算及云存储生态系统研究［J］．计算机研究与发展，2011，48（S1）：234~239.

3 树形层次化清单编制方法及其网格化

本章在已划分的单元网格的基础上，为每个单元网格提供覆盖范围内的致霾污染物排放源信息和包含了七项废气污染物，十项重金属污染物的浓度水平信息，以及五类主要化石燃料消耗水平信息，并基于这些信息计算时空限定范围内的致霾污染物排放水平和污染水平[1~5]。

3.1 致霾污染物排放清单树设计

以树形层次化结构为数据存取结构的致霾污染物排放清单，如图 3-1 所示。该清单的第 0 层只保留一个清单条目的名称，第 1 层是该清单条目信息的分类层，最底层（叶子层）是该清单条目最细节的信息，其他层可以是再次分类或细节信息。该清单的树形结构可动态调整，以适应于点源节点和面源节点数据的分辨率高低，特别是当节点信息出现细分时，可以非常方便地进行动态调整，而无需修改数据存取结构，从而确保整个管理系统的稳定性。图 3-2 给出了涂料 X 的树形层次化清单示例。

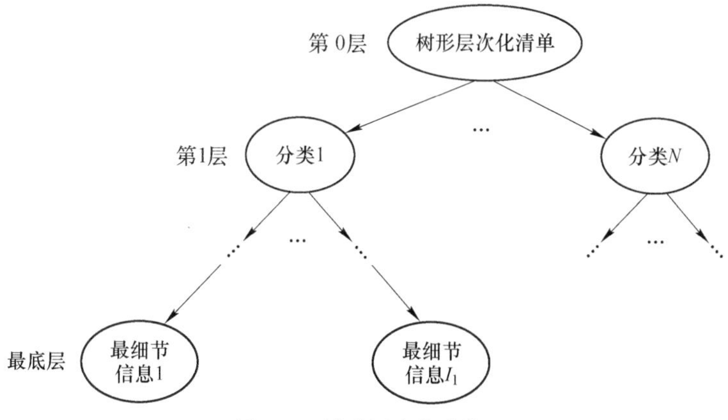

图 3-1 树形层次化清单

3.1.1 点源节点致霾污染物排放树形层次化清单的编制方法

点源节点树形层次化清单编制方法如下：（1）先分类。将致霾污染物排放清单分为 5 个类：责任主体特征清单、化石能源消耗清单、工业废气排放、含重

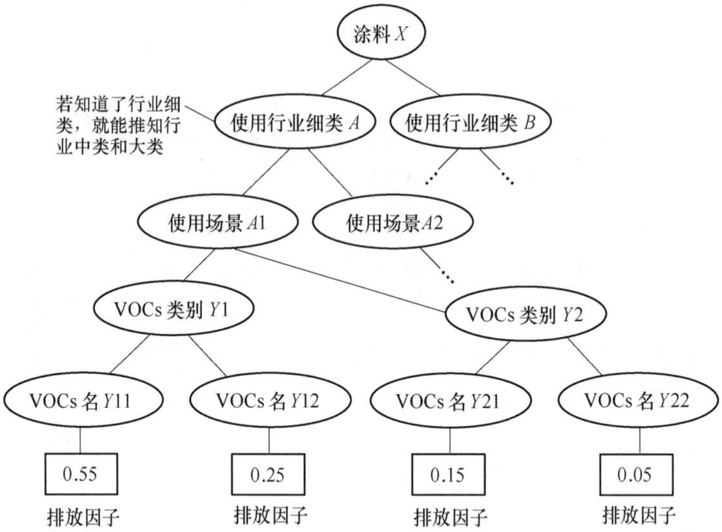

图 3-2　涂料 X 的树形层次化清单示例

金属污染物排放和致霾污染物排放细节清单；（2）再细分。分别对每个分类清单，再细分成更小的清单。不断重复（1）和（2），即可形成树形层次化清单。表 3-1 给出了一个简单的清单编制过程。从表 3-1 可以看到，即使把清单细化到很高的级别，绝大部分信息当第一次录入后，很少变化；频繁变化的只有数量、时间和气象数据等活动水平数据，但时间更新可由软件系统自动完成，气象数据可由软件系统自动获得。这些特点为责任主体上报信息提供了极大方便。

表 3-1　点源节点致霾污染物排放清单先分类后细化编制方法示例

清单分类	用途	清单再细化	信息录入特征
责任主体特征清单	描述责任主体基本信息、地理位置、所在行业等信息	主体基本信息：采用常规描述方法	一次录入，很少变化
		地理位置细化到：城市、区县、街道（路）、门牌号、经纬度坐标	
		行业细化到：国民经济行业大类、中类和小类	
化石能源消耗清单	描述责任主体的各种化石能源消耗量、使用地点、使用时间段	化石能源种类细分到：原煤、天然气、原油、汽油、柴油、液化石油气、煤气、油页岩；以上种类还可再细分	一次录入，很少变化
		化石能源消耗量细化到：消耗量、使用地点、使用起始和终止时间	消耗量：频繁变化 使用地点：长时间不变化 使用起始和终止时间：长时间不变化

续表 3-1

清单分类	用途	清单再细化	信息录入特征
工业废气排放清单	描述责任主体进行工业废气排放的数量、地点、时间段、处理方法、气象条件	产品信息细化到：产品名称、型号、批号	一次录入，很少变化
		工业废气排放情况分别细化到：数量、（生产、使用、运输、储存）起始和终止时间、（生产、使用、运输、储存）地点	消耗量：频繁变化 地点：长时间不变化 起始和终止时间：长时间不变化
		处理方法：按工艺不断进行细化	一次录入，很少变化
		气象条件：按气象预报信息细化	频繁变化，但可自动获取
含重金属污染物排放清单	描述责任主体进行含重金属污染物排放的数量、地点、时间段、处理方法、气象条件	同工业废气排放清单	一次录入，很少变化
致霾污染物排放细节清单	描述在特定气象条件和生产、使用、运输或储存条件下的致霾污染物排放的成分及排放因子	致霾污染物排放情况分别细化到：数量、（生产、使用、运输、储存）起始和终止时间、（生产、使用、运输、储存）地点	一次录入，很少变化
		处理方法：按工艺不断进行细化	
		气象条件：按气象预报信息细化	
		重金属种类进一步细化到化学组分	
		排放因子按能细化到的末级进行测量	

3.1.2 面源节点致霾污染物排放树形层次化清单的编制方法

面源节点树形层次化清单编制方法如下：(1) 先分类。将排放清单分为 3 个类：面源节点自身特征清单、内生致霾污染物排放清单、外生致霾污染物侵入清单；(2) 再细化。分别对每个分类清单，再细分成更小的清单。不断重复 (1) 和 (2)，即可形成树形层次化清单。表 3-2 给出了一个简单的面源节点清单编制示例，表 3-2 中的绝大部分信息当第一次录入后，很少变化；频繁变化信息需由软件经过计算后获得，不需要人工录入。(3) 计算面源节点内生和外生致霾污染物排放清单所需要的致霾污染物排放信息。以面源节点自身特征清单为约束条件，采用 HYSPLIT 数值模拟技术获得致霾污染物的扩散与迁移规律，以此为基础，计算出面源节点内生和外生致霾污染物排放信息。

表 3-2　面源节点致霾污染物排放清单先分类后细化编制方法示例

细化清单名称	用途	细化程度	信息录入特征
面源节点自身特征清单	描述面源节点区域内地表特征、地表构筑物特征等	地表特征：按地表特征清单细化	一次录入，很少变化
		地表固定构筑物特征：按地表构筑物特征清单细化	
		大型移动物特征：按大型移动物特征清单细化	
内生致霾污染物排放清单	描述面源节点内生致霾污染物扩散与迁移特征	分别按扩散与迁移速度、移动方向、所受作用力、浓度、密度、比重、质量速率等特征细化	频繁变化
外生致霾污染物侵入清单	描述面源节点的外部致霾污染物移入时空规律	分别按扩散与迁移速度、移动方向、所受作用力、浓度、密度、比重、质量速率等特征细化	频繁变化

3.2　企业活动水平信息树设计

树形层次化结构是编制企业活动水平清单的基础，该结构可保证活动水平清单对动态调整性能、时空分辨率等方面的要求。采用树形层次化结构编制活动水平清单，可准确、细致地表现各类污染物的排放特征。使用树形层次化结构管理企业活动水平清单的优势在于：

(1) 采用树形层次化结构可以最大限度地适应各种各样的企业任意复杂的工艺流程。当企业生产工艺发生变化时，树形结构可以方便地进行动态调整，每个企业都有符合自身特色的清单树。

(2) 树形层次化结构中的数据逻辑非常清晰，便于统计分析，同时其内涵十分丰富，一旦树形结构建立完成，很少需要人为修改结构以满足变动。

（3）树形层次化结构为网格化管理系统的实现提供了便利，活动水平信息录入界面可以实现自动生成，子树嫁接过程可以实现自动匹配。

3.2.1　企业活动水平信息树形层次化结构设计

一个点源节点对应一个企业。企业的活动水平信息树的根节点是单个独立企业。根节点包含了丰富的信息，主要是企业的名称、地理位置、地理坐标位置等企业基本信息，其子节点是企业所属行业，一个企业可以属于一个国民经济行业小类，也可以属于多个不同的行业小类。叶子节点分别为能源消耗量、工业废气排放量、有机化工产品生产或消耗量等。企业活动水平信息树结构示例如图3-3所示。

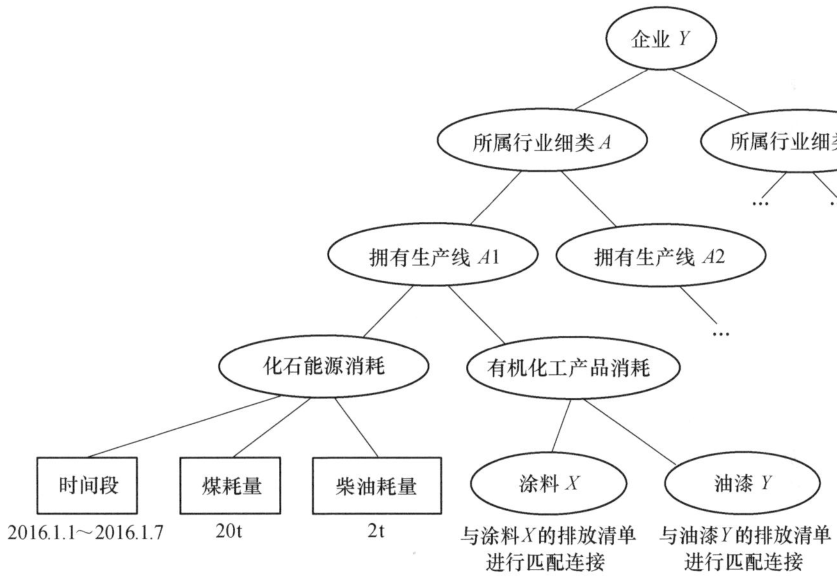

图3-3　企业活动水平信息树结构示例

3.2.2　致霾污染物排放清单树网格化

将企业活动水平信息树与污染物排放清单树单独设计，可以灵活实现企业活动水平数据与排放清单数据的连接。污染物排放清单树嫁接到企业活动水平信息树的子节点上，可以组成一个深度很大的树状结构。新组成的树状结构根节点为企业，叶节点为企业能源消耗信息、工业废气排放信息和重金属元素排放信息。将单元网格覆盖范围内的所有企业按照这种方法构建树形层级化结构，它们共同构成了单元网格内的排放清单，也就实现了排放清单网格化。图3-4给出了企业 *Y* 的使用涂料 *X* 的嫁接过程。

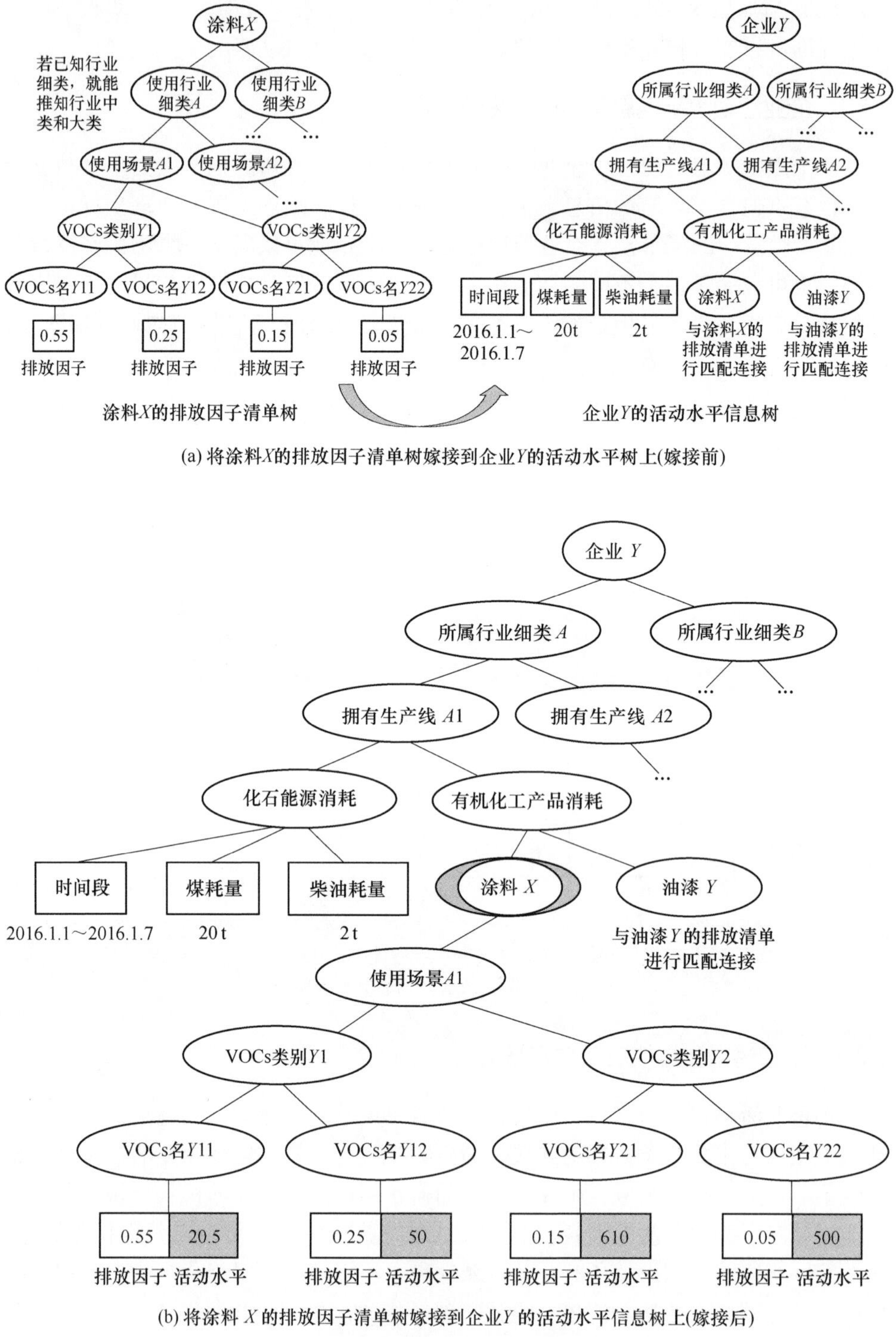
涂料X
若已知行业细类，就能推知行业中类和大类
使用行业细类A
使用行业细类B
使用场景A1
使用场景A2
VOCs类别Y1
VOCs类别Y2
VOCs名Y11
VOCs名Y12
VOCs名Y21
VOCs名Y22
0.55
0.25
0.15
0.05
排放因子
涂料X的排放因子清单树
企业Y
所属行业细类A
所属行业细类B
拥有生产线A1
拥有生产线A2
化石能源消耗
有机化工产品消耗
时间段
煤耗量
柴油耗量
涂料X
油漆Y
2016.1.1～2016.1.7
20t
2t
与涂料X的排放清单进行匹配连接
与油漆Y的排放清单进行匹配连接
企业Y的活动水平信息树
(a) 将涂料X的排放因子清单树嫁接到企业Y的活动水平树上(嫁接前)
20.5
50
610
500
活动水平
与油漆Y的排放清单进行匹配连接
(b) 将涂料X的排放因子清单树嫁接到企业Y的活动水平信息树上(嫁接后)

图 3-4 清单网格化示例

3.3 清单数据集成

点源节点存在责任主体，其信息由其对应的责任主体定期上传到本网格管理系统，其一致性通过“A 类+B 类+C 类”多维校验而确保。A 类信息是指现场检测设备、责任企业、第三方检测机构、研究机构、环保部门等部门获取的同类数据；B 类信息是指国外排放标准、排放指南、排放因子库等提供的同类数据；C 类信息是指国内其他地区获得的同类数据。面源节点不存在责任主体，其信息由 HYSPLIT 4.0 软件自动计算，该计算定期触发执行，并通过互联网自动上传到本网格管理系统，其精度保证策略基于面源节点表面构筑物特征精确化、内生致霾污染物特征精确化和外生致霾污染物特征精确化；其可靠性保证策略是基于某些面源节点内的监测设备获得数据的可靠性、HYSPLIT 数值计算时边界条件设置的合理性、面源节点内内生致霾污染物源和外生致霾污染物源设置的合理性。

3.4 企业活动水平强度及单元网格数据计算

处于企业活动水平清单最末级的是活动单元，表示造成污染的客体，包含了能源消耗、工业废气、重金属元素三项数据在工艺技术、时间分布、地理位置等多方面的信息。企业所有活动单元释放出的信息的总和就是企业的活动水平信息。为了满足活动水平清单在时间和空间维度的精度要求，有必要结合关联区域的实际情况获取相应的活动水平数据。

受到当前已有的污染物（尤其是重金属污染物）检测技术和检测成本的限制，不一定可以做到对全部排放源实现精确到清单末级的检测。对精度不同活动水平数据需要采取不同的处理方法：

（1）对精度到达清单末级的活动水平监测数据可以直接使用不需要进行处理。

（2）对精度达到清单末级上一级的活动水平检测数据，根据系数、比重等信息进行分配。以重金属元素排放清单为例，假设根据活动水平数据可以获得化合物硫酸锌浓度，需要根据硫酸锌的化学式及相对原子质量计算金属元素锌的浓度，计算方法如式（3-1）所示。

$$c_{\mathrm{Zn}} = \frac{M_{\mathrm{Zn}}}{M_{\mathrm{ZnSO_3}}} \times c_{\mathrm{ZnSO_3}} \tag{3-1}$$

式中，c_{Zn}为锌元素的浓度；$c_{\mathrm{ZnSO_3}}$为硫酸锌的浓度；M_{Zn}为锌元素的相对原子质量；$M_{\mathrm{ZnSO_3}}$为硫酸锌的相对分子质量。

（3）对没有统计数据的清单项目，需要借助其他相关统计信息，经转化计算获得。

工业废气排放清单中用于表示活动水平的数据是污染指数（AQI），它可以将常规监测的几种空气污染物浓度简化成为单一的概念性指数值形式，并分级表征空气污染程度和空气质量状况，适合于表示城市的短期空气质量状况和变化趋势，统计数据中常用该值表示大气污染严重程度。本章使用的污染指数实际上是分指数（*IAQI*）数值，即将某种单一的空气污染物的浓度简化为概念性指数值的形式，按照式（3-2）和式（3-3）可以完成空气污染指数与污染物浓度的转换计算，表 3-3 为计算污染指数分指数时需要使用空气质量分指数及对应的污染物项目浓度限值表。

$$IAQI_P = \frac{IAQI_{Hi} - IAQI_{Lo}}{BP_{Hi} - BP_{Lo}}(c_P - BP_{Lo}) + IAQI_{Lo} \tag{3-2}$$

$$c_P = \frac{BP_{Hi} - BP_{Lo}}{IAQI_{Hi} - IAQI_{Lo}}(IAQI_P - IAQI_{Lo}) + BP_{Lo} \tag{3-3}$$

式中，$IAQI_P$表示污染物项目 P 的空气质量分指数；c_P表示污染物项目 P 的质量浓度值；BP_{Hi}表示与 c_P相近的污染物浓度限值的高位值；BP_{Lo}表示与 c_P相近的污染物浓度限值的低位值；$IAQI_{Hi}$表示表中与 BP_{Hi}相对应的空气质量分指数；$IAQI_{Lo}$表示表中与 BP_{Lo}相对应的空气质量分指数。

表 3-3　空气质量分指数及对应的污染物项目浓度限值表

空气质量分指数	二氧化硫（24h 平均）	二氧化硫（1h 平均）	二氧化氮（24h 平均）	二氧化氮（1h 平均）	颗粒物（10μm 以下）	一氧化碳（24h）平均	一氧化碳（1h 平均）	臭氧（1h 平均）	臭氧（8h 平均）	颗粒物（2.5μm 以下）
0	0	0	0	0	0	0	0	0	0	0
50	50	150	40	100	50	2	5	160	100	35
100	150	500	80	200	150	4	10	200	160	75
150	475	650	180	700	250	14	35	300	215	115
200	800	800	280	1200	350	24	60	400	265	150
300	1600	1600	565	2340	420	36	90	800	800	250
400	2100	2100	750	3090	500	48	120	1000	1000	350
500	2620	2620	940	3840	600	60	150	1200	1200	500

注：空气质量分指数无量纲，一氧化碳浓度单位为 mg/m^3，其余污染物浓度单位为 $\mu g/m^3$。

需要指出，由于污染指数分指数的计算方法使用的原始数据是一定时间内的平均数据，因而不可能计算出某一时刻的污染指数分指数瞬时值，空气质量指数和首要污染物的确定也就无从谈起。这里需要使用一个假设，即假设当前时刻检测到的污染物浓度为指定时间长度的时段内的平均浓度，并以此数据作为污染指数分指数计算的原始数据进行计算。

处于叶节点位置的网格节点所包含的各活动单元活动水平强度根据活动水平数据计算得到，计算方法如表 3-4 所示。非叶节点单元网格的活动水平强度数据可以由其子节点相应数据汇总计算得到。

表 3-4 网格节点活动水平强度计算方法

网格编号	指标	单元 1	单元 2	…	单元 N	计算方法及其说明
j	排放速率/$m^3 \cdot h^{-1}$	$D_{j,s}^{1,r}$	$D_{j,s}^{2,r}$	…	$D_{j,s}^{N,r}$	$r=1、2、\cdots、R$，R 为产品制造或消耗的种类；$s=1、2、\cdots、S$，S 表示污染物种类，包括重金属污染物和废气污染物在内
	排放时长/$h \cdot d^{-1}$	$t_{j,s}^{1,r}$	$t_{j,s}^{2,r}$	…	$t_{j,s}^{N,r}$	污染物排放时间，按天统计
	浓度/$g \cdot m^{-3}$	$C_{j,s}^{1,r}$	$C_{j,s}^{2,r}$	…	$C_{j,s}^{N,r}$	不同来源的每一项污染物排放浓度，按天统计
	活动水平/$g \cdot d^{-1}$	$V_{j,s}^{1}$	$V_{j,s}^{2}$	…	$V_{j,s}^{N}$	$V_{j,s}^{k} = \sum_{r} C_{j,s}^{k,r} \times D_{j,s}^{k,r} \times t_{j,s}^{k,r}$
	活动水平强度/$g \cdot d^{-1}$	V_j				$V_j = \sum_{k=1}^{N} \sum_{s=1}^{S} V_{j,s}^{k}$

3.5 本章小结

本章介绍了致霾污染物排放清单树和企业活动水平信息树编制方法。采用树形层次化结构可以最大限度地适应各种各样的企业任意复杂的工艺流程。当企业生产工艺发生变化时，树形结构可以方便地进行动态调整，每个企业都有符合自身特色的清单树；树形层次化结构中的数据逻辑非常清晰，便于统计分析，同时其内涵十分丰富，一旦树形结构建立完成，很少需要人为修改结构以满足变动；树形层次化结构为网格化管理系统的实现提供了便利，活动水平信息录入界面可以实现自动生成，子树嫁接过程可以实现自动匹配。为了满足活动水平清单在时间和空间维度的精度要求，采用基于活动水平树形层次化结构来获取相应的活动水平数据。对精度不同活动水平数据需要采取不同的处理方法是：（1）对精度到达清单末级的活动水平监测数据可以直接使用不需要进行处理；（2）对精度达到清单末级上一级的活动水平检测数据，根据系数、比重等信息进行分配；（3）对没有统计数据的清单项目，需要借助其他相关统计信息，经转化计算获得。

参考文献

[1] 周子航，邓也，陆成伟，等．成都市人为源挥发性有机物排放清单及特征［J］．中国环境监测，2017，33（3）：39~48.

[2] 郝苗青，史恺，张时佳，等．天津市工业源挥发性有机物排放清单及区域分布研究［J］. 环境污染与防治，2017，39（1）：35~39.
[3] 梁小明，张嘉妮，陈小方，等．我国人为源挥发性有机物反应性排放清单［J］. 环境科学，2017，38（3）：845~854.
[4] 张凯，于周锁，高宏，等．兰州盆地人为源大气污染物网格化排放清单及其空间分布特征［J］. 环境科学学报，2017，37（4）：1227~1242.
[5] 宋学龄，李杰，刘佳．东北地区能源生产行业 VOCs 排放清单及不确定性分析［J］. 化工环保，2016，36（5）：577~582.
[6] 尤翔宇，罗达通，刘湛，等．长株潭城市群人为源 VOCs 排放清单及其对环境的影响［J］. 环境科学，2017，38（2）：461~468.
[7] 闫东杰，苏航，黄学敏，等．西安市人为源挥发性有机物排放清单及研究［J］. 环境科学学报，2017，37（2）：446~452.
[8] 陈国磊，周颖，程水源，等．承德市大气污染源排放清单及典型行业对 $PM_{2.5}$ 的影响［J］. 环境科学，2016，37（11）：4069~4079.
[9] 闫雨龙，彭林．山西省人为源 VOCs 排放清单及其对臭氧生成贡献［J］. 环境科学，2016，37（11）：4086~4093.
[10] 黄玉虎，常耀卿，任碧琪，等．北京市 1990~2030 年加油站汽油 VOCs 排放清单［J］. 环境科学研究，2016，29（7）：945~951.
[11] 杨干，魏巍，吕兆丰，等．APEC 期间北京市城区 VOCs 浓度特征及其对 VOCs 排放清单的校验［J］. 中国环境科学，2016，36（5）：1297~1304.
[12] 杨柳林，曾武涛，张永波，等．珠江三角洲大气排放源清单与时空分配模型建立［J］. 中国环境科学，2015，35（12）：3521~3534.
[13] 王静晞，曹国良，韩蕾，等．关中地区人为源大气污染物排放清单研究［J］. 安全与环境学报，2015，15（5）：282~287.
[14] 叶贤满，徐昶，洪盛茂，等．杭州市大气污染物排放清单及特征［J］. 中国环境监测，2015，31（2）：5~11.
[15] 刘松华，周静．苏州市人为源挥发性有机物排放清单研究［J］. 环境与可持续发展，2015，40（1）：163~165.
[16] 潘月云，李楠，郑君瑜，等．广东省人为源大气污染物排放清单及特征研究［J］. 环境科学学报，2015，35（9）：2655~2669.
[17] 鲁斯唯，胡清华，吴水平，等．海峡西岸经济区大气污染物排放清单的初步估算［J］. 环境科学学报，2014，34（10）：2624~2634.
[18] 夏思佳，赵秋月，李冰，等．江苏省人为源挥发性有机物排放清单［J］. 环境科学研究，2014，27（2）：120~126.
[19] 韩丽，王幸锐，何敏，等．四川省典型人为污染源 VOCs 排放清单及其对大气环境的影响［J］. 环境科学，2013，34（12）：4535~4542.
[20] 聂磊，李靖，王敏燕，等．城市尺度 VOCs 污染源排放清单编制方法的构建［J］. 中国环境科学，2011，31（S1）：6~11.

4 关联区域致霾污染物浓度分布估算

4.1 引言

我国工业化进程正在快速推进，预计 2020 年将达到高峰期，期间自然资源消费将逐渐接近峰值。自然资源开发利用在推动经济增长的同时，带来了环境污染和生态破坏等诸多问题。工业生产过程中产生的致霾污染物在对流和弥散作用下在大气环境中迁移、扩散，导致关联区域生态环境系统遭受到严重破坏，因而有必要建立一种科学可靠的模型，对关联区域内致霾污染物的浓度做合理估算，为该区域环境污染预防及控制提供理论支持。

早期针对致霾污染物迁移扩散方面的研究中，使用正态烟云模式模拟多源排放大气污染物的扩散规律[1]。烟羽模型[2]自提出以来被不断完善，形成的高斯烟羽模型被广泛应用于多种大气污染物扩散[2]方面的研究。GIS 技术成熟后，与高斯烟羽模型[3,4]、元胞自动机时空动态扩散模型[5]的结合，实现了扩散模型的可视化。随着气象资料精度不断提高，气象因素被考虑到迁移分析中[6]，拉格朗日混合单粒子轨道（HYSPLIT）模型[7]经过多次完善，能够很好地模拟污染物输送轨迹和扩散趋势[8]。CALPUFF 模型[9]是三维非稳态拉格朗日扩散模型，能够在考虑气象条件影响的前提下，实现中等尺度上的污染物扩散模拟[10]。

已有的针对致霾污染物浓度数值估算的研究中存在以下不足：（1）未考虑气象条件，一般假设为均匀风场，因而不适用于模拟污染物远距离传输过程。（2）CALPUFF 模型虽然对气象条件进行了充分考虑，但是除对气象数据进行实测外，其要求的气象数据分辨率难以达到，HYSPLIT 模型内建了浓度估算方法，但是只能计算出浓度范围区间，不能输出精确的浓度值。（3）此外，当前的污染物扩散研究中的污染源多为瞬时源，研究短时间内排放源周边污染物分布规律，难以对连续源或多次排放导致的关联区域内长期污染后果进行分析。因此，有必要对连续源致霾污染物污染关联区域时的致霾污染物浓度分布模型进行研究。

4.2 致霾污染物浓度分布估算理论框架

针对现有方法及模型的不足之处，本章提出了关联区域致霾污染物浓度分布估算模型（MDCDEM-SPS）以解决污染物浓度估算问题。MDCDEM-SPS 模型适用于单个点状污染源连续或短时间多次排放致霾污染物的情形下，对污染物烟团迁移扩散过程中关联区域分时期多高度层致霾污染物浓度分布规律进行模拟和分析，其中关联区域是指受到致霾污染物迁移影响的污染源周边区域。为了考虑气象因素对致霾污染物迁移的影响，需要向模型引入气象数据，模型所需的气象数据来自美国国家环境预报中心（NCEP）的全球资料同化系统（GDAS）提供的气象资料，其空间分辨率为1°×1°，包含每日UTC时间0000、0600、1200、1800共四个时次的气象数据。模型运行完毕后，输出的数据为一段时期内多个高度层上致霾污染物浓度数据的期望值，可用于评估长期污染影响。图4-1展示的是模型的理论流程，包含四个通过数据构建起相互之间逻辑关系的理论和方法。

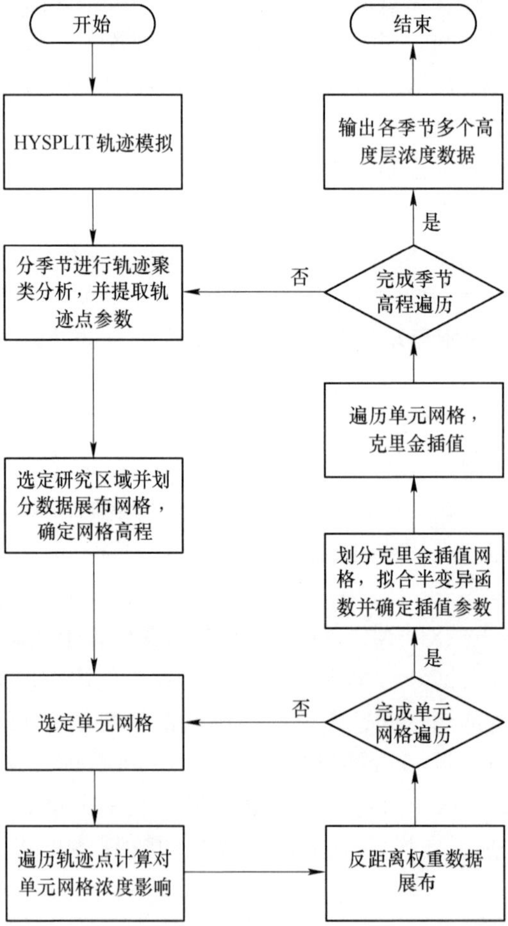

图4-1　模型理论流程图

实现计算关联区域矿尘浓度分布的目标，并将气象条件纳入影响因素中，首先要获得气象条件影响下致霾污染物的迁移路径，使用4.3.1节介绍的HYSPLIT

模型及其轨迹聚类方法，模拟某时段致霾污染物迁移轨迹并将其分为若干簇，分别使用一条路径代表一个簇，聚类产生的路径由多个轨迹点连接而成。建立空间坐标系，以污染源为原点，沿纬度线向东为 x 轴正向，沿经度线向南为 y 轴正向，沿铅垂线向上为 z 轴正向。轨迹聚类分析结果为致霾污染物浓度计算提供了所需的必要参数，在风场中旋转坐标系，以平均风向作为 x 方向，以包含 x 方向且垂直于水平面的平面上与 x 方向垂直的方向作为 z 方向，y 方向同时垂直于 x、z 方向。根据 4.3.2 节所示的方法计算所有轨迹点处的浓度，得出的结果不是某一时刻的浓度数据，而是某段时期内该位置的致霾污染物浓度期望值。但是由于无法获知致霾污染物到达其他位置的精确时间，因而无法计算致霾污染物浓度。克里金法用于空气质量插值能够达到整体最优的插值精度，但是克里金法要求的已知数据量较大，且要求在空间中随机分布，考虑到已知数据点全部分布在烟团迁移路径上，如果选定的单元块中没有已知数据点，将无法完成计算，直接应用克里金法估值难以取得理想的结果。本章采用 4.3.3 节中改进的反距离权重法对路径上的浓度数据进行空间展布，将有效数据区向路径周边区域扩展，数据量和数据分布特征满足克里金插值方法的需求后，按照 4.3.4 节所示方法对致霾污染物浓度进行插值分析。

按照上述方法对多个时段、多个高度层的致霾污染物浓度分布数据进行计算并输出得到的浓度数据，对比不同时段、不同高度层的致霾污染物浓度分布数据，分析得出关联区域内致霾污染物浓度在时间、空间维度的分布规律。

4.3 浓度分布计算方法

4.3.1 扩散轨迹聚类分析

根据 GDAS 提供的气象数据，运行 HYSPLIT 模型，可模拟出以致霾污染物排放源三维空间位置为起点的 72h 致霾污染物输送前向轨迹。根据致霾污染物排放源所处地理位置的主导风向变化情况划分聚类分析时段，季风气候区一般可以根据季节划分。在聚类分析时段内的每一天中取四个时次（00、06、12、18，UTC 时间）重复进行前向轨迹模拟，得出该时段内致霾污染物迁移的若干条路径，根据路径方向、高程变化、烟团迁移速度对此若干条路径进行聚类。聚类分析将前向轨迹模拟的路径划分为若干组，记录每组路径条数占总路径数的比例，并分别用一条路径表达，经过聚合的路径可以提供时间、三维坐标等参数，代表了相应路径组的典型特征。

4.3.2 有风连续源浓度计算

若污染物排放源为连续源，空间中某一位置的污染物质量浓度保持恒定，即浓度只与空间坐标有关，致霾污染物质量浓度表示为：

$$c(x,\ y,\ z,\ t)=\frac{Q}{4\pi x\ (E_{t,\ y}E_{t,\ z})^{1/2}}\exp\left[-\frac{\bar{u}_x}{4x}\left(\frac{y^2}{E_{t,\ y}}+\frac{z^2}{E_{t,\ z}}\right)\right] \tag{4-1}$$

式中，$E_{t,y}$、$E_{t,z}$分别表示 y、z 方向上的湍流交换系数；$\bar{u}_x$ 表示 x 方向上的平均风流速度；c（x，y，z，t）表示坐标系原点（0，0，0）处有一污染源以强度 Q 连续排放污染物 t 时刻后，坐标（x，y，z）处的污染物质量浓度。根据式（4-3）和致霾污染物迁移轨迹聚类结果，可以计算 t 时刻烟团中心的致霾污染物质量浓度 c（$\bar{u}_x t$，0，0，t），该浓度数值是在致霾污染物烟团迁移扩散过程中该位置能够达到的最大浓度值。

4.3.3　改进的反距离权重数据展布方法

传统的反距离权重法数据展布计算方法为：

$$x_{bj}=\frac{\sum_{i=1}^{n}\frac{x_{bi}}{d_i^N}}{\sum_{i=1}^{n}\frac{1}{d_i^N}}\qquad d_i<R \tag{4-2}$$

式中，R 为球状影响范围的半径，根据实际影响范围确定；n 为与待估点 j 之间的距离小于 R 的已知点数量；x_{bi}为已知数据点 i 的数值；d_i为空间中点 i 到点 j 的距离；N 为常量，对于数值随距离变化不明显的数据，N 的取值较小，反之应取较大值。

将反距离权重法应用于致霾污染物浓度展布存在几项缺陷：（1）受到弥散作用影响，致霾污染物迁移过程中烟团将不断扩大，即烟团影响范围 R 应随时间变化。（2）受到对流作用影响，烟团各向半径不一定相同，即不同方向上 R 的取值不等。（3）烟团影响范围内的致霾污染物浓度并不相同，总体呈现出中心浓度高，边缘浓度低的特征，因而直接使用烟团中心处的致霾污染物浓度代表影响半径内的浓度并不合理。

为解决这些问题，需要对展布方法做几点改进。将插值点坐标及烟团中心到达已知点位置的时间作为变量，根据式（4-4）计算出单个烟团影响下插值点的浓度数据，在估算插值点数据时代替已知点数据。影响范围半径 R 受到三维空间中多重因素影响，难以使用常量或函数表达，但是可以确定当距离超过影响半径后，插值点的浓度数据应为 0，且浓度具有从烟团中心向边缘单调递减的特性，不存在浓度值为 0 但距离不超过 R 的情形，因此当浓度数据取 0 时，可以认为插值点和已知数据点的距离超过 R，已知数据点对插值点的影响忽略不计。改进后的待估数据计算方法为：

$$c_j = \frac{\sum \dfrac{c_{i,j}}{d_i^N}}{\sum \dfrac{1}{d_i^N}} \qquad c_{i,j} \neq 0 \tag{4-3}$$

式中，d_i表示空间中点 i 到点 j 的距离；$c_{i,j}$表示当烟团中心到达 i 点时，在该烟团影响下 j 点的浓度。

4.3.4 克里金插值方法

克里金插值方法的基本步骤包括：计算实验半变异函数、拟合半变异函数、计算半变异函数平均值、求解已知数据权重、加权求和计算插值数据。根据已知点分布情况，在合理选择点对距离的前提下，实验半变异函数值

$$\gamma(h) = \frac{1}{2n(h)} \sum_{i=1}^{n(h)} [X(z_i) - X(z_i + h)]^2 \tag{4-4}$$

式中，$n(h)$ 表示一组样本点中相距为 h 的样本对个数；$X(z_i)$ 表示 z_i处的样本值；$X(z_i+h)$ 表示与 z_i相距 h 处的样本值。半变异函数来源于对实验半变异函数的拟合，最常用的半变异函数模型为球状模型，其数学表达式为：

$$\lambda(h) = \begin{cases} N + C\left(\dfrac{3h}{2\alpha} - \dfrac{h^3}{2\alpha^3}\right) & h \leqslant \alpha \\ N + C & h > \alpha \end{cases} \tag{4-5}$$

式中，N 表示块金值；$N+C$ 表示台基值；α 表示变程。根据拟合的半变异函数计算点与点、点与区域的半变异函数平均值，分别记为 $\bar{\gamma}(\omega_i, \omega_j)$ 和 $\bar{\gamma}(\omega_i, V)$，列出克里金方程组：

$$\begin{cases} \sum\limits_{j=1}^{n} b_j \bar{\gamma}(\omega_i, \omega_j) + \lambda = \bar{\gamma}(\omega_i, V) & i = 1, 2, \cdots, n \\ \sum\limits_{i=1}^{n} b_i = 1 \end{cases} \tag{4-6}$$

以矩阵形式将克里金方程组表示为 $\boldsymbol{AB} = \boldsymbol{C}$，其中

$$\boldsymbol{A} = \begin{bmatrix} & & & 1 \\ & rww_{n\times n} & & \vdots \\ & & & 1 \\ 1 & \cdots & 1 & 0 \end{bmatrix}, \quad \boldsymbol{B} = \begin{bmatrix} b_1 \\ \vdots \\ b_n \\ \lambda \end{bmatrix}, \quad \boldsymbol{C} = \begin{bmatrix} rwv_{n\times 1} \\ \\ \\ 1 \end{bmatrix} \tag{4-7}$$

式中，λ 为拉格朗日常数；b_j为自变量，表示已知点 j 数据的权重。符号 rww、rwv 的含义参见 4.4.3 节图 4-5 中的表述，将矩阵 $\boldsymbol{A}_{n\times n}$ 与矩阵 $\boldsymbol{C}_{n\times 1}$ 拼接为 $(n+1)\times(n+2)$ 的矩阵，即为克里金方程组的增广矩阵。

由克里金插值的基本公式计算插值点浓度

$$c(i) = \sum_{j=1}^{n} b_j c(j) \tag{4-8}$$

式中，n 表示参与插值估算的已知点数量；$c(j)$ 表示已知点 j 处的浓度。

4.4　浓度分布估算模型实现

上述 MDCDEM-SPS 模型涉及的计算量较大，依靠手工计算基本无法完成，浓度数值计算部分利用自行编写的软件实现。本章中的计算机程序使用 Visual Basic 2012 编码，在 Windows 7 操作系统上以 Visual Studio 2012 为开发环境编译并运行，主要包含离散点浓度值计算、反距离权重数据展布、克里金插值三个模块，共同完成空间中致霾污染物质量浓度计算，为方便对数据做进一步分析，计算结果输出到 Excel 文档中，顶层数据流程图如图 4-2 所示。

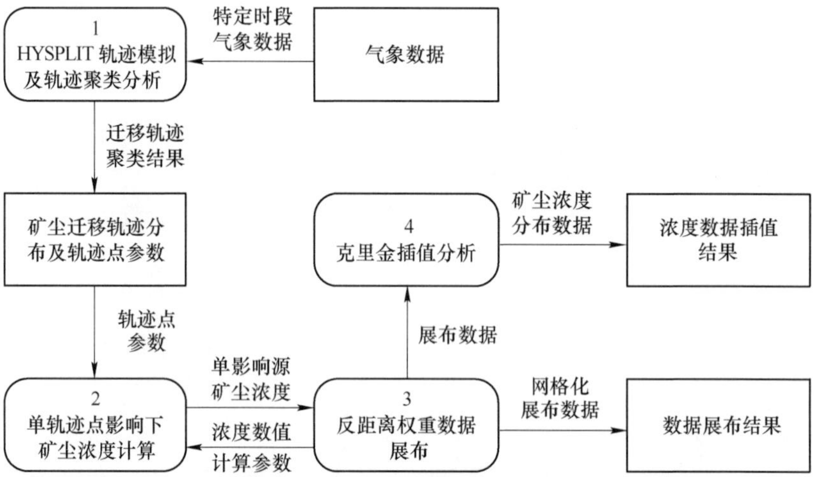

图 4-2　顶层数据流程图（矿尘代表致霾污染物）

计算流程开始前需要初始化必要的参数数据，源强和扩散系数根据研究对象实际确定，数据展布网格海拔高度获取自中国科学院资源环境科学数据中心提供的中国海拔高度（DEM）空间分布数据，空间分辨率为单元网格边长，覆盖整个研究区域。

致霾污染物迁移轨迹模拟及聚类分析使用 HYSPLIT 4.0 系统完成，不再赘述其数据处理流程。聚类分析输出的结果显示了每条路径的走向及其权重，从计算过程中输出的数据文件中可以读取到每条迁移轨迹上时间间隔为 1h 的路径点参数，包含经纬度、相对地面高程（AGL）、烟团排放时间以及所属路径权重。为便于使用统一的空间坐标描述点的位置，根据 DEM 空间分布数据获取每个坐标点的地表海拔高度，与相对地面高程叠加，得出烟团中心点的海拔高度，并存储处理后的轨迹点参数。

4.4.1 离散点浓度计算

离散点浓度计算是一个基础模块，在整个程序中被多次调用，图 4-3 给出了浓度计算处理流程的伪代码，其中，$E_{t,y}$、$E_{t,z}$的含义与式（4-1）中变量的定义相同，得到的浓度值表示受中心在参数点的单个烟团影响下未知点的浓度值。

```
Input
    Para［3］为坐标变换参数，依次表示经纬度、海拔高度
    Coor［3］为目标点参数，依次表示经纬度和海拔高度
    t 表示烟团到达时间
    Q 表示污染源源强
Initialize
    污染源经纬度及高程 Slon、Slat、Sheight；扩散系数 E_{t,y}、E_{t,z}；
BEGIN
    计算以距离表示的参数点坐标，并更新到 Para 中相应的元素 Para=lonLatToDistance（Slon，Para［1］，Slat，Para［2］，Sheight，Para［3］）；
    计算以距离表示的目标点坐标 Coor=lonLatToDistance（Slon，Coor［1］，Slat，Coor［2］，Sheight，Coor［3］）；
    计算坐标旋转后参数点及目标点坐标 Coor = coordinateRotation（Para，Coor），Para = coordinateRotation（Para，Para）；
    根据 ū_x=Para［1］/t 计算平均风速，Para［1］为坐标旋转后参数点的 x 坐标；
    将（Coor，Q，t，E_{t,y}，E_{t,z}）作为变量，代入公式（4-1）计算未知点浓度值 C；
END
Function lonLatToDistance（lonA，lonB，latA，latB，heightA，heightB）
    初始化参数：地球平均半径 R=6371.004；    //假设地球为标准球体
    x 轴方向距离分量 D_x=R×arccos［sin^2（latA）+cos^2（latA）cos（lonA−lonB）］；
    y 轴方向距离分量 D_y=R×arccos［sin（latA）sin（latB）+cos（latA）cos（latB）］；
    z 轴方向距离分量 D_h=heightA−heightB；
    Return {D_x，D_y，D_h}；
End Function
Function coordinateRotation（Para，Coor）
    分别以 a、b、c、x、y、z 表示参数点和目标点的坐标
    //计算坐标旋转过程使用的参数，β 为绕 y 轴旋转的角度，γ 为绕 z 轴旋转的角度
    sinβ=c/(a^2+c^2)^{1/2}；cosβ=a/(a^2+c^2)^{1/2}；sinγ=(a^2+c^2)^{1/2}/(a^2+b^2+c^2)^{1/2}；cosγ=−b/(a^2+b^2+c^2)^{1/2}；
    x=xcosβ+zsinβ；y=y；z=zcosβ−xsinβ；    //绕 y 轴旋转后的坐标
    x=xcosγ−ysinγ；y=xsinγ+ycosγ；z=z；    //绕 z 轴旋转后的坐标
    Return {x，y，z}；
End Function
Output
    未知点浓度值 C
```

图 4-3　离散点浓度计算流程

4.4.2　反距离权重数据展布

反距离权重数据展布模块用于对路径周边范围浓度数据进行填补，为克里金插值模块提供数量足够且分布合理的数据。使用该方法需要将研究区域划分网格，每个网格的浓度值都使用中心点数据代表，网格的分辨率决定了数据展布分辨率，为适应插值算法需要，可以按照经纬度划分网格。此模块的处理流程伪代码如图 4-4 所示。

```
Input
    研究区域经纬度起止范围
    网格分辨率，即单元网格边长
height 表示研究高度层距地高程
Traj [l] [5] 表示路径上的点，包括点的经纬度、海拔高度、烟团到达时间、路径权重
Initialize
    加权浓度 SWC；加权距离 SWD；云网格中心点参数 Mesh [3]
    烟团到达时间 t；所属路径权重 ω
BEGIN
    根据经纬度范围和网格分辨率将研究区域按照经纬度划分为 m 行 n 列的网格；
    FOR  i=1 TO m
      FOR  j=1 TO n
        记录云网格中心点坐标 Mesh [3]；
        更新网格点高程，Mesh [3] =Mesh [3] + height [m] [n]；   //在其海拔高度基础上叠加
  研究层高程；
          FOR  k=1 TO l
            烟团到达时间 t=Traj [k] [4]，路径权重 ω=Traj [k] [5]，根据权重计算影响该路径的
  源强 Q′=ωQ；
            将 (Traj [k]，Mesh，Q′，t) 输入图 4-1 所示的处理流程，得到浓度 C；
            IF  C≠0
              计算单元云网格中心与路径点的距离 d=getDistance (Traj [k]，Mesh)；
              SWC+=C/d^N；
              SWD+=1/d^N；
            END IF
          NEXT
          IF  SWC=0
              单元网格浓度值 C_IDW=0；
          ELSE
              按照公式 (4-3) 计算单元网格浓度值 C_IDW=SWC/SWD；
          END IF
      NEXT
    NEXT
END
Function getDistance (Traj [5]，Mesh [3] )
  //分别以 lonA、lonB、latA、latB、heightA、heightB 表示路径点与云网格中心点的经纬度和高程
  水平距离 D=R×arccos [sin (latA) sin (latB) +cos (latA) cos (latB) cos (lonA-lonB) ]；
  三维空间距离 Distance= (D^2+ (heightA-heightB)^2)^(1/2)；
  Return Distance；
End Function
Output
  每个单元云网格中心点经纬度坐标及该点的浓度值
```

图 4-4　反距离权重数据展布处理流程

数据展布过程中将原始的三维空间压缩为水平二维空间，此处理流程输出的数据与输入的高程参数直接相关，因而浓度结果隐含了高程信息，即该数据是特定高程的浓度数值。在克里金插值过程中使用的每一组已知浓度数据都指向同一高程，插值分析得到的结果是相应高度层的浓度分布情况，因而同一研究区域内不同高程可能表现出差异化的浓度分布规律。

4.4.3 克里金插值实现

克里金插值方法的处理流程如图 4-5 所示。

```
Input
    用于克里金插值的单元网格边长
    CIDW [m] [3] 表示经过数据展布后，数据点坐标及其浓度数值
BEGIN
    依照单元网格边长在研究范围内生成 p 行 q 列网格；
  FOR  i=1 TO p
      FOR  j=1 TO q
        在 CIDW 中筛选经纬度坐标在网格范围内，且浓度数值不为 0 的点，点的个数记为 n；
        IF  n=0
          该单元网格范围内的浓度值 C_kri=0；
          CONTINUE FOR
          END IF
          FOR  k=1 TO n×n，记为 (a, b)
            计算组成点对的两点之间的距离，根据半变异函数表达式计算两点之间的半变异函数
          值 γ；
            使用 n×n 矩阵 rww 存储计算得到的函数值，rww [a, b] =γ；
          NEXT
          FOR  k=1 TO n
            将单元网格划分为若干更小的子体，以每个子体的中心坐标代表子体的位置；
            分别计算点 k 与所有子体中心点的半变异函数值，其均值记作 γ_v；
            使用 n×1 矩阵 rwv 存储每个均值，rwv [k] =γ_v；
          NEXT
          根据公式 (4-6) 建立克里金方程组，并根据公式 (4-7) 拼接增广矩阵，使用高斯消元法
      求解自变量 b [n+1]；
          根据公式 (4-8) 计算单元网格范围内的浓度值 C_kri=Σ (b [k] ×CIDW [k] [3] )，k=1,
      2，…n；
          NEXT
  NEXT
  按照单元云网格中心点经度、纬度、单元网格浓度值的格式将数据输出到 Excel 文档中；
END
Output
  每个单元云网格中心点经纬度坐标及其浓度数值
```

图 4-5 克里金插值处理流程

克里金插值过程开始前调用 GS+软件完成半变异函数拟合，其基本原理与式 (4-4)、式 (4-5) 一致。考虑到插值过程中不会对浓度值为 0 的点使用半变异函数，将剩余的离散数据点输入软件前，筛去反距离权重法展布后的数据中浓度值为 0 的点，得出的半变异函数更能代表研究范围内致霾污染物浓度变化规律，该规则与插值处理流程中对单元网格内已知浓度点的浓度数值为 0 的情况进行剔除的做法一致。

4.5　实例研究与讨论

榆林市（36°57′~39°35′N，107°28′~111°15′E）位于关联区域最北部，地貌大致以长城为界，北部为毛乌素沙漠南缘风沙草滩区，南部为黄土丘陵沟壑区，地势由西向东倾斜，西南部海拔 1600~1800m，其余部分海拔 1000~1200m，年平均风速 2.2m/s，全年常见风向为南东南风和西北风（SSE，NW），属暖温带至中温带半干旱大陆性季风气候，四季分明。矿产资源丰富，已探明煤、气、油、盐等 8 大类 48 种矿产，其中煤炭预测储量 2800 亿吨，拥有世界七大煤田之一的神府煤田。据关联区域发改委数据，2016 年关联区域累计生产原煤 51151.37 万吨，约占全国总产量的 15%。矿产资源开采过程中必然产生大量矿尘，即使采取降尘措施也不可能完全消除矿尘排放，干旱多风的气候条件为矿尘创造了良好的扩散条件，在对流和弥散作用影响下矿尘烟团逐渐迁移扩散，将导致矿产资源开发关联区域的自然环境遭受严重破坏。

按照气候统计法划分季节，即 3~5 月为春季，6~8 月为夏季，9~11 月为秋季，12 月至次年 2 月为冬季。对历史气象资料的统计表明，榆林市受季风气候影响，四季主导风向有明显差异：春季风向不稳定，西风、北风频率偏高；夏季东风、南风频率显著提升；秋季主要受西北风和西南风影响，大多数时间风速较低；冬季西北风盛行。风向对矿尘迁移有决定性影响，为避免对矿尘迁移路径进行聚类分析过程中丢失各季节主导风向特征，使聚类结果更接近实际情况，需要对每个季节的迁移轨迹分别进行聚类分析。

以神府煤田（38°52′~39°27′N，110°05′~110°50′E）中心点（39°09′N，110°27′E）为烟团起点，按照气候统计法的季节划分标准，使用 2016 年气象数据分季节按每天 4 次的频率模拟烟团迁移轨迹，并将模拟结果进行聚类分析，得出如图 4-6 所示的结果。

图 4-6 中显示的是 36 小时内烟团中心迁移轨迹以及每条聚类轨迹包含的原始轨迹比例。聚类后的轨迹图显示，受盛行风向影响各季节的迁移轨迹有明显差异，春季（图 4-6（a））烟团主要向东、向南迁移；夏季（图 4-6（b））向北、西北方向的迁移趋势增加；秋季（图 4-6（c））大气比较稳定，烟团主要迁移路径较短，主要向东、南方向迁移；冬季（图 4-6（d））烟团主要移动方向为东南

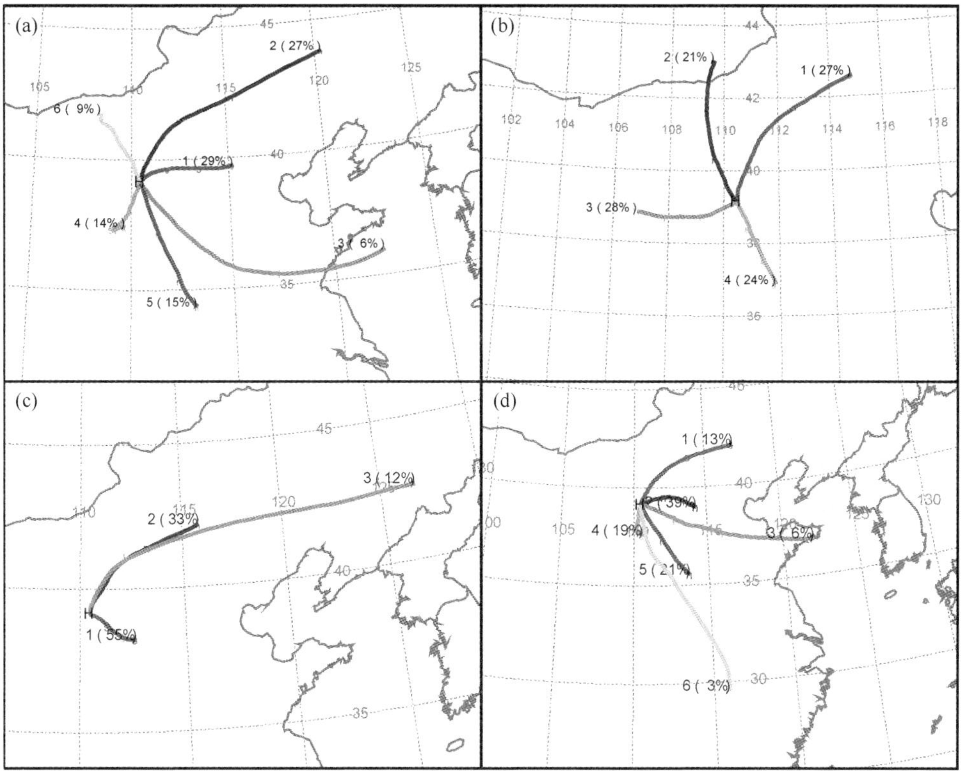

图 4-6 各季烟团中心迁移路径

方和东方，但向东的频率较秋季明显下降。每条轨迹由 36 个逐小时烟团中心点空间坐标连接而成，以春季最高频率轨迹（2 号）为例，构成该轨迹的点坐标及高程数据如表 4-1 所示。

矿尘主要产生于开采和运输过程，实际生产中这些工序都是持续进行的，因而认为矿尘是连续排放的，即污染源为连续源。根据环境空气质量功能区划分原则与技术方法（HJ/T 14—1996）对空气质量功能区的划分，神府煤田所在区域属二类区，按照现行大气污染物综合排放标准（GB 16297—1996）和煤炭工业污染物排放标准（GB 20426—2006）规定的颗粒物排放限值，以单个排风口为污染源，源强 $Q=1.9\text{kg/h}$。以污染源到矿尘烟团中心点的连线方向作为相应时段内的平均风向，平均风速 $\bar{u}_x=d/t$，d 表示连线长度。空间三维坐标系的 x 方向与平均风向重合，y、z 方向上的风速分量均为 0，湍流弥散系数 $E_{t,y}$、$E_{t,z}$ 仅与矿尘自身性质有关，取 $E_{t,y}=E_{t,z}=10\text{m}^2/\text{s}$。

表 4-1　矿尘迁移路径地理数据

时间/h	东经/(°)	北纬/(°)	相对地面高度/m	海拔高度/m	时间/h	东经/(°)	北纬/(°)	相对地面高度/m	海拔高度/m
1	110.507	39.201	29	1243	19	112.872	39.662	394	1452
2	110.580	39.260	52	1336	20	113.034	39.655	426	1533
3	110.673	39.326	88	1297	21	113.194	39.647	455	1446
4	110.790	39.391	126	1404	22	113.344	39.641	486	1812
5	110.931	39.447	146	1215	23	113.479	39.635	514	1570
6	111.090	39.496	145	1116	24	113.600	39.632	538	1608
7	111.250	39.537	129	1356	25	113.719	39.628	565	2071
8	111.409	39.567	110	1247	26	113.845	39.623	589	2301
9	111.562	39.592	97	1556	27	113.979	39.618	608	2557
10	111.697	39.612	111	1426	28	114.118	39.615	622	2248
11	111.808	39.629	138	1689	29	114.259	39.615	637	2052
12	111.901	39.643	171	1872	30	114.405	39.617	640	2180
13	111.998	39.654	211	1966	31	114.550	39.619	643	2485
14	112.112	39.661	249	1948	32	114.700	39.625	648	2380
15	112.245	39.665	281	1857	33	114.856	39.636	648	2568
16	112.391	39.666	309	1773	34	115.007	39.654	655	1639
17	112.546	39.666	334	1761	35	115.140	39.676	656	1359
18	112.708	39.665	364	2189	36	115.254	39.701	654	1462

按照上述假设和参数设定，以及 4.4 节介绍的数据处理流程，在每个季节中截取 100、500、1000m 三个高度层，计算水平空间分辨率为 0.1°×0.1°的矿尘浓度分布数据，并使用 ArcGIS 软件将数据绘制成浓度分布图。使用自然断点分级法将浓度数值划分为 10 个区间，每个季节采用相同的分类间隔，以红色标记高浓度区域，绿色标记浓度较低区域，如图 4-7 所示。

可以看到，每个季节矿尘浓度分布规律有明显差异，矿尘基本沿当季烟团迁移路径形成烟羽，浓度数值从烟羽中心到两侧呈现递减趋势，同时在迁移方向上，浓度数值逐渐降低，影响范围逐步扩大，这与烟团迁移过程中逐渐扩散的特征相符。春季（图 4-7（a））污染物在多个方向上有分布，东北方浓度数值较大，分布较广；夏季（图 4-7（b））污染物向四个方向均匀发散，由于迁移速度较慢，浓度分布相对均匀，高浓度区较大；秋季（图 4-7（c））污染物向东南方向迁移频率较高，且速度很慢，致使东南方向出现了较大范围高浓度区域；冬季（图 4-7（d））受到盛行风向影响，污染物主要分布在东南方向，少部分向东北

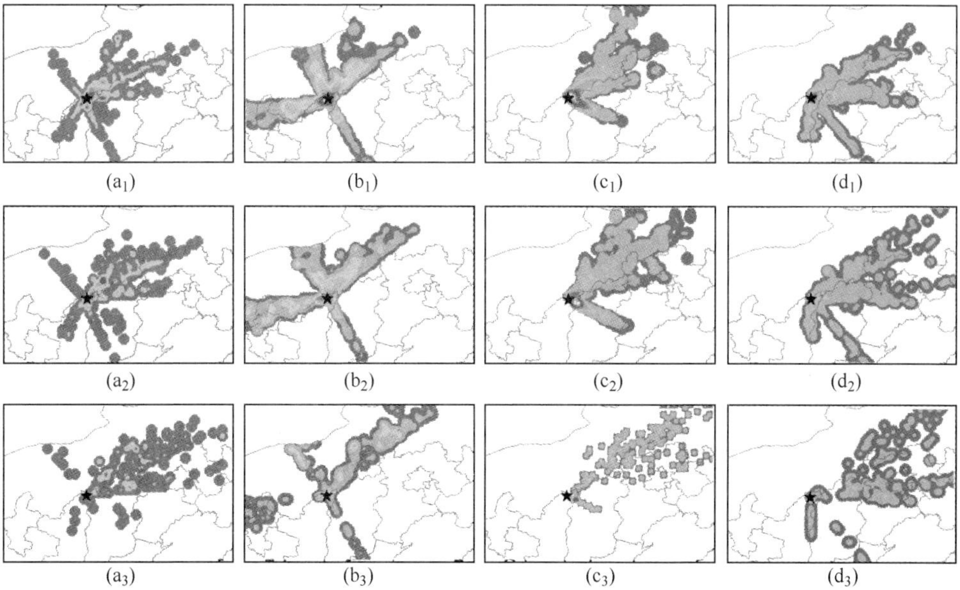

图 4-7 各季节 100、500、1000m 高程矿尘浓度分布图

方扩散，较快的迁移速度导致浓度分布范围较大，高浓度区域较少。特定条件下这个规律有可能被破坏，如烟团迁移速度减慢时，矿尘在迁移速度较慢的区域堆积，导致该区域浓度上升，在图中表现为独立的高浓度区域。矿尘迁移路径高度变化导致了同一季节不同高度层的浓度数值也表现出明显的差异，大致呈现出随高度上升，矿尘分布范围先扩大后缩小，浓度数值持续下降的特征，矿尘迁移路径高程变化对矿尘浓度垂直分布有较大影响，有可能出现浓度迅速变化的情形。受到迁移路径高程变化、烟团逐步远离排放源等因素影响，在迁移路径稀少的高度层、同一高度层中远离排放源的位置处获取的有效矿尘浓度数值较少，插值方法容易受到特殊值的影响，将导致这些位置的插值结果质量下降。

4.6 本章小结

借助 HYSPLIT 模型使用 2016 年的气象数据对源于榆林市神府煤田的矿尘在大气中迁移扩散轨迹进行了模拟，并分季节对烟团迁移轨迹做聚类分析。根据聚类分析得出的每季矿尘迁移的方向规律，使用高斯扩散方法计算矿尘烟团中心轨迹上的矿尘浓度，并选用合理的分辨率，在使用改进的反距离权重法完成浓度数据空间展布的基础上，使用克里金插值法对矿尘迁移影响范围内任意位置矿尘浓度做插值分析，得出了各季节三维空间中矿尘浓度的分布规律。

本章克服了高斯扩散模型中气象因素考虑不足、反距离权重法使用单个数据代表整个区域数据的缺点，提出了 MDCDEM-SPS 模型，适用于衡量污染物长期排放对周边环境造成的破坏后果，是一种污染物阶段性浓度分布估算模型，可为污染物排放关联区域内生态环境评价相关研究提供可靠数据。除用于矿尘浓度分布估算外，本方法还可以用于其他类似污染物扩散研究，对于在大气中不稳定的污染物，需要额外考虑其在大气中的降解与转化作用，另外本方法没有考虑地形因素对污染物扩散造成的影响。

参考文献

[1] 地球物理系大气湍流与扩散组．某地区多源大气污染扩散的数值模拟 [J]．北京大学学报（自然科学版），1978（2）：68~79.

[2] 肖建明，陈国华，张瑞华．高斯烟羽模型扩散面积的算法研究 [J]．计算机与应用化学，2006，23（6）：81~86.

[3] 张斌才，赵军．大气污染扩散的高斯烟羽模型及其 GIS 集成研究 [J]．环境监测管理与技术，2008，20（5）：17~19.

[4] 韩丽，时盛春，熊兴军．基于 ArcGIS 的室外燃气扩散分析及模拟 [J]．价值工程，2016，35（21）：118~120.

[5] 韦宗明，艾娇燕，李修华，等．基于元胞自动机的大气扩散模型及 GIS 可视化 [J]．环境工程学报，2016，10（5）：2527~2534.

[6] Rodriguez L M，Bieringer P E，Warner T. Urban transport and dispersion model sensitivity to wind direction uncertainty and source location [J]. Atmospheric Environment，2013，64（64）：25~39.

[7] Draxler R R，Hess G D，Draxler R R. DESCRIPTION OF THE HYSPLIT _ 4 MODELING SYSTEM [C] // National Oceanic & Atmospheric Administration Technical Memorandum Erl Arl. 1997：197~199.

[8] 沈浩，刘端阳．基于拉格朗日混合单粒子轨道模型的大气污染物扩散预报系统研究 [J]．环境污染与防治，2016，38（7）：31~35.

[9] 伯鑫，丁峰，徐鹤，等．大气扩散 CALPUFF 模型技术综述 [J]．环境监测管理与技术，2009，21（3）：9~13.

[10] 刘毅，刘龙，李王锋，等．石化园区规划大气环境风险模拟方法与案例 [J]．清华大学学报（自然科学版），2015（1）：80~86.

5 多源致霾污染物迁移致生态环境系统损害级联传播过程分析与评价

5.1 引言

随着经济发展和工业化进程的推进，我国自然资源消费量增长将达到极限[1]，工业生产过程必然伴随着多种污染物的排放，如果不能及时采取有效的处理措施，不断累积的污染物将对生态环境造成越来越严重的损害。已有研究表明，致霾污染物在风力作用下可以形成悬浮颗粒物，吸附大量重金属元素，并在大气环流作用下实现长距离运输[2]，将对影响范围内的地表植被和生态环境造成不利影响[3]。当生态环境系统遭受损害产生崩溃现象时，与之相邻或相关的其他生态环境系统也会受到影响，这种级联效应使得空间对象具有结构复杂和非线性的特征[4]，因而有必要建立致霾污染物迁移对生态环境造成级联损害的过程进行建模，揭示致霾污染物迁移影响下生态环境损害度变化规律，有助于对致霾污染物迁移影响区域生态环境采取有针对性的保护措施。

早期损害度评价及评价指标确定的相关研究多集中于系统故障模式与分析[5]、系统可靠性[6]等领域，自 20 世纪 90 年代损害度被应用于环境评价以来[7]，相关研究逐步开展，学者使用了多种用于确定评价指标并计算损害度值的方法，包括专家评分法[8]、定量分析法[9]、粗糙集理论[10]等，此外还有研究根据特定污染物物理性质确定评价指标的方法，建立的评价模型针对性更强[11]，但目前针对污染物迁移产生的损害级联发展过程的评价研究较少。文献［12］认为干扰是生态环境系统的重要组成部分，是其结构和功能变化的主要驱动力，多次干扰相互作用有可能在生态环境系统之间产生难以预料的级联效应，针对陆地富营养化的研究显示，生态环境系统中的级联效应非常广泛，几乎对所有类型的系统都产生了影响[13]。生态环境系统之间的级联关系复杂，一般是时间的函数的线性模型难以描述各系统之间的逻辑关系，借助 Petri 网模型对复杂系统的描述和分析能力，将地理空间信息融入 Petri 网的对象，能够较好实现对空间对象之间级联效应的模拟[4]，由此形成的 GeoPetri 模型具备了通过模拟 Token 转移处理地理节点之间逻辑关系的能力[14]。

综合国内外已有相关研究，发现尚存在以下不足：（1）未能构造出完整的致霾污染物扩散聚集路径网络；（2）不能表示各生态环境系统受损之间的逻辑关系及损害的级联传播路径；（3）无法实现对生态环境系统损害度随时间动态变化过程进行定量计算。本章根据致霾污染物迁移前向路径与后向路径建立致霾污染物迁移网络，明确分布在多个地理空间位置上的生态环境系统之间的逻辑关系，定义致霾污染物迁移级联影响下生态环境系统损害 Petri 网评价模型，将生态环境系统对象完整映射为 Petri 网的实体对象，保留迁移路径和对象间逻辑关系信息。该模型可实现对系统损害度数值随时间变化的过程进行建模和计算，根据计算结果对级联损害现象进行分析，并且可以方便地与生态环境系统进行对应以解释模型结果的现实意义。

5.2　生态环境系统损害度 Petri 网评价模型定义

5.2.1　结构定义

7 元组 $N=<P, T, M, I, O, \lambda, \theta>$是一个生态环境系统损害度评价 Petri 网模型（Petri-net-based Ecosystem Damage Cascade Propagation，PN-EDCP），当且仅当：

（1）$P=\{p_1, p_2, \cdots, p_n\}$ 为模型中 n 个库所的集合，$n>0$，每个库所表示致霾污染物在生态环境系统中迁移的关键节点，$\forall p_i \in P$，p_i为致霾污染物迁移路径关键节点抽象成的对象，包含一组属性 $\{A_s, A_d\}$ 及一组流关系 $\{F_i, F_o\}$，其中，A_s为若干静态属性，模型初始化过程中赋值，运行期间其数值不再发生变化；A_d为若干动态属性，其数值在模型运行过程中随时间发生变化，表示模型当前状态；F_i为内部关系，即库所 p_i的属性之间函数；F_o为外部关系，即库所 p_i前集库所对象的属性到 p_i相关属性的映射关系。

（2）$T=\{t_1, t_2, \cdots, t_m\}$ 为模型中 m 个变迁的集合，表示致霾污染物迁移关键节点之间的关联关系，有 $P\cap T=\varnothing$且 $P\cup T\neq\varnothing$。$t_j^{\cdot}$ 表示变迁 t_j的后集库所，$j\in[1, m]$，$t_j^{\cdot}\neq\varnothing$；${}^{\cdot}t_j$ 表示变迁 t_j的前集库所，$j\in[1, m]$，${}^{\cdot}t_j\neq\varnothing$。

（3）M 表示 P 到模型状态的映射，$\forall p\in P$，当 p 表示的节点具备完全的致霾污染物迁移条件时 $M(p)=1$，否则 $M(p)\in[0, 1)$，M_0为初始状态。

（4）$I=P\times T$ 为库所到变迁的有向弧，表示变迁发生的条件集合。$\forall j\in[1, n], k\in[1, m]$，$\exists i_{jk}\in\{0, 1\}$，当该值为 1 时表示变迁 t_k的发生以库所 p_j表示的对象状态存在为条件。

（5）$O=T\times P$ 为变迁到库所的有向弧，表示变迁发生的后果集合。$\forall j\in[1, m], k\in[1, n]$，$\exists o_{jk}\in\{0, 1\}$，当该值为 1 时表示变迁 t_j发生后将导致库所 p_j表示的对象转变到相应的状态。

（6）$\lambda=\{\lambda_1, \lambda_2, \cdots, \lambda_m\}$ 与变迁集 T 中的元素对应，表示 T 的平均变迁速率，即致霾污染物的迁移速率，与致霾污染物完成迁移所需期望时长成反比。

当一个变迁有多个前集库所或多个后集库所时，该变迁对应的变迁速率可以为多个。

（7）$\theta=\{\theta_1, \theta_2, \cdots, \theta_n\}$ 与库所集 P 中的元素对应，$\theta_i \in [0, 1]$，表示库所 p_i 当前受损害程度的置信度，其数值越接近 1，库所代表的节点受致霾污染物迁移损害的真实程度越高。

5.2.2 变迁规则

PN-EDCP 中的变迁表示致霾污染物在迁移路径关键节点之间的运动，一般情况下，对于变迁 t，$\forall p \in {}^{\cdot}t$，有 $M(p)>0$ 则认为变迁 t 具备发生权，记作 $M(p)[t>$。PN-EDCP 模型的基本变迁遵守一般 Petri 网的四项变迁规则，此外还应遵守生态环境系统固有的运行规则。致霾污染物迁移过程受到大气环境影响将产生多个不同的迁移路径，迁移路径的多样化导致了路径交叉现象的出现，路径交叉点处的多条迁移路径将共同形成对该节点的威胁。由于不同路径上致霾污染物迁移速度不同，在实际生态环境系统中，会出现多个威胁不能同时到达的情况，每一个威胁都能独立贡献损害，因而在一定程度上是并行关系，但是当多个威胁同时出现时，又必须考虑其协同作用。本章在已有 Petri 网变迁定义的基础上，针对致霾污染物迁移过程对生态环境系统形成损害的特征补充了一些规则：

规则（1） 最大范围组合变迁规则。用于表示变迁 t 有多个库所作为输入时的变迁规则。对 t 的前集库所进行组合，形成前集库所非空子集的集合 $PC=\{PC_1, PC_2, \cdots\}$，集合中的每一个元素对应 t 的一个子变迁，是该子变迁的前集库所。若有 $PC_j \in PC$，对于任取的 $p_c \in PC_j$，在单输入的情况下有 $M(PC_j)[t_j>$，且在满足上述条件的前提下 $|PC_j|$ 取值较大者对应的子变迁具有优先发生权，此时触发规则为 IF PC_j THEN p_{n+1}（$0<|PC_j|\leq n$），其 Petri 网图形表示如图 5-1 所示。其现实意义是，若致霾污染物迁移路径中的某个关键节点有多个致霾污染物来源时，每个来源都可以单独对该节点形成损害，但是若有其他来源共同作用，在计算当前节点损害度时，必须将所有的有效源综合考虑，这种情况常见于致霾污染物迁移路径发生交叉时。图 5-1（a）为变迁发生前系统的状态，当前系统中仅有库所 p_1、p_3 具备使变迁发生的状态，按照传统的 Petri 网变迁规则，t_1 不能发生。根据规则（1）将变迁按照前集库所组合进行拆解，寻找可发生的最大范围组合，如图 5-1（b）所示，其中变迁 t_{11}、t_{13}、t_{14}、t_{17} 在当前系统状态下具备发生权，且有 $|{}^{\cdot}t_{11}|=|{}^{\cdot}t_{14}|=|{}^{\cdot}t_{17}|<|{}^{\cdot}t_{13}|$，根据变迁规则定义，$t_{13}$ 具有最优先发生权。t_{13} 发生后，库所 p_1、p_3 的 Token 转移到 p_4 中，此时系统状态如图 5-1（c）所示。由于分解的变迁根据前集库所的所有不同组合确定，必然存在唯一的组合能够包含且仅包含处于使变迁具备发生权的状态的所有库所，即必然有且仅有一个子变迁具有最高优先发生权，且该变迁发生后不存在其他子变迁具备

发生条件，因而可以保证原始变迁拆解后的模型的有限性。

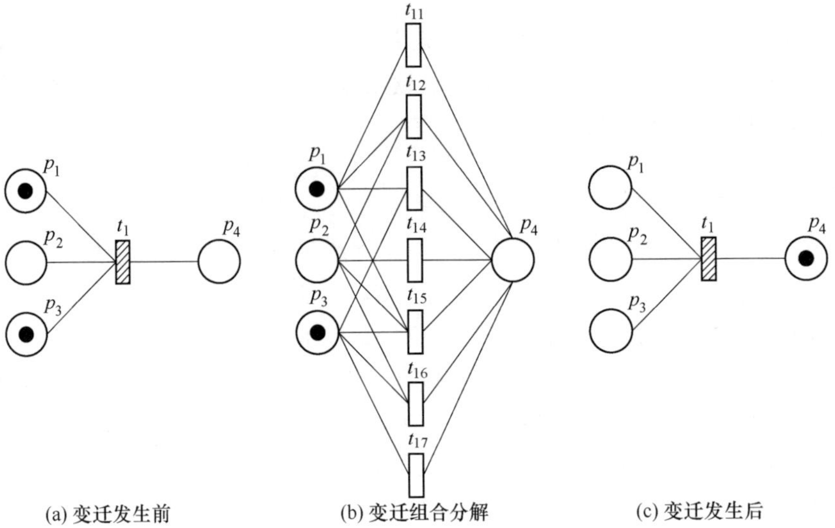

图 5-1　最大组合规则的 Petri 网图形表示

5.2.3　累加规则

利用 PN-EDCP 模型对受到致霾污染物迁移影响的区域进行生态环境系统损害度评价，在模型中体现为按照固定的规则计算库所中各项属性的过程。每个库所都是从生态环境系统中抽象出来的实体对象，根据属性值变化规律可以将库所属性分为固定属性和动态属性两类。

固定属性是指在 PN-EDCP 每一个运行周期开始前根据外部函数重新初始化，且在当前运行周期内不随变迁的激发而发生变化的属性。在模型运行过程中，固定属性的当前时刻属性值与上一时刻属性值相等。

规则（2） 属性值恒定规则。设 ${}^{\cdot}t=\{p_s\}$，$t^{\cdot}=\{p_e\}$，λ 为 t 的平均变迁速率，α_e 为库所 p_e 的一项待更新属性当前时刻的值，α_s 为库所 p_s 中对应属性的值，则当变迁 t 激发后，则

$$\alpha_e(t+1)=\alpha_e(t),\ \alpha_s(t+1)=\alpha_s(t)$$

动态属性是指在 PN-EDCP 模型开始运行前拥有一个初始值，在模型运行过程中随变迁的激活发生变化的属性，包括更新属性和累加属性。更新属性是指每一次与之关联的变迁过程结束后该属性都由外部函数或内部函数产生一个新的值，并使用这个新的值覆盖前一时刻的属性值，相邻时刻的属性值之间不存在直接函数关系。例如单次致霾污染物迁移事件对生态环境系统形成的损害取决于当次迁移的特征属性，与上一次迁移事件无关。累加属性是指除初始时刻外，当前

时刻的属性值与上一时刻属性值存在累加关系。当与之关联的变迁激活时，变迁后集库所的属性值在保留上一时刻属性值的基础上叠加当次变迁带来的影响，这个影响称为属性增量，由外部函数或内部函数确定。例如在 PN-EDCP 模型中，随着致霾污染物迁移过程进行，损害在生态环境系统中不断累积，因而衡量生态环境系统损害度的属性增量恒为正值。

任何浓度值的致霾污染物烟团都可以在气象条件影响下在生态环境系统中发生迁移，致霾污染物对生态环境系统造成的损害应基于致霾污染物浓度衡量，大气中的致霾污染物一定会对生态环境造成某种影响，尤其是当浓度值达到或超过阈值时，致霾污染物迁移过程将对生态环境系统造成严重危害，反之低浓度致霾污染物烟团在迁移过程中形成的损害应较小，无论致霾污染物造成了何种程度的影响，损害度都将随致霾污染物污染持续时间延长不断叠加，直至生态环境系统发生崩溃，其 Petri 网图形表示如图 5-2 所示。这种遵循“影响—损害—崩溃”流程的生态环境系统损害规律更符合实际情况。

(a) 子系统未完全受损　　(b) 子系统完全受损

图 5-2　累加规则的 Petri 网图形表示

规则（3）　属性值更新规则。设 $^{\cdot}t=\{p_s\}$，$t^{\cdot}=\{p_e\}$，λ 为 t 的平均变迁速率，α_e 为库所 p_e 的一项待更新属性当前时刻的值，α_s 为库所 p_s 中对应属性的值，c_s 为库所 p_s 的致霾污染物浓度值，TC 为空气功能区的浓度阈值，当变迁 t 激发后：

$$\alpha_e(t+1)=\begin{cases}M(p,\ t+1)\lambda\alpha_s & M(p)<1\\ \lambda\alpha_s & M(p)\geqslant 1\end{cases}$$

规则（4）　属性值累加规则。在与规则（3）相同的前提假设下，当变迁 t 激发后：

$$\alpha_e(t+1)=\begin{cases}\alpha_e(t)+M(p,\ t+1)\lambda\alpha_s & M(p)<1\\ \alpha_e(t)+\lambda\alpha_s & M(p)\geqslant 1\end{cases}$$

规则（3）与规则（4）中 $M(p)$ 的值随系统运行时间发生变化，$M(p,\ t+1)$ 表示其在 $t+1$ 时刻的值，具体数值根据推理算法确定：

（1）初始化推理过程中使用的变量，p_s 到 p_e 间生态环境系统受损置信度 $\theta(0)=0$，$M(p,\ 0)=0$，$M(p,\ 1)=M(p_s,\ t)\times c_s/TC$。

（2）根据当前时刻污染物浓度值更新变量，$M(p,\ t+1)=M(p,\ t)+M(p,\ t)\times M(p_s,\ t)\times c_s/TC$，其中 $M(p_s,\ t)$ 为当前变迁的前一个变迁 t 时刻的 $M(p)$ 值，

若不存在前一个变迁则该值取 1；$\theta(p, t+1) = 1-(1-\theta(p, t)) \times (1-\mu(p, t))$，其中 $\mu(p, t)$ 为当前时刻污染物造成的生态环境系统受损置信度，计算方法参见 5.4.3 节相关表述。将 $M(p, t+1)$ 与 $\theta(p, t+1)$ 分别记录到 $M(p)$ 和 $\theta(p)$ 两个一维矩阵中。

(3) 当 $\theta(t+1) \neq \theta(t)$ 时，重复步骤 (2)；当 $\theta(t)$ 的值接近 1 时，随推理时间延长其数值变化速度很慢，可根据实际情况设置一个阈值 τ，当 $\theta(t) < \tau$ 时重复步骤 (2)。

(4) 推理过程结束，将 $M(p)$ 进行归一化处理，供后续变迁推理过程使用。

5.3　模型构建

为对致霾污染物迁移导致的生态环境系统损害进行评价，需要将实际生态环境系统抽象为 PN-EDCP 模型（图 5-3），计算致霾污染物迁移过程中的浓度变化，并合理选择损害度和受损置信度计算方法，建立浓度值与损害度之间的联系，具体方法如下：

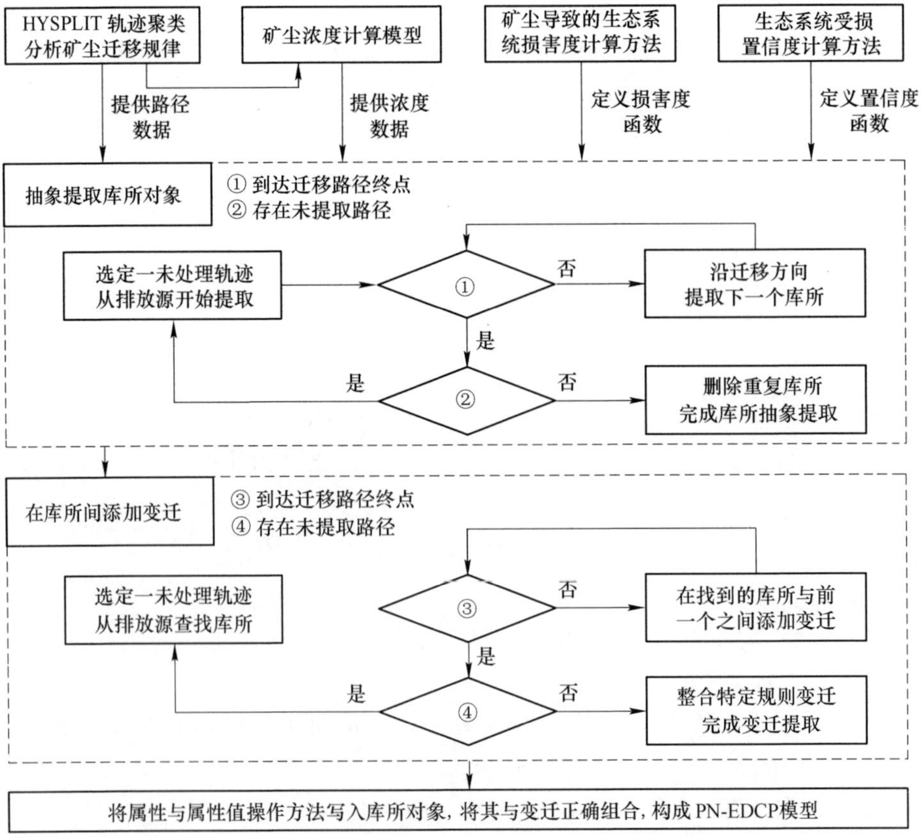

图 5-3　PN-EDCP 模型构建方法流程图（矿尘代表致霾污染物）

（1）分析致霾污染物迁移规律。HYSPLIT 模型是由美国国家海洋和大气管理局（NOAA）大气资源实验室（ARL）维护的一个用于分析复杂大气条件下气团迁移轨迹的完备系统，在大气污染研究领域常被用于分析污染物迁移规律[15]。本章使用 HYSPLIT 模型对致霾污染物排放源进行前向路径模拟，对生态环境系统损害度评价对象区域做后向路径模拟，可分别得到一组固定时间间隔的瞬时迁移路径或来源路径，这些路径受对应时刻大气环境影响，具有极高的偶然性，不能代表地区致霾污染物迁移规律[16]，将相似规则迁移路径合并，得到两组聚类后的致霾污染物迁移路径，下文中分别简称为扩散路径和聚集路径，聚类分析的结果可以比较准确的反映一段时期内的致霾污染物迁移规律。将扩散路径和聚集路径叠加，寻找两条路径的交叉点，构建一条完整的由污染源到受影响区域的致霾污染物迁移路径。

（2）致霾污染物浓度计算。根据聚类后得到的致霾污染物迁移路径，采用高斯烟羽模型模拟致霾污染物迁移过程中的扩散现象，根据烟团中心与排放源的距离和排放时间等参数计算路径交叉点及其他关键节点的致霾污染物浓度，具体计算方法参见 5.4.1 节相关表述。

（3）确定损害度计算方法。根据致霾污染物质量浓度和致霾污染物成分确定评价指标，构建损害度量化方法，PN-EDCP 模型中的损害度还应反映致霾污染物迁移过程对关联区域生态环境系统的动态影响。具体计算方法见 5.4.2 节相关表述。

（4）确定受损置信度。受损置信度是一个模糊概念，用于表示生态环境系统受损命题的真实度，在 PN-EDCP 模型中根据致霾污染物质量浓度和环境空气功能区浓度阈值确定模糊隶属函数，详见 5.4.3 节相关表述。

（5）将交叉点抽象为库所。PN-EDCP 模型的库所代表致霾污染物迁移路径上包括扩散路径和聚集路径交点在内的关键节点，例如路径经过的生态子系统等。按照下述步骤抽象出库所：1）选定一条路径，将污染源抽象为第一个库所，按照致霾污染物迁移方向查找路径交点及其他关键节点，将其抽象为库所，直至到达聚集路径终点。2）选定另外一条未完成库所抽象的路径，重复步骤 1），直至对所有路径完成库所抽象。3）将识别出的库所叠加，合并由路径交叉、汇集导致的重复库所。经过上述步骤路径模拟结果被抽象为库所对象后，需要提取路径点的多项基本信息作为属性值记录在库所中。此外，为满足损害度评价需要还应构造与其计算方法相关的属性体系，并将损害度算法以内部函数的形式存储到库所对象中。

（6）确定变迁关系。PN-EDCP 模型的变迁由库所表示的关键节点之间的致霾污染物迁移路径抽象而来，若两个库所间存在致霾污染物迁移路径，则必然能确定变迁关系。在（5）的基础上，按照以下步骤提取变迁关系：1）选定一条迁移路径，从污染源出发，沿致霾污染物迁移方向寻找第一个库所 p，在两个库所间建立变迁关系。从库所 p 出发，按照相同规则寻找下一个库所并添加变迁关系，直至到达聚集路径的终点。2）选择一条未进行变迁提取的路径，重复步骤1)，直至所有路径的变迁提取完毕。3）查找当前 Petri 网中的 IF p_1 OR p_2 OR … OR p_n THEN p_{n+1} 触发规则，根据规则（1）将其替换为最大组合变迁规则。

（7）形成 PN-EDCP 模型。在致霾污染物迁移路径模拟的基础上对生态环境系统做抽象处理，将迁移路径关键节点抽象为库所，将关键节点之间的致霾污染物迁移关系抽象为变迁，确定致霾污染物浓度、损害度、受损置信度计算方法，丰富了库所的属性和方法，构造出致霾污染物迁移影响下生态环境系统损害度评价 PN-EDCP 模型。

5.4 生态环境系统损害度评价算法

5.4.1 致霾污染物烟团浓度计算

高斯烟羽模型是一种被广泛应用的大气扩散模型[17]，可以对污染物颗粒扩散过程进行准确模拟。文献［18］提出的模型能够满足有风条件下连续点源污染物平面坐标位置浓度的计算需求，为实现对多条致霾污染物迁移路径上三维坐标位置致霾污染物浓度计算的需求，有风连续点源致霾污染物多迁移路径三维空间浓度计算模型定义为：

$$C(x,\ y,\ z,\ t)=\sum_{i=1}^{n}\frac{\omega_i Q}{4\pi x\ (E_{t,\ y}E_{t,\ z})^{1/2}}\exp\left[-\frac{\bar{u}_x}{4x}\left(\frac{y^2}{E_{t,\ y}}+\frac{z^2}{E_{t,\ z}}\right)\right] \tag{5-1}$$

式中，n 为聚类分析得到的路径数量；ω_i 为聚类迁移路径；i 为路径数量比例，可认为是致霾污染物沿该路径迁移的比例，根据 HYSPLIT 路径聚类结果得出；以致霾污染物排放源为坐标原点，x 轴为烟团中心迁移方向，$\bar{u}_x$ 表示 x 轴方向上平均风流速度，根据点坐标（x，y，z）与到达时间 t 计算得出；当同一个坐标点受到多条路径影响时，将各路径贡献的浓度数值累加；其他参数定义与取值方式参见文献［18］中的相关表述。

5.4.2 生态环境系统损害度计算

生态环境系统是一个开放的大系统，包含了很多可以用于对其进行评价的指标，在本章中损害度是指矿产资源开发过程中致霾污染物排放导致的各类环境问题[19]，在生态环境系统中选取能够描述致霾污染物迁移损害的多种污染物作为指标集，建立致霾污染物浓度与损害度之间的联系。在确定评价指标集的基础上，将损害度定义为：

$$D=\sum_{i=1}^{n}\omega_i\frac{c_{\mathrm{p},\ i}}{c_{\mathrm{T},\ i}} \tag{5-2}$$

式中，n 表示选取的评价指标数量；ω_i 表示指标污染物 i 的权重，根据污染物在致霾污染物中的含量确定；$c_{p,i}$ 为库所 p 中污染物 i 的属性，即其浓度值，根据式（5-1）计算得到；$c_{T,i}$ 为指标污染物 i 的浓度限值，根据国家或国际现行标准、现有理论量化或现有文献资料确定。

5.4.3 生态环境系统受损置信度计算

经典集合的布尔逻辑值 {0，1} 表示元素是否属于集合，反映到致霾污染物致生态环境系统损害上，0 和 1 分别表示生态环境系统是否受到损害，但是当致霾污染物浓度较低时对生态环境系统的损害并不显著，因而这种描述并不完全符合实际情况，使用隶属函数来刻画元素对集合属于程度的连续过渡性[20]，可以更精确地展现生态环境系统损害过程，隶属函数定义为左半梯形函数

$$\mu(c_p)=\begin{cases}0 & c_p < c_b\\ \dfrac{c_p-c_b}{c_T-c_p} & c_b \leqslant c_p < c_T\\ 1 & c_p \geqslant c_T\end{cases}$$

式中，c_p 为库所 p 中污染物浓度值，根据式（5-1）计算得到；c_b 为污染物背景值，来自理论研究或观测值；c_T 为污染物浓度限值，参照式（5-2）相应参数的取值规则。

5.5 实例分析

5.5.1 实例背景及数据来源

榆神矿区（38°28′~38°53′N，109°48′~110°19′E）位于我国关联区域北部榆林市东北和神木县西南，紧接神东矿区，是陕北侏罗纪煤田的最优地段，南北宽约 23~42km，东西长约 43~68km，面积为 2625km^2，规划地质储量 301.7 亿吨[21]，在《全国矿产资源规划（2016~2020 年）》中被列入国家规划矿区，当地原始地貌主要为风沙地貌和黄土地貌，经过多年开采，出现了水土流失、植被覆盖率下降等多种环境问题，生态环境极易受到损害。矿产资源开发过程中产生的粉尘释放到大气环境中，在干旱多风的气候影响下具备了良好的迁移扩散条件，将沿迁移路径对沿途生态环境系统造成损害。成熟的生态环境系统具有稳定性，但是随着矿尘迁移事件持续发生，污染物累积影响超过生态环境系统具备的污染物消纳能力时，该系统具备的自动调节能力将明显下降直至消失，形成生态环境系统局部崩溃，此时矿尘将对生态环境系统造成稳定的高水平损害。

除文中特殊说明外，本章使用的气象数据为来自美国国家环境预报中心（NCEP）全球资料同化系统（GDAS）的 1°×1°分辨率气象数据，矿尘排放速率

及污染物浓度限值数据取自国家现行相关标准（GB 3095—2012、GB 20426—2006、GB 16297—1996）。

5.5.2　研究区域 PN-EDCP 模型构建

矿尘迁移致生态环境系统损害 PN-EDCP 模型基于矿尘扩散与聚集路径构建，使用榆神矿区某勘测区中心点（38°33′N，109°51′E）作为矿尘迁移起点，选择神木市（38°50′N，110°30′E）作为矿尘聚集目标，对矿尘迁移路径进行模拟，并研究榆神矿区矿尘沿扩散路径及聚集路径对神木市造成的损害。模拟时间为 UTC 时间 2016 年 1 月 1 日 0 时至 2016 年 12 月 31 日 24 时，每 12h 分别对矿尘释放点和聚集目标点进行 36h 前向和后向轨迹模拟，期间得出有效前向轨迹共计 695 条，有效后向轨迹 724 条。分别对前向轨迹和后向轨迹进行聚类，并按照经纬度叠加，裁剪交叉点外侧部分路径，如图 5-4 所示。图中实线表示始于榆神矿区的矿尘扩散聚类路径，虚线表示终点为神木的矿尘聚集聚类路径，各聚类路径代表的原始路径数量比例已在图中标注。前向轨迹聚类后得到了 7 条矿尘迁移路径，因为扩散路径 3（16%）上没有交叉点，根据路径裁剪规则已将整条路径删去。

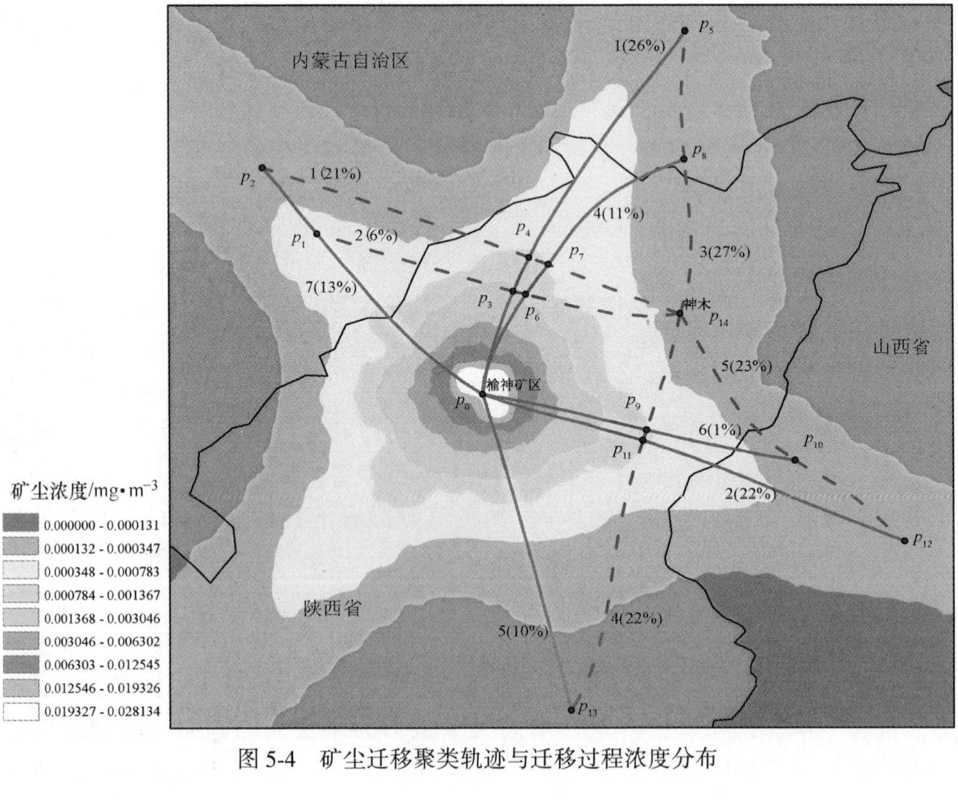

图 5-4　矿尘迁移聚类轨迹与迁移过程浓度分布

根据图 5-4 所示路径抽象研究区域 PN-EDCP 模型，将矿尘排放源和聚集路径终点分别编号为 p_0 和 p_{14}，扩散路径与聚集路径交点依次编号为 $p_1 \sim p_{13}$，每一个编号的点作为一个库所，表 5-1 为库所的部分属性。将库所之间的路径提取为变迁，并根据 Petri 网一般规则构建模型，如图 5-5 所示。

表 5-1　库所部分属性

库所编号	坐标	扩散路径	到达时间/h	聚集路径	回溯时间/h
p_0	38.55°N，109.85°E	—	—	—	—
p_1	39.11°N，109.30°E	7	7.3	2	6.8
p_2	39.34°N，109.11°E	7	9.6	1	9.2
p_3	38.91°N，109.95°E	1	3.5	2	4.8
p_4	39.03°N，110.01°E	1	4.4	1	4.7
p_5	39.81°N，110.53°E	1	10.3	3	9.8
p_6	38.90°N，110.00°E	4	7.9	2	4.6
p_7	39.00°N，110.07°E	4	10	1	4.3
p_8	39.37°N，110.52°E	4	21	3	5.6
p_9	38.43°N，110.40°E	6	4.2	4	4.5
p_{10}	38.32°N，110.89°E	6	6.4	5	10.2
p_{11}	38.39°N，110.38°E	2	5.7	4	4.9
p_{12}	38.04°N，111.26°E	2	13.8	5	17.5
p_{13}	37.45°N，110.14°E	5	6.2	4	14.4
p_{14}	38.83°N，110.51°E	—	—	—	—

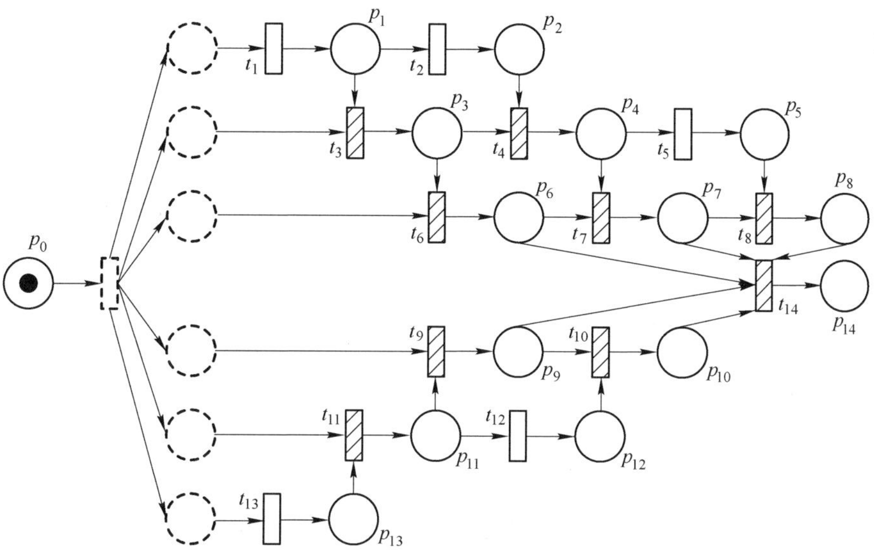

图 5-5　榆神矿区矿尘排放致生态环境系统损害 PN-EDCP 模型

根据式（5-1）计算各库所矿尘浓度，受到路径占比影响多次转变迁移路径会导致最终的矿尘浓度值较低以至于可以忽略，因而本章中最多考虑一次路径转变的迁移情形。矿尘迁移过程中较大的矿尘颗粒往往在迁移过程初期完成沉降，而细颗粒物（$PM_{2.5}$）在大气中停留时间长，可以随大气运动完成远距离迁移[22]，可以认为计算得出的远距离迁移后的矿尘浓度为细颗粒物浓度。环境大气中重金属元素通常存在于细颗粒物中，对人体健康和生态环境具有潜在威胁[23]，本章选取铅（Pb）、镉（Cd）、铬（Cr）、砷（As）四种主要重金属作为生态环境系统损害度计算指标，根据文献［24~26］的相关研究确定其在矿尘中的质量分数为35%，各指标比例及浓度限值如表5-2所示。

表 5-2 损害度评价指标

指标	铅(Pb)	砷(As)	镉(Cd)	铬(Cr)
比例	0.552082	0.398168	0.0025	0.04725
浓度限值/$\mu g \cdot m^{-3}$	0.5	0.006	0.005	0.000025

5.5.3 结果与分析

使用上述模型进行生态环境系统损害度模拟，模型中其他参数取值为：源强$Q=21kg/h$，$\tau=0.96$。矿尘迁移过程达到稳定状态时，浓度分布如图5-4所示。

矿尘浓度分布图显示，受盛行风向影响，榆神矿区释放的矿尘有四个主要迁移方向，分别为北北东（NNE）、东南东（ESE）、西南（SW）和西北（NW）。p_{14}代表的神木市不在矿尘扩散路径上，因而其周边矿尘浓度相对较低，即由单一的矿尘迁移过程对其造成的影响并不明显，但是其聚集路径1(21%)、2(6%)和4(22%)穿过了矿尘浓度较高的区域，有可能将这些区域的矿尘携带至p_{14}所在位置，从而对其形成损害，模型对矿尘聚集过程产生的损害进行了模拟，证明该过程真实存在，并对损害过程及损害路径做出了更详细阐述，损害度模拟结果如图5-6所示。

图5-6显示的是库所p_{14}代表的神木市受到榆神矿区矿尘迁移影响而产生的损害度随时间变化的趋势，在矿尘迁移事件发生初期，生态环境系统稳定性占据主导地位，损害度在短时间内处于低水平稳定状态；随着矿尘迁移持续发生，生态环境系统对矿尘的消纳能力逐渐降低，损害度随污染持续时间以持续增加的速度提高，最终稳定在一个高水平状态，此时生态环境已经受到严重损害，基本不能发挥消纳、降解污染物的作用。此外还应注意到损害度发展趋势线不是一条平滑的曲线，这是因为库所p_{14}受到来源于多条路径的矿尘的影响，每一条路径上的矿尘迁移速率、矿尘浓度、生态环境系统消纳能力均有差异，导致各路径的初始稳定状态持续的时间长度不同，即出现损害度快速提高的时间不同，多条路径

共同作用导致了损害度呈现阶段性快速上升的趋势。图 5-6 显示，库所 p_{14}处的生态环境系统损害度有两次明显的快速上升过程，将同时期部分路径上生态环境系统损害度与之对照，如图 5-7 所示。

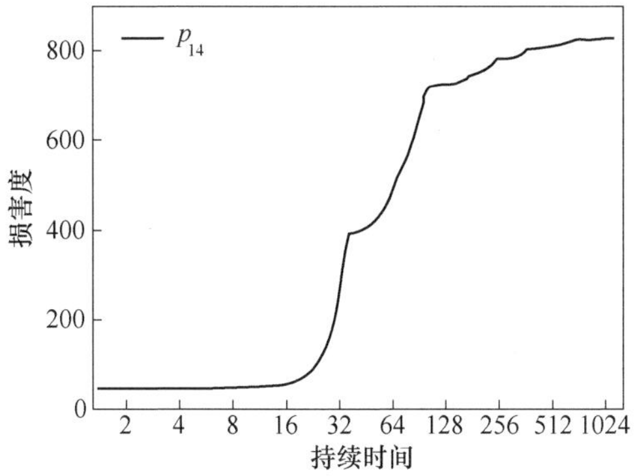

图 5-6 损害度发展趋势

图 5-7（a）显示，库所 p_{14}处损害度上升前，库所 p_7、p_9已经产生了类似的变化趋势，其余库所均处于初始稳定阶段，损害度变化速率很慢，此外还应注意到，库所 p_7处的损害度在变化过程中发生了一次转折，表明该库所受到了来自不少于两条路径的共同影响，结合单一路径受损置信度变化趋势，可以推断，第一次过程是由于矿尘迁移路径 path1（p_0—p_4—p_7—p_{14}）和 path2（p_0—p_{11}—p_9—p_{14}）上的生态环境系统遭损害，污染物消纳能力降低导致的，两条路径损害度演变过程非常相似，造成的损害较大。沿路径 p_0—p_7—p_{14}迁移的矿尘由于浓度较低，初期形成的损害相对较小，显现时间较晚，虽然导致 p_7处损害度出现转折，但是未在第一次变化过程中发挥显著作用。图 5-7（b）显示，在第 40 时间单位到第 100 时间单位之间库所 p_{14}处的损害度出现了第二次上升，经过库所 p_7、p_9且损害度尚未达到稳定状态的路径仅剩一条，无法导致 p_{14}处的损害度产生多次转折，转而关注其他污染路径，此时库所 p_6、p_8、p_{10}逐渐出现了损害度快速上升的趋势，且 p_6和 p_8均出现了一次转折，推断有多条路径导致了此次损害度变化。通过单一路径受损置信度变化趋势得知，共有 5 条矿尘迁移路径在第二次损害度变化过程中发挥作用，按照影响时间先后依次为 path3（p_0—p_7—p_{14}）path4（p_0—p_5—p_8—p_{14}）、path5（p_0—p_3—p_6—p_{14}）、path6（p_0—p_8—p_{14}）、path7（p_0—p_{12}—p_{10}—p_{14}）。在此之后 p_{14}处的损害度经历的长期缓慢上升的过程，该过程是由沿除上述 7 条路径外的其他 6 条路径如 p_0—p_6—p_{14}等迁移的矿尘导致的，这些路径上矿尘浓度较低，造成损害所需时间较长，相对于其他路径造成的损害较小。

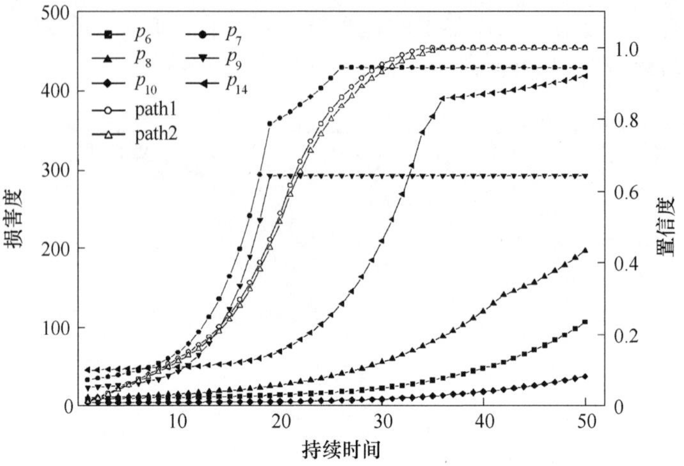

(a) 第一次上升过程

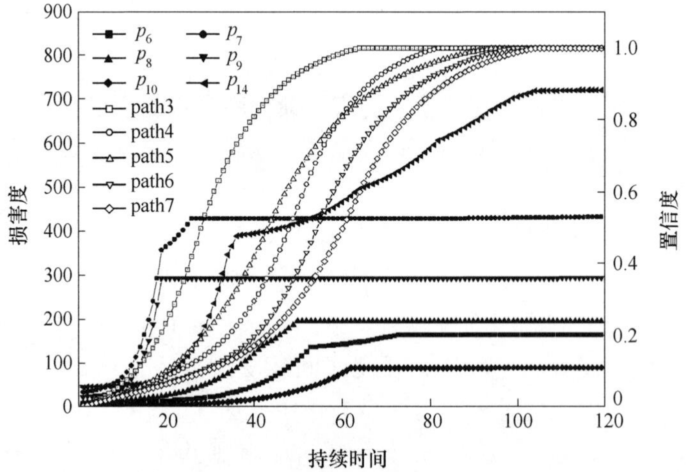

(b) 第二次上升过程

图 5-7　两次损害度快速上升过程

将上述对损害度变化有显著影响的路径与图 5-4 进行对照可以发现，对生态环境系统造成损害的矿尘主要通过扩散路径 1、2、4 和聚集路径 1、4 完成迁移。从防范角度看，当库所 p_{14} 所在区域盛行风向为南南西（SSW）或西北西（WNW）时，应注意监控来自库所 p_0 处矿尘造成的影响，并合理采取降低损害的措施；从治理角度看，可加强对矿尘主要迁移路径上生态环境系统的治理，提升其对矿尘等污染物的消纳降解能力，切断污染物扩散途径，可有效控制矿尘迁移对周边区域的损害。

5.6 本章小结

提出 PN-EDCP 模型的定义，并给出了构建模型的一般流程，将污染物迁移过程抽象为 Petri 网模型，使用网系统的运行过程反映外界污染迁移扩散对生态环境系统的损害过程，并在模型运行过程中计算损害度。通过同时使用污染源的前向路径与目标点的后向路径，形成了由污染源到目标点的完整污染物迁移网络，抽象提取过程中采用赋予库所多个属性值的方式保留实际生态环境系统的地理信息，保持库所对象与原始地理空间对象的良好对应关系，使得 PN-EDCP 模型的现实含义能够方便的解释和理解。PN-EDCP 模型能够将地理空间位置受污染物迁移网络导致的损害等效为多条迁移路径导致的损害，并将损害发展趋势及生态环境系统自身稳定能力直观地展现出来，为预测污染物迁移导致的生态环境系统损害度变化趋势提供有效方法，并能够为制定防范和修复方案提供必要参考。

参考文献

[1] 王安建，王高尚，周凤英．能源和矿产资源消费增长的极限与周期［J］．地球学报，2017，38（1）：3~10.

[2] Djebbi C，Chaabani F，Font O，et al. Atmospheric dust deposition on soils around an abandoned fluorite mine（Hammam Zriba，NE Tunisia）［J］. Environmental Research，2017，158：153~166.

[3] Grantz D A，Garner J H B，Johnson D W. Ecological effects of particulate matter［J］. Environment International，2003，29（2）：213~239.

[4] 邢细涛，葛咏，成秋明，等．基于 Petri 网的地质灾害事件空间复杂结构模拟与分析系统［J］．地球科学-中国地质大学学报，2009，34（2）：381~386.

[5] 张兴旺，陶煜．基于恢复效度的故障模式危害性灰色关联评估［J］．安全与环境学报，2014，14（2）：98~101.

[6] 王昊，张义民，杨周，等．基于 FMECA 修正危害度的数控车床关键子系统可靠性分配［J］．中国机械工程，2016，27（14）：1936~1941.

[7] 秦作栋．晋西北地区土地荒漠化危害度评价研究［J］．干旱区地理（汉文版），1996（3）：8~15.

[8] 赵改栋，彭德福．煤炭开采潜在土地破坏程度的指标体系及指标权重的确定：以山西省为例［J］．中国土地科学，1998（3）：26~30.

[9] 陆凡，李自珍．沙区人工植被健康损害度模型的计算与分析［J］．西北农林科技大学学报（自然科学版），2003，31（6）：39~42.

[10] 朱明，李永，李嘉．中小型原水河渠污染事故危害度应急评价模型［J］．水科学进展，

2010, 21 (3): 405~412.

[11] 史妍婷, 杜谦, 高建民, 等. 燃煤电厂锅炉 $PM_{2.5}$排放危害度评价模型建立及案例分析 [J]. 环境科学, 2014, 35 (2): 470~474.

[12] Buma B. Disturbance interactions: characterization, prediction, and the potential for cascading effects [J]. Ecosphere, 2015, 6 (4): 1~15.

[13] Clark C M, Bell M D, Boyd J W, et al. Nitrogen - induced terrestrial eutrophication: cascading effects and impacts on ecosystem services [J]. Ecosphere, 2017, 8 (7): e01877.

[14] Ge Y, Xing X, Cheng Q. Simulation and analysis of infrastructure interdependencies using a Petri net simulator in a geographical information system [J]. International Journal of Applied Earth Observation & Geoinformation, 2010, 12 (6): 419~430.

[15] Stein A F, Draxler R R, Rolph G D, et al. NOAA's HYSPLIT Atmospheric Transport and Dispersion Modeling System [J]. Bulletin of the American Meteorological Society, 2016, 96 (12): 150504130527006.

[16] Molnár P, Tang L, Sjöberg K, et al. Long-range transport clusters and positive matrix factorization source apportionment for investigating transboundary $PM_{2.5}$ in Gothenburg, Sweden. [J]. Environmental Science Processes & Impacts, 2017, 19 (10): 1270.

[17] 苑春莉, 范世良, 柴天昱, 等. 大气扩散模型的研究进展 [J]. 节能, 2016, 35 (10): 14~18.

[18] Ning H E, Zongzhi W U, Wei Z. Simulation of an Improved Gaussian Model for Hazardous Gas Diffusion [J]. Journal of Basic Science & Engineering, 2010, 18 (4): 571~580.

[19] 李富程, 王青. 四川省矿区环境问题类型识别与危害度排序 [J]. 中国矿业, 2008, 17 (11): 46~49.

[20] 王颖, 彭省临, 刘峰. 模糊数学理论及其在大气环境测评中的应用 [J]. 中南林业科技大学学报, 2008, 28 (3): 139~143.

[21] 钱者东, 蒋明康, 刘鲁君, 等. 陕北榆神矿区景观变化及其驱动力分析 [J]. 水土保持研究, 2011, 18 (2): 90~93.

[22] 张凡, 苏德奇. $PM_{2.5}$对人体健康的影响研究进展 [J]. 疾病预防控制通报, 2016 (4): 88~91.

[23] 许栩楠, 曾立民, 张远航, 等. 北京市怀柔区冬季大气重金属污染状况分析 [J]. 环境化学, 2016, 35 (12): 2460~2468.

[24] 张小曳. 中国不同区域大气气溶胶化学成分浓度、组成与来源特征 [J]. 气象学报, 2014 (6): 1108~1117.

[25] 马从安, 王启瑞. 大型露天矿区生态评价模型研究及应用 [J]. 采矿与安全工程学报, 2006, 23 (4): 446~451.

[26] 鹿德智, 宋志方, 杨海兵, 等. 煤矿粉尘监测与矿尘成分分析 [J]. 中国安全生产科学技术, 2008, 4 (1): 34~37.

6 致霾污染物迁移致生态环境系统脆弱化级联传播过程模拟分析

6.1 引言

脆弱性这一概念最早源于20世纪60年代对自然灾害的研究[1]。在可持续发展科学中作为一种重要的分析工具[2,3]，脆弱性研究而后被广泛应用于生态环境中[4,5]。脆弱性是生态环境系统面临外界或内部扰动所表现出的阻力或者弹性，生态环境脆弱性分析与评价是衡量环境是否恶化的关键途径[6]。因此，生态环境脆弱性研究不仅对脆弱生态环境的恢复与重建提供科学依据，也是区域可持续发展规划的重要前提，是生态环境管理的基础。

脆弱性是系统本身的固有属性，当系统面临外界或内部干扰时，这种特质就会显现出来[7,8]。从系统生态学的角度而言，脆弱性是由因果关系构成的[10]，扰动是生态环境产生脆弱性的原因。因此，很多学者研究台风、干旱、海平面上升等自然扰动对生态系统造成的影响。也有不少人研究人类活动[9]，尤其是污染物的远距离迁移对生态系统的影响。早在20世纪60年代，Griffin[11]等就发现亚洲沙尘能够输送到北太平洋并沉积在海底。文献［12］在此基础上研究亚洲沙尘的远距离输送及对海洋生态系统的影响；文献［13］探讨了多环芳烃在天然环境中的化学行为和对生态环境的影响。不可否认无论是自然还是人类扰动都是从结果上对生态环境脆弱性进行分析与模拟，忽略了污染物迁移过程中特别是矿尘迁移对迁移路径上其他生态子系统造成的脆弱性级联传播现象。生态系统在干扰下不总是表现为脆弱性[2]，只有当外界或内部扰动对生态系统造成的影响超出一定阈值时，脆弱性才会体现出来。那么，随着污染物的持续排放，生态系统的脆弱性是否会随着时间的推移在近地层累积？以及是否会随风和水迁移到更大的范围，从而级联影响传播到其他子系统？

事实上，生态环境系统（Ecological Environment System，EES）是一定区域的自然环境中不同生态子系统为维持生物圈的稳定与平衡，通过能量流动、物质循环以及信息传递，在功能和结构上相互作用、相互制约，进而形成的一个复杂且稳定的级联系统。当某一子系统受到来自外界的不断干扰时，会对生态环境产生两个维度的影响。从影响深度而言，干扰对子系统造成的损害不断地累积，该子系统因为自身的调节能力，在短期内仍能保持一定的稳定性。但当干扰使得子系统的生态环境逐渐脆弱，一旦超出了所允许的生态阈值，子系统的自动调节能力随之降低或消失，从而引发某个子系统的局部崩溃[11]；从影响广度而言，污染物从干扰源不断向远距离迁移和沉降，在结构与功能上相互联系的 EES 中不断蔓延传播，某个子系统的崩溃可能会引发与之相依赖的其他子系统发生连锁反应，相继崩溃，最终会像“多米诺骨牌效应”一样，导致原有的整个 EES 出现完全崩溃的局面。

以往对于脆弱化级联传播问题的研究多集中于电力系统[15,16]、生态工业园系统[17]等领域，鲜有针对生态环境这个对象研究其脆弱性的级联传播问题。用于解决此类问题的方法也主要分为四大类：复杂网络理论、灾害动力学、网络分析法、GeoPetri 网模型。生态环境脆弱性在形成原因上具有较强的区域性，在时间上具有动态变化性[18,19]。当然，这些方法在应用到 EES 时存在以下缺陷：(1) 复杂网络模型侧重描述节点间的结构，其关联关系依赖于节点的度。脆弱性级联传播是讨论当节点发生崩溃被移除后，对整个系统带来的影响[17]；灾害动力学模型往往是时间的函数，用于模拟脆弱度的级联传播在时间上的演化具有强大的优势[20,21]。但是以上模型往往不具备地域性，无法表示某一区域内子系统的崩溃在地理空间和逻辑上是如何级联传播的。(2) 网络分析法[22]主要依赖于指标的选取，不同的指标体系或多或少会有一些人为因素影响，所以针对一个相似对象的研究，不同的方法在选用不同的指标集时会有不同[23]，该方法用于 EES 缺乏集成性和普遍适用性。(3) 传统的 GeoPetri 网方法具有强大过程控制与图形表现能力[24~26]，更能清晰、直观地体现地理空间和逻辑上的关联关系[27]，但它只能通过 Token 转移数量模拟状态规律[28]，对于 Petri 网元素库所随时间动态变化进行量的计算束手无策，这使得 Petri 网的应用受到很大的限制。因此，现有方法不能反映 EES 独特的空间级联和时间演化特征，不能用于模拟持续扰动生态系统脆弱化级联传播现象。

在考虑以上三个不足的基础上，本章建立了一种新型的生态系统脆弱化级联传播的方法，即基于对象函数 GeoPetri 网的生态系统脆弱化级联传播模型(Object Function GeoPetri Net，OFGPN)。本章的主要目的是利用该方法模拟外界连续扰动导致 EES 产生脆弱化级联传播现象，旨在解决以下 5 个问题：

(1) 将 Petri 网的相关元素如何巧妙地映射在 EES 中，用 OFGPNM 刻画生态子系统之间的关系，以及构建生态环境 Petri 网。

(2) 如何使用对象函数 Petri 网描述污染源连续干扰导致的生态环境脆弱性级联传播问题。

(3) 在传统对象 Petri 网的基础上，如何定义对象函数 Petri 网和它的触发规则，并在此基础上重新定义具有级联传播特征的脆弱度。

(4) 如何确定生态阈值，并分析脆弱度与阈值的关系，进而明确对象库所级联传播状态。

(5) 如何将 OFGPNM 应用到一个实例中，确定该模型中合适的参数设置，并分析各个参数下对脆弱性级联传播的影响。

6.2 生态环境系统脆弱化级联传播建模方法

6.2.1 生态环境 Petri 网的构建

本章将生态环境系统抽象成生态环境 Petri 网，构建生态环境 Petri 网的具体方法如下：

(1) 生态环境 Petri 网的级联传播路径。本节试图追踪污染物迁移的轨迹，该轨迹作为级联传播的路径。而在轨迹追踪研究中，HYSPLIT 模式较其他模式有更好的性能[29]。利用 HYSPLIT4 气流动力学模型模拟污染物远距离迁移前向轨迹，分析其扩散方向和距离。鉴于单条轨迹不确定性大且意义有限[30]，根据气流特征反映污染物扩散路径较为可靠的方法是对大量三维轨迹进行聚类分析。从而将 HYSLIT 模式前向轨迹聚类路径抽象为生态环境 Petri 网的脆弱化级联传播路径。

(2) 生态环境 Petri 网的对象库所。生态环境 Petri 网的对象库所，主要是从 EES 中抽象出功能结构完整的子系统。首先，以干扰源周边区域的子系统为起点，以固定分辨率在级联传播路径上不断搜索其他子系统；然后，将搜索到的相同的子系统抽象为同一个对象库所，但区别标记；最后，每个对象库所属性和函数的确定。以不同子系统面对响应的状态和行为为基础，筛选能表征该状态脆弱化的指标以及描述该行为的功能。这样，子系统被抽象为具有结构化特征的对象库所。

(3) 生态环境 Petri 网的变迁。在 (2) 的基础上，从生态环境系统中抽象出子系统间的关联关系，既包括虚关联关系，又包括实关联关系。前者是生态环境 Petri 网中的逻辑关系，体现了干扰源在深度上的累加影响；后者是地理空间关系，体现了干扰源在广度上的影响。变迁的确定分为以下四个步骤：首先，为每一个对象库所添加一个虚变迁，建立从自己到自己的虚关联关系；其次，确定两个对象库所是否存在地理空间上的关系，当同一条级联传播路径上两个子系统存在地理空间关系时，在两者之间添加一个实变迁，并建立起库所到变迁和变迁到库所的两条弧；再次，查找同一条路径上的对象库所是否存在相连通的情况，若存在，则将两者合并为同一个库所；最后，确定多条级联传播路径间的关系。关联方式的确定则主要考虑多条级联传播路径上 “AND” “OR” 的关联方式。

(4) 生态环境 Petri 网。针对 EES 在受到外界干扰后引发的脆弱性级联传播问题，将生态环境系统抽象为生态环境 Petri 网，子系统抽象为对象库所，子系统之间的关系抽象为变迁，构造基于级联传播的生态环境 Petri 网。

6.2.2　脆弱化级联传播模型的 Petri 网描述

设一个生态环境 Petri 网可由 OFGPN 描述，定义 OFGPN 是一个 8 元组：

$$\mathrm{OFGPN}=\langle P,\ T,\ I,\ O,\ \lambda,\ fire,\ S,\ E\rangle$$

（1）$P=\{p_1,\ p_2,\ \cdots,\ p_n\}$ 为对象库所的有限集合，表示 EES 中的各个子系统，$n\geqslant 0$ 为子系统的个数。$p_i=\langle A,\ F\rangle$是一个 2 元组结构，A 为对象库所的属性集，由静态属性集 AS 和动态属性集 AD 组成。前者 $AS=\{x_1,\ x_2,\ \cdots,\ x_k\}$ 是描述对象库所的特征，包括地理信息和污染指标，一般为模型的输入，后者$AD=\{x_{k+1},\ x_{k+2},\ \cdots,\ x_l\}$ 描述对象库所脆弱化过程中动态变化的属性，包括脆弱度、级联传播状态（稳定状态、负载状态和崩溃状态）及状态概率。$AS\cup AD=A$，$AS\cap AD=\varnothing$；$F=\{f_{k+1},\ f_{k+2},\ \cdots,\ f_l\}$ 是属性的一套操作函数集，用于对动态属性进行更新，$ad=f(t,\ as)$，$f\in F$，$as\subset AS$，$ad\in AD$，式中，t 为迭代次数或时间；F 具体的函数表达式会在 6. 2. 3. 2 和 6. 2. 3. 3 节阐述。

（2）$T=\{t_1,\ t_2,\ \cdots,\ t_m\}$ 是变迁的有限集合，表示子系统之间的关联关系，$m\geqslant 0$ 为变迁的个数。根据子系统之间的关系将变迁分为虚变迁和实变迁。虚变迁表示逻辑上的自累加关联关系，用虚线表示；实变迁表示地理空间上的概率累加和全累加关联关系，用实线表示。

（3）$I=\{\delta_1,\ \delta_2,\ \cdots,\ \delta_m\}$ 是从对象库所到变迁的前弧，表示级联传播触发条件的命题集合，它是由脆弱度和生态阈值组成的 IF 集合。其可能的命题为 $\{\delta_i\mid\{x_i<TH_i\},\ \{TH_i<x_i<\gamma TH_i\},\ \{x_i>\gamma TH_i\}\}$。其中，下文中无特殊说明 x_i特指脆弱度，TH_i为负载阈值，γTH_i为崩溃阈值，$\gamma>1$。

（4）$O=\{\varepsilon_1,\ \varepsilon_2,\ \cdots,\ \varepsilon_m\}$ 是变迁到对象库所的后弧，表示趋向方式。其取值有“+”和“-”两种，前者表示该变迁对对象库所的脆弱化起正向促进作用，后者表示起负向抑制作用。

（5）$\lambda=\{\lambda_1,\ \lambda_2,\ \cdots,\ \lambda_m\}$ 为级联传播速率的集合，与变迁一一对应，是污染物迁移至对象库所平均时间 t_0的倒数。

（6）$fire$：$P\rightarrow T$ 为触发状态，$\forall p_i\in P$：$fire(p_i)\in[0,\ 1]$ 表示级联传播发生的程度，它是 [0，1] 之间的模糊数。$fire(p_i)=1$ 表示变迁被触发，级联传播必定发生；$fire(p_i)=0$ 表示变迁不会被触发，级联传播不会发生；否则变迁以 $M(p_i)$ 的负载状态概率触发，计算方法会在 6. 2. 3. 3 节详细说明。

（7）$S(t)$ 为级联传播规模，是 EES 的全局指标，详细定义见 6. 2. 3. 4 节。

（8）E 为级联传播规模率，详细定义见 6. 2. 3. 4 节。

6.2.3 OFGPN的脆弱化级联传播模型

6.2.3.1 OFGPN的规则定义

A 累加规则

针对Petri网的触发规则，文献［31］定义了模糊Petri网的几种规则，用于知识系统的表达；文献［27］定义了GeoPetri网的几种规则，在模拟地理空间关联关系方面取得了一定的成果。以上文献定义Petri网的触发规则主要是将Petri网的结构定义成“AND”和“OR”以及两者复合等形式。本章在前人基础上，定义对象函数GeoPetri网的触发规则，一则用来表示级联传播发生的顺序；二则前一对象库所因级联传播现象对对象库所损害度，称为级联敏感度，用符号Δx_i表示。三种规则与生态环境Petri网级联传播过程的三种状态一一对应，图6-1（a）、（c）是（b）的特殊情况。

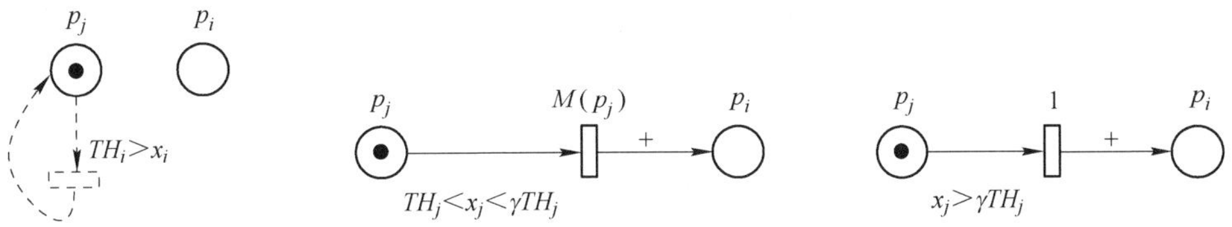

图6-1 累加规则定义的Petri网表示

规则（1） 自累加规则。该规则的触发条件是IF $TH_j > x_j$ THEN $\Delta x_i(t+\Delta t) = 0$，其Petri网表示如图6-1（a）所示。

该规则是为对象库所本身添加一个虚拟变迁，主要是针对对象函数Petri网的逻辑关联关系产生的一种虚拟触发关系。它的现实意义是：当污染物进入到生态环境子系统中，并不会立即产生级联传播作用，但对子系统造成的影响会不断累加，由于自身的自我调节能力，子系统在短期内仍能保持一定的稳定性，直至该对象库所的脆弱度超过了生态环境负载阈值。因此，该过程中，变迁不会触发，级联传播不会发生$M(p_j)=0$，p_j的脆弱度随时间自累加，p_j对p_i无级联作用。

规则（2） 概率累加规则。该规则的触发条件是IF $TH_j < x_j < \gamma TH_j$ THEN $\Delta x_i(t+\Delta t) = x_j(t+\Delta t)M(p_j)$，其Petri网表示如图6-1（b）所示。

概率累加规则，是为对象库所p_i和p_j建立了地理空间上的模糊级联传播关系。在以往大多数级联传播模型中，级联传播的发生与否只有两个取值{0，1}，当$fire=0$，Token不触发，级联传播不发生，对象库所保持稳定性；当$fire=1$，Token触发，级联传播发生，对象库所出现崩溃。然而，这并不符合EES的实际情况。很多情况下，往往存在对象库所处于两者之间的过渡状态。比如，矿区连续不断的排放污染物，会造成周边地区生态环境暂时的恶化，由于整个 EES 较为庞大和成熟，且政府对环境的有效监控以及修复，该矿区子系统的暂时恶化并不会导致矿区崩溃，也就是 EES 应该具有弹性。因此，本章对于生态子系统短暂的恶化并不直接定义为崩溃，而是为 *fire* 设置一个级联传播状态的概率 $M(p_j)$。此时，该规则下变迁以该概率值被触发，级联敏感度 Δx_i 也以该概率值 $M(p_j)$增加，直至其增加至 1。

规则（3） 全累加规则。该规则的触发条件是 IF $x_j > \gamma TH_j$ THEN $\Delta x_i(t + \Delta t) = x_j(t + \Delta t)$，其 Petri 网表示如图 6-1（c）所示。

全累加规则，该过程中变迁被触发，级联传播发生，级联敏感度 Δx_i 以最大级联传播状态概率即$M(p_i) = 1$增加。

B　时序规则

以上对象函数 Petri 网的累加规则，分别从逻辑（规则（1））和地理空间（规则（2）、（3））上的关联关系上进行了定义，下面同时考虑两种关联关系，其对象函数 Petri 网的形式化描述，如图 6-2 所示。特别强调，图 6-2 与文献[27]、[31] 中 IF p_i THEN p_1 OR p_2的形式唯一的区别是前者为前弧设置了关于具有优先级顺序的命题，但这与传统的 IF p_i THEN p_1 OR p_2形式的触发顺序并不存在矛盾。

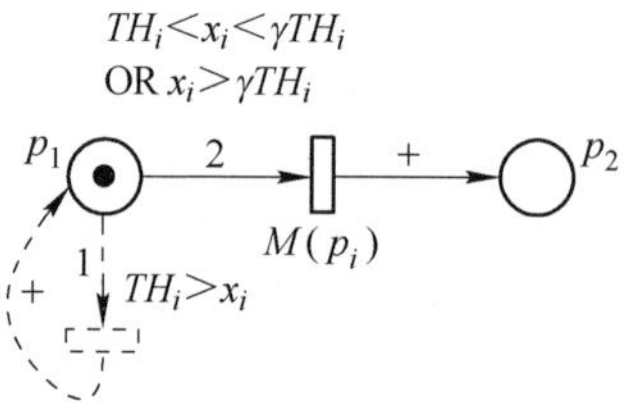

图 6-2　累加规则触发时序

在构建生态环境 Petri 网的过程中存在如下情况：由于地理空间上的关联关系，同一对象库所在级联传播路径上多次被提取到，给 Petri 网的构造造成了很大的冗余。例如，图 6-3（a）是某条级联传播路径上提取的对象库所黄河 p_1 与 p_3，它们在地理空间上具有连通性，本章将 p_1 和 p_3 汇合，如图 6-3（b）所示。我们可以看到图 6-3（b）中 Petri 网出现了环结构，为了避免 Token 在环结构中出现“死循环”，在 Petri 网中需要对前弧的优先级加以说明。根据前文所述，自累加的优先级高于概率累积，高于全累加，也就是虚变迁比实变迁的触发优先级高。针对同一对象库所关联多个实变迁的情形，其触发顺序依赖于级联传播路径上提取的对象库所的顺序。图 6-3（b）的前弧标注了 Token 的触发顺序。

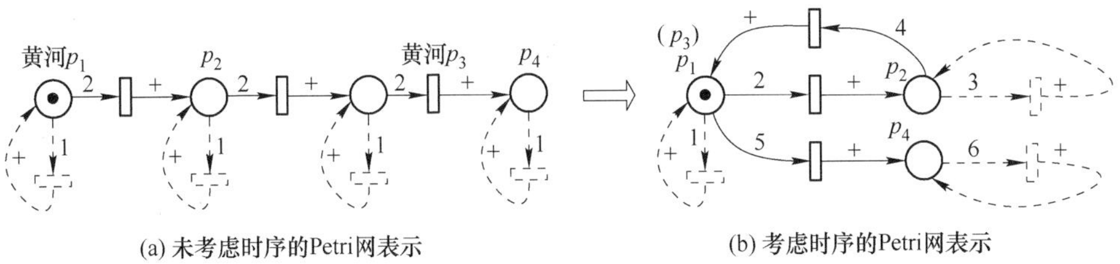

图 6-3 传统 Petri 网和增加了时序关系的 Petri 网对比

6.2.3.2 基于 OFGPN 的生态环境 Petri 网的脆弱度

在生态环境 Petri 网中定义对象库所的脆弱度，不仅要继承脆弱度概念中的基本特征和属性，而且要将脆弱度放在级联动态系统中，考虑 Petri 网中与之相关联各对象库所对其的影响。在级联系统中，文献［7］、［32］将因果节点影响、自愈能力、内部噪声作为节点的三个影响因素；文献［20］在此基础上考虑了人为修复以及外部系统对节点的影响。本章只考虑生态子系统自身的调节能力，暂不考虑外界的修复作用。随着时间的不断推移，对象库所脆弱度的演化函数如下所示：

$$x_i(t+\Delta t)=x_i(t)+\lambda\Delta x_i(t+\Delta t)-\mathrm{e}^{-\frac{t+\Delta t}{\tau}}x_i(t+\Delta t)+\xi_i(t+\Delta t) \quad (6\text{-}1)$$

式（6-1）等式右边的四部分分别对应上文提到的四个影响因素。根据 6.2.3.1 节的三个累加规则，将式（6-1）的 $\Delta x_j(t+\Delta t)$ 展开，详细表达式如式（6-2）所示：

$$x_i(t+\Delta t)=\begin{cases}x_i(t)-\mathrm{e}^{-\frac{t+\Delta t}{\tau}}x_i(t+\Delta t)+\mathrm{F}(\mu,\sigma) & TH_j>x_j\\ x_i(t)+\lambda_i\cdot x_j(t+\Delta t)\cdot M(p_j)-\mathrm{e}^{-\frac{t+\Delta t}{\tau}}x_i(t+\Delta t)+F(\mu,\sigma) & TH_j<x_j<\gamma TH_j\\ x_i(t)+\lambda_i\cdot x_j(t+\Delta t)-\mathrm{e}^{-\frac{t+\Delta t}{\tau}}x_i(t+\Delta t)+F(\mu,\sigma) & x_j>\gamma TH_j\end{cases} \quad (6\text{-}2)$$

第一部分中，$x_i(t)$ 是对象库所的脆弱度。当 $t=0$ 时，$x_i(0)$ 为各个对象库所的初始脆弱度，计算方法见式（6-3），它是污染指标以及外界扰动的函数。本章模拟污染源连续排放导致生态系统脆弱化，故污染物的浓度则是表征外界扰动的因素。污染物浓度的计算在下文中提到，具体参照式（6-4）。

第二部分，级联敏感度。它主要来源于与其有关联关系的对象库所对其造成的影响，主要与 Petri 网的规则有关，其取值已在 6.2.3.1 节阐述，不再赘述。

第三部分中，$\tau_i>0$ 为自我修复系数，该参数与生态环境子系统自身的功能和结构相关。若该子系统功能结构较完善，其对外界干扰的自我修复能力越强，自我修复系数 τ_i 的值越大；反之，则 τ_i 的值越小。随着生态环境子系统脆弱度的不断增加，该部分随之降低或消失。

第四部分中，$F(\mu, \sigma)$ 为内部扰动，服从期望为 μ，方差为 σ 的正态分布。

6.2.3.3 脆弱性级联传播分析

为了刻画面临外界干扰时对象库所脆弱性在生态环境 Petri 网上的级联传播现象。本章将对象库所的动态属性——级联传播状态定义为以下三种：稳定状态、负载状态、崩溃状态。稳定状态是对于一个相对成熟的生态子系统，外界干扰对生态子系统造成的损害只要不超过负载阈值，生态子系统的结构和功能就不会发生改变，也就是说该子系统具有保持或恢复自身结构和功能相对稳定的能力；负载状态是外界干扰对生态环境造成的损害已经超过负载阈值但还未超过崩溃阈值，其结构和功能还未完全丧失，仍具备恢复能力，此时子系统出现脆弱化的级联传播现象；崩溃状态是外界干扰对生态子系统造成的损害已经超过崩溃阈值，其功能和结构已经完全丧失，脆弱化的级联传播对其他子系统造成的影响最为明显。从级联传播三种状态的定义中，我们可以看出，确定这两个阈值是本节重要的内容。在此之前，我们首先将初始脆弱度定义如下：

$$x_i(0) = \sum_{k=1}^{n} \eta_k \frac{c_k}{c_0} \tag{6-3}$$

式中，n 为对象库所中污染指标的个数；η_k 为对象库所中污染指标 k 的权重；c_k 为污染指标 k 的浓度或含量，包括数值模拟或者实测值；c_0 为污染指标 k 的浓度限值或含量限值。$x_i(0)$ 的确定可根据环境评价的实际情况改变。下面将利用高斯模型对生态环境 Petri 网上任意对象库所的浓度进行模拟计算。

高斯模型是最被认可的一种计算某一点污染物浓度的方法[33]，它假设污染物的迁移服从高斯分布，标准偏差取决于气团距排放源的距离或从释放开始以来的持续时间。文献［34］中的模型用于计算 HYSPLIT4 三维聚类轨迹上某一点的浓度。鉴于该模型未能考虑有毒气体在轨迹的垂直方向上的高度，基于有风连续点源有毒气体迁移模型定义，如式（6-4）所示：

$$c(x, y, z, t) = \rho_i \frac{Q_0}{4\pi x(\sigma_y \sigma_z)^{1/2}} \exp\left[-\frac{\mu}{4x}\left(\frac{y^2}{\sigma_y} + \frac{z^2}{\sigma_z}\right)\right] \tag{6-4}$$

式中，ρ_i 为第 i 条聚类路径的贡献率；Q_0 为污染物点源瞬时排放量；x，y，z 分别为对象库所距污染源的距离，其他参数含义见文献［34］。由式（6-4）可知，对于确定的时间和地点，污染物的浓度只与 Q_0 相关。因此，进一步将 Q_0 作为表征外界干扰的因素。

现实生活中，生态阈值是难以确定甚至是不能确定的，它依赖于植被、地貌、水文地理、气候、土地等[6]，子系统受到外界干扰时，初始的脆弱度反映了子系统自身的功能和结构的特征。因此，本章假设每个对象库所的负载阈值

TH_i正比于大气污染物最高允许排放速率下的初始脆弱度 $x_i^{Q_{\max}}(0)$：

$$TH_i = (\alpha + 1)\, x_i^{Q_{\max}}(0) \tag{6-5}$$

式中，$\alpha>0$ 为对象库所的干扰容忍参数，它刻画了对象库所对待外界干扰所能承受的能力。

根据以上定义并结合级联传播的三种状态，将对象库所脆弱度的级联传播状态的概率分布定义如下：

$$M(p_i) = \begin{cases} 0 & TH_i > x_i \quad \text{稳定状态} \\ \dfrac{x_i(t) - TH_i}{\gamma TH_i - TH_i} & TH_i < x_i < \gamma TH_i \quad \text{负载状态} \\ 1 & x_i > \gamma TH_i \quad \text{崩溃状态} \end{cases} \tag{6-6}$$

式中，$\gamma \in (1, \infty)$ 是生态环境系统的弹性参数。在现实情况中，这两个参数一方面与生态环境子系统自身的功能和结构相关，另一方面，与生态环境的投入相关。

6.2.3.4 级联传播规模分析

为了描述脆弱化级联现象在生态环境 Petri 网上传播所波及的范围，首先，引入级联传播规模的概念，它刻画了整个生态环境 Petri 网中所有对象库所在任一时刻发生级联传播的情况。将级联传播规模定义如下：

$$S(t) = \frac{1}{N}\sum_{j=1}^{N} M(p_j) \tag{6-7}$$

式中，N 表示生态环境 Petri 中对象库所的个数；$M(p_j)$ 为级联传播状态概率，由式（6-6）计算得出。级联传播规模率 E，是考虑有效地迭代次数内，系统发生级联传播的情况。定义如下：

$$E = \sum_{t=1}^{T} S(t) \tag{6-8}$$

式中，T 为系统迭代次数。对于整个系统而言 E 越小，表示系统在迭代次数内发生级联传播的概率越小；E 越大，表示系统在迭代次数内发生级联传播的概率越大。根据式（6-6）、式（6-7）可知，E 与干扰容忍参数 α 和弹性参数 γ 相关。建立级联传播规模分析模型的目的是要在满足系统迭代次数内不发生崩溃现象的条件下，保证系统在任意时刻级联传播规模率最小，从而确保整个生态环境的投入要合理，即 α、γ 取值合理，故级联传播规模分析模型如下所示：

$$\begin{cases} \min E(\alpha, \gamma) = \min \sum_{t=1}^{T} S(t) = \min\left[\dfrac{1}{N}\sum_{t=1}^{T}\sum_{j=1}^{N} M(p_i(t))\right] \\ \forall t \in T,\ S(t) \neq 1 \end{cases} \tag{6-9}$$

6.3 应用实例

6.3.1 研究区概况和数据

神府煤田位于陕西省最北端神木、府谷两县境内，东以黄河为界，西达陕蒙边界，北至陕蒙边界与内蒙古东胜矿区毗邻，南为煤层露头，面积 5829.56km^2（38°52′~39°27′N，110°05′~110°50′E）[35]。神府煤田原始生态环境为风沙地貌和黄土地貌，自然条件恶劣，水土沙化较为严重，原生地质及生态环境脆弱[35]，人类不合理地开采活动使本就脆弱的矿区生态子系统雪上加霜。随着远距离迁移的发生，矿尘沿着输送轨迹在生态环境子系统中不断累积，一旦对子系统造成的损害超出子系统所允许的生态阈值，子系统的自动调节能力随之降低或消失，子系统生态环境愈加脆弱，从而引发某个子系统的局部崩溃[11]。由于各个子系统之间地理空间上的关联关系，脆弱性在各个子系统上级联传播，某一子系统的崩溃可能会引发与之相依赖的其他子系统相继崩溃，使得原有的整个生态环境系统出现完全崩溃的局面。

气象数据来自 Global Data Assimilation System（GDAS）（ftp://arlftp.arlhq.noaa.gov/pub/archives/gdas1/）；影像数据采用 HYSPLIT 4.0、Google earth 和 ArcGIS 10.2；历史天气数据来源于 http://www.tianqihoubao.com/lishi/）；环境外界干扰数据来源于空气质量标准（GB 3095—2012、DB 50/418—2016）；其他数据来源于已发表文章，模型计算应用 Micro visual Basic 6.0。

6.3.2 级联传播生态环境 Petri 网的构建

为了模拟矿尘随气团远距离输送导致生态环境脆弱性级联传播这一现象，构造级联传播生态环境 Petri 网，实例将分为以下几个步骤：首先，利用 HYSPLIT 模式前向轨迹获取矿尘随气团远距离输送路径。监测点设在 38°83′N、110°5′E 的神木县环境监测站，三维轨迹模拟时间从 2016 年 1 月到 12 月，选取 00：00（UTC）为起点，向前追踪 36h，轨迹起始高度选取距地 100m，该高度的选择既便于观察矿尘引发的生态环境效应，又避免了气流中物质与矿尘发生毒理化作用。对 696 条前向轨迹进行聚类，将 6 条轨迹显示在叠加了城镇、河流、山体、沙地、公园等矢量数据的 ArcGIS 10.2 中。结果如图 6-4 所示。

其次，根据图 6-4 的轨迹提取出基于级联传播的生态环境 Petri 网。图 6-4 可直观地看出矿尘的迁移主要被分为 6 条路径。6 条路径上对象库所及其详细描述，见表 6-1。特别强调的是，由于第四条路径上没有所要提取的子系统，故舍弃该路径。基于级联传播的生态环境 Petri 网已构建完成，如图 6-5 所示。

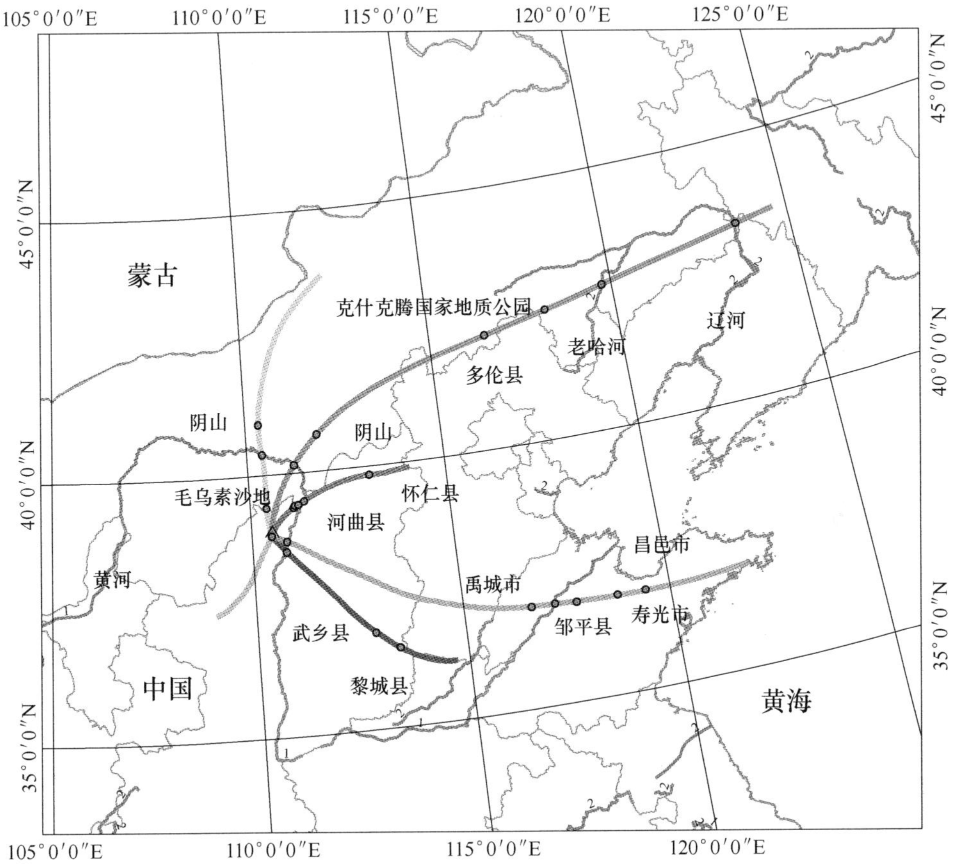

图 6-4 23 个生态子系统地理位置

表 6-1 对象库所的描述

编号	贡献率	路径上的对象库所	位置	库所编号
1	29%	黄河	39.338N，111.095E	p_2
		河曲县	39.38N，111.13E	p_3
		黄河	39.387N，111.226E	p_4
		怀仁县	39.834N，113.08E	p_5
2	24%	黄河	38.513N，110.840E	p_6
		武乡县	36.83N，112.85E	p_7
		黎城县	36.5N，113.38E	p_8
3	2%	黄河	38.707N，110.870E	p_9
		禹城市	36.93N，116.63E	p_{10}
		黄河	36.915N，117.207E	p_{11}
		邹平县	36.88N，117.73E	p_{12}
		寿光市	36.88N，118.73E	p_{13}
		昌邑市	36.87N，119.4E	p_{14}

续表 6-1

编号	贡献率	路径上的对象库所	位置	库所编号
4	21%			
5	9%	黄河 阴山 多伦县 克什克腾国家地质公园 老哈河 辽河	40. 158N，111. 188E 40. 705N，111. 841E 42. 185N，116. 47E 42. 472N，118. 15E 42. 749N，119. 751E 43. 326N，123. 579E	p_{15} p_{16} p_{17} p_{18} p_{19} p_{20}
6	15%	毛乌素沙地 黄河 阴山	39. 364N，110. 417E 40. 399N，110. 401E 40. 967N，110. 35E	p_{21} p_{22} p_{23}

注：河流子系统的提取主要考虑一级、二级河流。

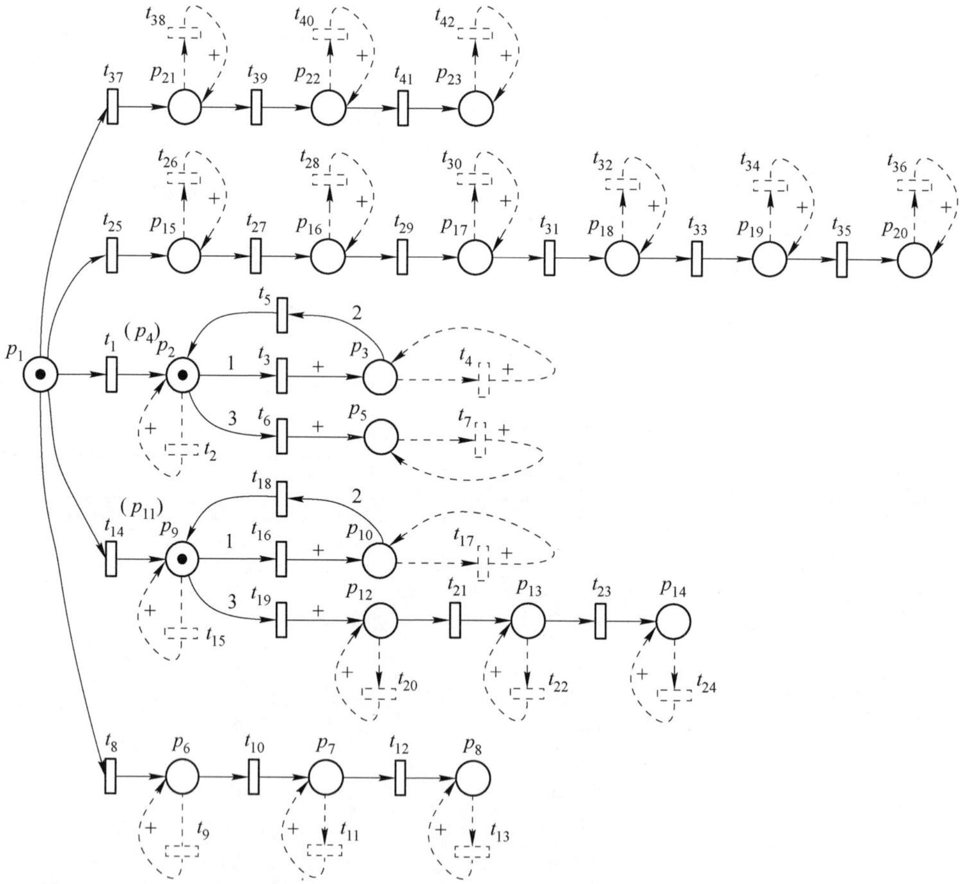

图 6-5　基于级联传播的生态环境 Petri 网

6.3.3 级联传播模型脆弱度的初始化

由于矿尘飘浮在空中，吸附很多重金属离子，而重金属具有长距离输送能力且不易降解，对人类身体和生态环境影响很大[36]。所以实例中以重金属作为对象库所的污染指标。不同的矿种包含的重金属的种类不同，其矿尘中重金属的比例也不相同。本章实例中对象库所的污染指标选择铅（Pb）、汞（Hg）、镉（Cd）、铬（Cr）、砷（As）等重金属，x_i（0）的确定根据式（6-3），以重金属的毒性系数作为静态指标的权重，其浓度限值及毒性系数如表 6-2 所示。以上重金属占矿尘 30%，按照 3∶2∶1∶4∶1 的比例进行模拟。

表 6-2 重金属浓度限值及毒性系数

指标	铅（Pb）	汞（Hg）	镉（Cd）	铬（Cr）	砷（As）	来源
毒性系数	5	40	30	2	10	文献[37]
浓度限值/$\mu g \cdot m^{-3}$	0.5	0.05	0.005	0.000025	0.006	文献［38］

根据以上描述，按照公式（6-4）计算图 6-5 中每一个对象库所的迁移浓度。根据公式（6-5）计算大气污染物矿渣棉尘最高允许排放速率下的脆弱度，其地理信息数据及计算结果如表 6-3 所示。

表 6-3 模型地理信息数据及 Q_{max} = 32.8kg/h 下对象库所的初始脆弱度

对象库所	海拔/m	天气	到达时间 t_0/h	浓度/$mg \cdot m^{-3}$	x_i（0）
p_1	1038	晴	0	2.82850	25402.2245
p_2	1260.09307	晴	5.9	1.00432	9019.642195
p_3	1126.51588	晴	6.3	0.92761	8330.654057
p_4	1291.14791	晴	6.6	0.81947	7359.50454
p_5	1282.62866	晴	24.1	0.16317	1465.362326
p_6	1259.20199	晴	4.05	0.33772	3032.989725
p_7	1395.91628	多云	18.2	0.07663	688.2004434
p_8	1357.65423	多云	23	0.06259	562.1240829
p_9	1152	晴	2.1	0.41070	3688.397469
p_{10}	2932	多云	18.9	0.00423	37.98243405
p_{11}	2954.45486	多云	20	0.00541	48.57440967

续表 6-3

对象库所	海拔 /m	天气	到达时间 t_0 /h	浓度 /mg · m^{-3}	x_i（0）
p_{12}	2105	多云	21	0. 00496	44. 51511845
p_{13}	3167	多云	22. 7	0. 00360	32. 34788508
p_{14}	3227	多云	24	0. 00270	24. 21713175
p_{15}	1342. 36388	晴	7. 7	0. 05344	479. 9176728
p_{16}	1571	晴	11	0. 02478	222. 5091475
p_{17}	2789. 82265	晴	22	0. 00804	72. 21535678
p_{18}	2841	晴	25	0. 00759	68. 16641088
p_{19}	2425. 21136	晴	27. 5	0. 00656	58. 88880288
p_{20}	2452. 87772	晴	34. 2	0. 02977	267. 3973291
p_{21}	1412	晴	4	0. 17028	25402. 22449
p_{22}	1151	晴	11	0. 12018	1079. 307657
p_{23}	2004	晴	15	0. 08244	9019. 642195

6.4　结果与分析

6.4.1　脆弱性级联传播结果模拟分析

下面将对 6. 3 节进行第一部分的模拟，模型中其他参数 $Q_0=21\text{kg/h}$、$\alpha=0.2$、$\gamma=5$、$\tau=10$，模拟结果如图 6-6 所示。

图 6-6 显示了五条级联传播路径上每个对象库所脆弱度和级联传播状态概率随时间的变化趋势，级联传播状态概率表明该对象库所所处的状态。图 6-6 可以看出生态环境 Petri 网上的对象库所处于稳定状态 $M(p_i)=0$ 时，脆弱度与时间呈线性关系（图 6-6（a）图例），且对象库所的浓度（外界干扰）越大，其生态子系统越脆弱，随着时间的推移，其自我修复能力逐渐减少。该过程中，自我修复能力是保持生态子系统处于稳定状态的主要原因；当级联传播发生时，即 $0<M(p_i)\leqslant 1$，脆弱度呈指数增长，尤其是当对象库所处于崩溃状态时，脆弱度的变化速率明显大于负载状态。此时，生态子系统的脆弱度已经不受控制，自我修复能力已经不起作用。究其原因，除了与浓度（外界干扰）相关，与该对象库所关联的对象库所、生态环境 Petri 网的结构等因素均有关。

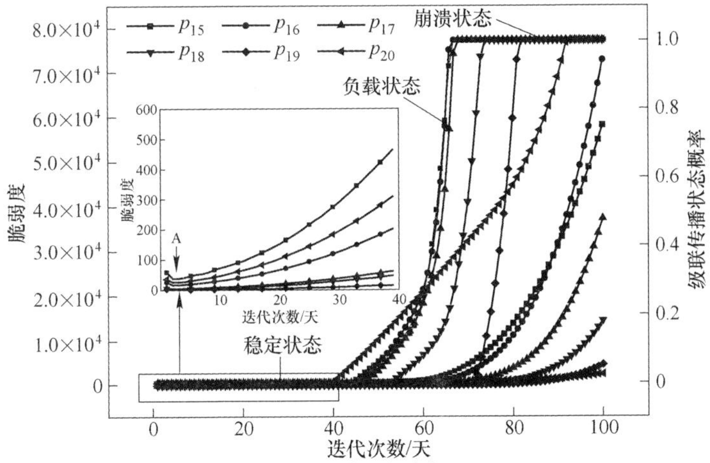

(a) 第五条轨迹

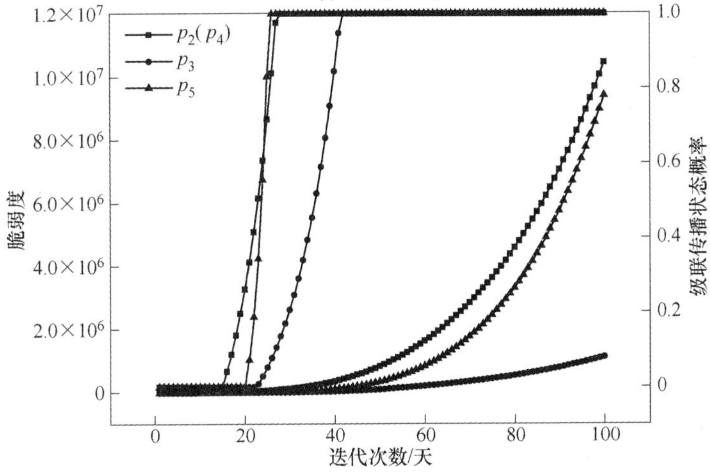

(b) 第一条传播路径

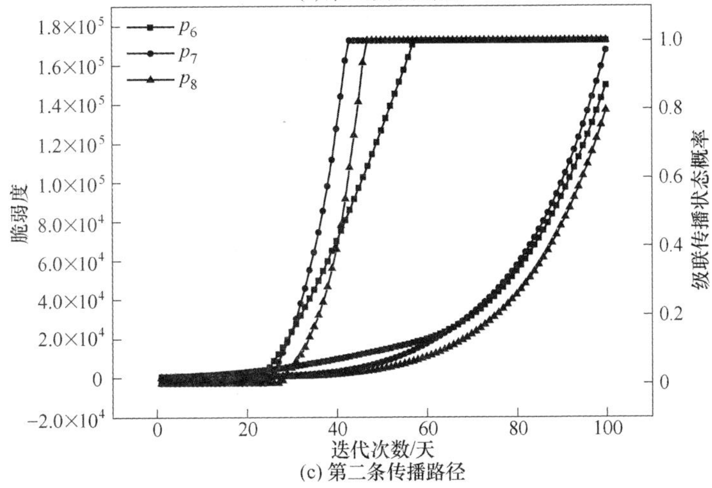

(c) 第二条传播路径

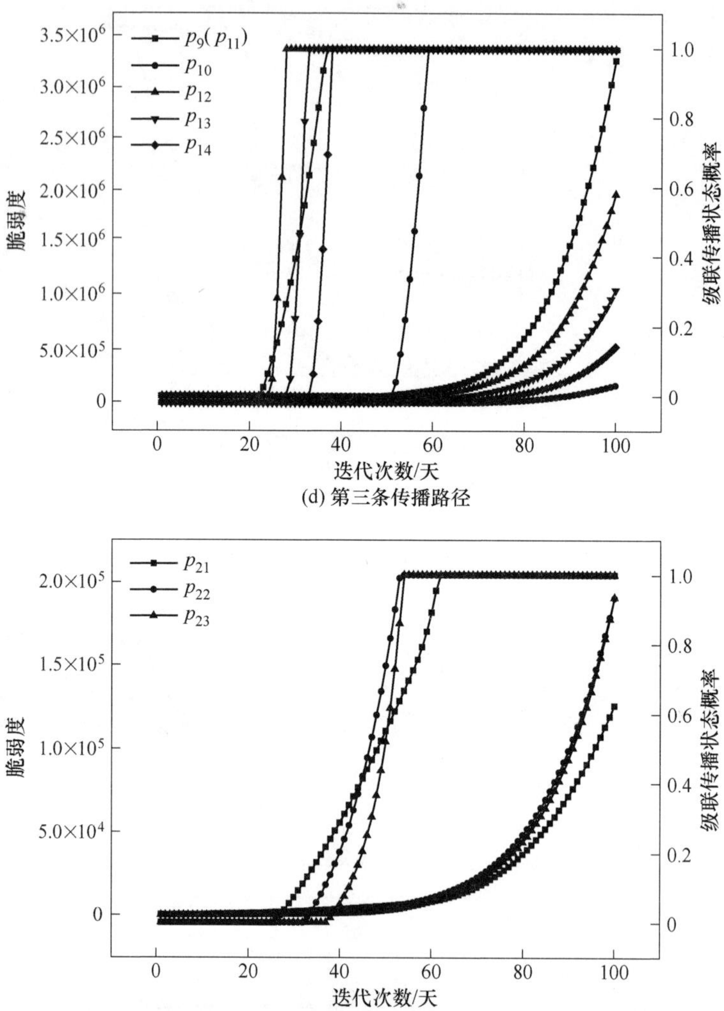

(d) 第三条传播路径

(e) 第六条传播路径

图 6-6 脆弱性级联传播分析

从图 6-6 无环 Petri 网（a）、（c）、（e）可看出，当级联传播未发生时，脆弱度 $x_{15}>x_{20}>x_{16}>x_{17}>x_{18}>x_{19}$，浓度越大，越脆弱。当级联传播发生以后，最终的脆弱度 $x_{16}>x_{15}>x_{17}>x_{18}>x_{19}>x_{20}$。出现这种情况的原因是，该对象库所 p_i 的脆弱度受与其关联前一库所 p_{i-1} 级联传播作用的影响，使得生态系统更加脆弱。图6-6有环 Petri 网（b）、（d）可看出，有环节点 p_2（p_4）、p_9（p_{11}）较同一条路径上的其他对象库所而更容易脆弱。综上所述，至少可以看出，Petri 网中存在环结构会使得子系统更加脆弱。另外，从表 6-3 可知五条级联传播路径上浓度（外界干扰）的排名顺序 Route1>Route2>Route6>Route5>Route3，从图 6-6 中可以看出级联传播发生的时间次序 Route1>Route3> Route2>Route6>Route5。也说明 Petri 网中环结构加快了级联传播发生的时间。这与现实生态环境系统的情况非常一致。实际上，生态环境有环节点使得子系统之间的连通性增强，导致污染物在该节点的流动性增强，脆弱性增加。值得特别注意的是：图 6-6（a）中拐点 A 发生在 $t=2$ 处，说明生态系统在起初受到外界干扰时，系统的响应具有一定的时间延迟。

6.4.2 级联传播规模参数模拟分析

下面将讨论级联传播模型中敏感参数：与外界干扰相关的矿尘排放量 Q_0、与生态负载阈值相关的干扰容忍参数 α、与崩溃阈值相关的生态环境弹性参数 γ 等对外界可控因素对脆弱性级联传播模型的影响。由于级联传播规模参数是从整体上对矿尘排放导致 EES 脆弱性级联传播现象的波及范围进行描述和表征的，故将讨论三个参数对级联传播规模的影响。首先，讨论矿尘排放量 Q_0 对级联传播规模的影响。污染物最高允许排放速率与排气筒高度对应。本章参照重庆市地方标准对颗粒物矿渣棉尘的排放限值规定：排气筒高度 15、20、30、40、50m 分别对应大气污染物最高允许放速率 $Q_0=1.9$、3.1、12、21、32.8kg/h，其他参数 $\alpha=0.2$、$\gamma=5$、$\tau=10$。根据 6.2.3 节的分析，模拟矿尘在不同排放速率下分别对级联传播规模的影响，如图 6-7 所示。

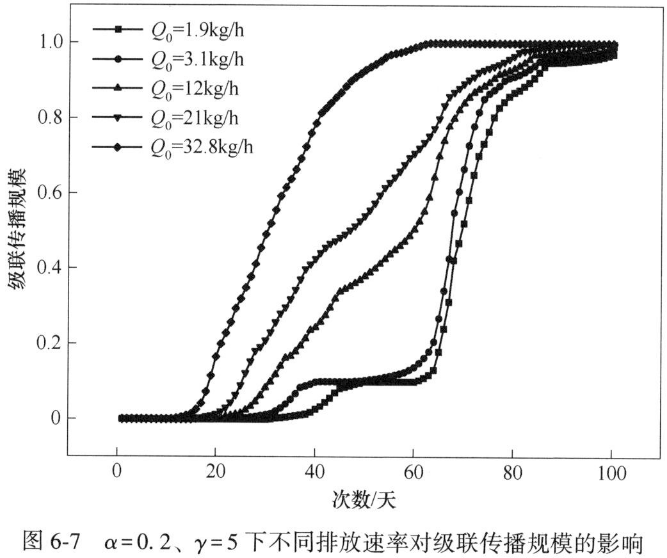

图 6-7 $\alpha=0.2$、$\gamma=5$ 下不同排放速率对级联传播规模的影响

从图可以看出，当参数 $\alpha=0.2$、$\gamma=5$ 时，排放速率的取值不宜超过 12kg/h，才能保证整个生态环境 Petri 网不出现大规模崩溃现象。当然，随着参数 α、γ 取值的增大，系统不出现崩溃现象的排放速率也会适当提高，系统的投入成本也会

增加。

其次，在不同排放速率下综合考虑干扰容忍参数 α 和弹性参数 γ 对级联传播规模的影响。在给定干扰容忍参数 α 的情况下，弹性参数 γ 越大，生态环境 Petri 网的投入成本就越大，生态崩溃阈值越大，系统出现崩溃的概率就越小，试想当弹性参数 γ 足够大时，系统多处于负载状态，虽然级联传播会发生，但是整个系统基本上很难达到崩溃状态。但在现实生活中却很难做到不计成本的无限制增加生态环境的投入成本，也就是弹性参数 γ 不可能无限值的增大。同理，在给定弹性参数 γ 的情况下，干扰容忍参数 α 也不能无限增大。所以，根据 6.2.3.4 节的模型，我们在满足任意时刻整个系统恰好未出现崩溃现象的基础上，保证系统在任意时刻级联传播规模率最小，从而确保干扰容忍参数 α 和弹性参数 γ 的取值合理，对整个生态环境 Petri 网而言才是最优的选择。以 $Q_0=21\text{kg/h}$ 为例，寻找干扰容忍参数 α 和弹性参数 γ 的临界值。模拟中 $\alpha \in [0.1, 3]$，迭代步长 0.1；$\gamma \in (1, 20]$，迭代步长 2，模拟的级联传播曲线部分结果，如图 6-8 所示。

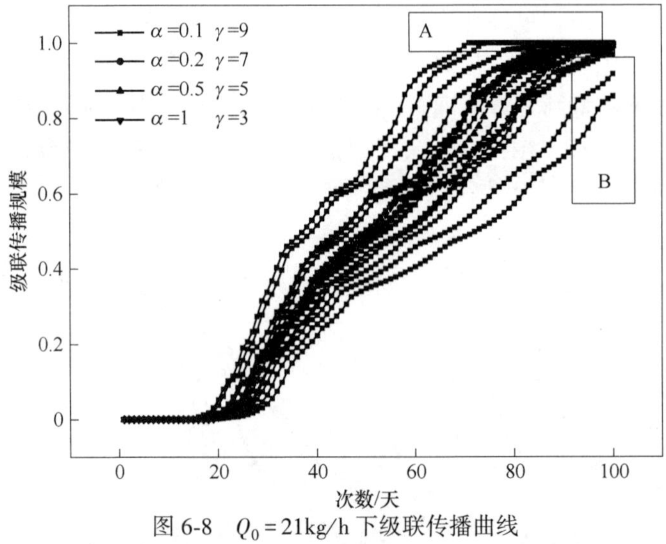

图 6-8　$Q_0=21\text{kg/h}$ 下级联传播曲线

图 6-8 中 A 部分表明 α、γ 的取值过于小，系统在迭代次为第 70 次左右已经出现崩溃现象；B 部分表明 α、γ 的取值过于大，系统在有效地迭代次数内不会出现崩溃现象。那么，满足 6.2.3.4 节约束条件的级联传播规模曲线，如图 6-8 所示。当 α、γ 分别取图 6-8 中值时，式（6-9）中 E 的取值分别为 56.7712、56.7021、53.0514、45.3296。由此可知，在排放速率为 $Q_0=21\text{kg/h}$ 时，$\alpha=1$、$\gamma=3$ 是满足式（6-9）的最合理的取值。按照 6.2.3.4 节的分析与建模，同理可得其他排放速率下 α、γ 的合理取值。在模拟过程中，参数 α、γ 的取值为 6.2.3.4 节设置负载阈值和崩溃阈值中提供了指导意见。同时，也对生态环境 Petri 中脆弱性级联传播过程具有非常关键的意义。

6.5 本章小结

基于 OFGPN 模型模拟矿尘干扰下生态环境脆弱性级联传播现象，本章有如下优势：

（1）生态环境 Petri 网的构建具有地域性。GeoPetri 网将 GIS 的气象数据和地理信息数据定义到 Petri 网的元素中，用于模拟污染物在生态环境系统上迁移，以及产生的级联传播作用，使得 GeoPetri 网不仅具有传统 Petri 网良好的过程控制和图形表达能力，而且兼备 GIS 处理地理空间信息的优点。

（2）OFGPN 提供一种用于模拟脆弱性级联传播的集成框架。由于面向对象技术是一种更为紧凑的结构化的模型[39]，它能将相同的生态子系统定义为同一个对象，将描述子系统特征的指标定义为对象的属性。因此，不仅使得每个对象的指标增加、修改、删除方便，提高了模型的重用性[40]，而且也增加了 OFGPN 的适用性。

（3）OFGPN 模型是在现有的对象 GeoPetri 网模型中，引入函数的概念，定义一种全新的对象函数 GeoPetri 网模型。对象库所中多个属性可以动态计算是对象函数 Petri 网和传统对象 Petri 网的最大区别。在 OFGPN 中，为对象库所的每一个动态属性定义一个函数，当变迁触发时，Token 从一个库所转移至另一个库所，对象库所中所有动态属性值也随着 Token 的转移而动态进行更新，从而使整个 Petri 网模型动态计算。

参考文献

[1] Janssena M A, Schoon M L, Ke W, et al. Scholarly net works on resilience, vulnerability and adaptation within the human dimensions of global environmental change [J]. Global Environmental Change, 2006, 16 (3): 240~252.

[2] Wang Delu, Zheng Jianping, Song Xuefeng, et al. Assessing industrial ecosystem vulnerability in the coal mining area under economic fluctuations [J]. Journal of Cleaner Production, 2017, 142: 4019~4031.

[3] Zhang Feng, Liu Xingpeng, Zhang Jiquan, et al. Ecological vulnerability assessment based on multi-sources data and SD model in Yinma River Basin, China [J]. Ecological Modelling, 2017, 349: 41~50.

[4] Collin M L, Melloul A J. Assessing groundwater vulnerability to pollution to promote sustainable urban and rural development [J]. J. Clean. Prod., 2003, 11 (7): 727~736.

[5] Teodoro Semeraro, Giovanni Mastroleo, Roberta Aretano, et al. GIS Fuzzy Expert System for the assessment of ecosystems vulnerability to fire in managing Mediterranean natural protected areas

[J]. Journal of Environmental Management, 2016, 168: 94~103.

[6] Hong Wuyang, Jiang Renrong, Yang Chengyun, et al. Establishing an ecological vulnerability assessment indicator system for spatial recognition and management of ecologically vulnerable areas in highly urbanized regions: A case study of Shenzhen, China [J]. Ecological Indicators, 2016, 69: 540~547.

[7] 李国栋. 脆弱生态的概念及分类 [J]. 地理译报, 1993 (1): 36~43.

[8] 陈萍, 陈晓玲. 全球环境变化下人-环境耦合系统的脆弱性研究综述 [J]. 地理科学进展, 2010, 29 (4): 455~462.

[9] Chi Yuan, Shi Honghua, Wang Yuanyuan, et al. Evaluation on island ecological vulnerability and its spatial heterogeneity [J]. Marine Pollution Bulletin, 2017, 125 (1~2).

[10] Chang Yu Tsun, Lee Ying Chieh, Huang Shu Li. Integrated spatial ecosystem model for simulating land use changeand assessing vulnerability to flooding [J]. Ecological Modelling, 2017, 362: 87~100.

[11] Griffin J J, Goldberg E D. Clay mineral distribution in the world ocean [J]. Deep-Sea Research, 1968, 15: 433~459.

[12] 高会旺, 祁建华, 石金辉, 等. 亚洲沙尘的远距离输送及对海洋生态系统的影响 [J]. 地球科学进展, 2009, 24 (1): 1~10.

[13] 赵云英, 马永安. 天然环境中多环芳烃的迁移转化及其对生态环境的影响 [J]. 海洋环境科学, 1998, 17 (2): 68~72.

[14] 王宏镔, 王海娟, 曾和平, 等. 污染与恢复生态学 [M]. 北京: 科学出版社, 2015.

[15] Xue Fei, Bompard Ettore, Huang Tao, et al. Interrelation of structure and operational states in cascading failure of overloading lines in power grids [J]. Physica A: Statistical Mechanics and its Applications, 2017, 482: 728~740.

[16] Martijn Warnier, Stefan Dulman, Yakup Koç, et al. Distributed monitoring for the prevention of cascading failures in operational power grids [J]. International Journal of Critical Infrastructure Protection, 2017, 17: 15~27.

[17] Zeng Yu, Xiao Renbin, Li Xiangmei, A resilience approach to symbiosis networks of ecoindustrial parks based on cascading failure model [J]. Mathematical Problems in Engineering, 2013, 2013 (4): 1~11.

[18] 李鹤, 张平宇, 程叶青. 脆弱性的概念及其评价方法 [J]. 地理科学进展, 2008, 27 (2): 18~25.

[19] Srinivasan V, Seto K C, Emerson R, et al. The impact of urbanization on water vulnerability: a coupled human-environment systemapproach for Chennai, India [J]. Global Environ. Change, 2013, 23: 229~239.

[20] Li Jian, Chen Changkun. Modeling the dynamics of disaster evolution along causality networks with cycle chains [J]. Physica A, 2014, 401: 251~264.

[21] Dirk Helbing, Christian Kühnert. Assessing interaction networks with applications to catastrophe dynamics and disaster management [J]. Physica A, 2003, 328: 584~606.

[22] Asad Asadzadeh, TheoKötter, Esfandiar Zebardast. An augmented approach for measurement of disaster resilience using connective factor analysis and analytic network process (F' ANP) model [J]. International Journal of Disaster Risk Reduction, 2015, 14: 504~518.

[23] Lin Tao, Lin Jian yi, Cui Sheng hui, et al. Using a network framework to quantitatively select ecological indicators [J]. Ecological Indicators, 2009, 9: 1114~1120.

[24] Peterson J L. Petri Net Theory and the Modeling of Systems [M]. Prentice-Hall, 1981.

[25] Karmakar S, Dasgupta R. A Petri net representation of a web-service-based emergency management system in railway station [J]. World Academy of Science, Engineering and Technology, 2011, 59, 2284~2290.

[26] Meng D, Zeng Q, Lu F, et al. Cross-organization task coordination patterns of urban emergency response systems [J]. Journal of information technology, 2011, 10 (2), 367~375.

[27] Ge Yong, Xing Xitao, Qiuming Cheng. Simulation and analysis of infrastructure interdependencies using a Petri net simulator in a geographical information system [J]. International Journal of Applied Earth Observation and Geoinformation, 2010, 12: 419~430.

[28] Zhou Jianfeng, Reniers Genserik. Petri-net based modeling and queuing analysis for resource-oriented cooperation of emergency response actions [J]. Process Safety and Environmental Protection, 2016, 102: 567~576.

[29] Makra L, Matyasovszky I, Guba Z, et al. Monitoring the long-range transport effects on urban PM_{10} levels using 3D clusters of backward trajectories [J]. Atmospheric Environment , 2011, 45 (16) : 2630~2641.

[30] Stohl A. Computation, accuracy and applications of trajectories-a review and bibliography [J]. Atmospheric Environment, 1998, 32: 947~966.

[31] 黄光球. 网络攻击形式化建模理论 [M]. 西安: 陕西科学技术出版社, 2010.

[32] Chen Changkun, Li Zhi, Sun Yunfeng, A new model for describing evolution and control of disaster system including instantaneous and continuous actions [J]. Internat. J. Modern Phys. 2010, 21: 307~332.

[33] EI-Harbawi M, Sa'ari Mustapha, Zulkifli Abdul Rashid. Air pollution modeling, simulation and computational Methods: A Review [C]. Proceedings of 2008 International Conference on Environmental Research and Technology, Penang, 2008: 1~9.

[34] 何宁, 吴宗之, 郑伟. 一种改进的有毒气体扩散高斯模型算法及仿真 [J]. 应用基础与工程科学学报, 2010, 18 (4): 571~580.

[35] 陶虹, 李成, 柴小兵, 等. 陕西神府煤田环境地质问题及成因 [J]. 地质与资源, 2010, 19 (3): 249~252.

[36] 袁善丞, 孙利群. $PM_{2.5}$对人体健康影响的研究进展 [J]. 社区医学杂志, 2016, 14 (20): 68~71.

[37] 林海鹏, 武晓燕, 战景明, 等. 兰州市某城区冬夏季大气颗粒物及重金属的污染特征 [J]. 中国环境科学, 2012, 32 (5): 810~815.

[38] 环境保护部, 国家质量监督检查检疫总局. GB 3095—2012 环境空气质量标准 [S]. 北

京：中国环境科学出版社，2012.

[39] Venkatesh Kurapati, Zhou Mengchu. Object-Oriented Design of FMS Control Software Based on Object Modeling Technique Diagrams and Petri Nets [J]. Journal of Manufacturing Systems, 1998, 17 (2): 118~136.

[40] Emilia Villani, Jean C Pascal, Paulo E Miyagi, et al. A Petri net-based object-oriented approach for the modelling of hybrid productive systems [J]. Nonlinear Analysis, 2005, 62: 1394~1418.

7 关联区域致霾污染物迁移致生态环境系统毁坏的随机动力学关联分析

7.1 引言

系统动力学模型（System Dynamics，SD）[1]被誉为实际系统的实验室，是美国麻省理工学院（MIT）的 Jay W. Forrester 教授于 1956 年首创的一种运用结构、功能、历史相结合的方法，借助于计算机仿真而定量地研究非线性、多重反馈、复杂时变系统的系统分析技术[2]。SD 加强了与控制理论、系统科学、结构稳定性分析、灵敏度分析、参数估计、最优化技术应用等方面的联系，已在世界范围内广泛地传播和应用，获得了许多新的发展[3,4]。多年来，大量学者采用 SD 方法来研究社会经济问题，涉及社会的方方面面，相应的研究至今依然层出不穷。在预测研究方面，SD 方法主要依据系统内部诸因素之间形成的各种因果关系进行建模，既可以进行时间上的动态分析，又可以进行系统内各因素之间的协调[5,6]。在管理策略、政策研究和计划制定方面，使用 SD 方法对系统未来的行为进行动态仿真，得到系统未来发展的趋势和方向，并对此提出相应的管理方法或政策措施[7,8]。在优化与控制研究方面，对系统进行优化与控制是系统动力学方法最重要的作用之一，也是应用系统动力学研究的最终目的[9,10]。在系统行为分析方面，SD 方法主要依据复杂系统的信息反馈、基本组成的特征，如非线性、高阶次、多变量、多重反馈、复杂时变等，解决复杂系统行为与关联分析问题[11~14]。

然而，尽管 SD 模型已在大量领域取得广泛应用，但是该模型存在两个突出问题：

（1）SD 模型只能描述确定性延迟问题，无法表达延迟具有随机性的问题，而此类问题在现实世界广泛存在。例如，汽油价格上升导致人们出行方式的改变之间存在的时间延迟具有随机性，一个新商品品牌的推出到人们接受该品牌之间的时间延迟也具有随机性，一个邮件由发送方发出到接收方收到之间存在的时间延迟也具有随机性，等等。

（2）SD 模型无法描述不同状态之间存在条件转移的问题，而此类问题在现实世界广泛存在。例如，一个小区的人口密度只有达到一定程度后，政府才会考虑开辟新公交路线；只有当燃油价格上升到一定程度后，政府才会重新调整燃油价格；等等。

Petri 网是一种适合于描述复杂系统异步、并发现象的系统模型[15,16]，Petri 网既有严格的形式定义，又有直观的图形表示；既有丰富的系统描述手段和系统行为分析技术，又有坚实的数学基础[15,16]。

本章发现，随机 Petri 网理论与 SD 理论两者之间存在某种天然的联系。但是，就解决上述 SD 模型所面临的两个问题而言，随机 Petri 网理论本身仍存在计算能力不足的问题。

为了解决这些问题，本章将 SD 模型和随机函数 Petri 网（Stochastic Function Petri-net，SFPN）相结合，从一个新的角度提出了一种新的系统动力学描述方法，即基于 SFPN 的系统动力学模型，简称 SFPN-SD 模型。本章开展的工作是：

（1）提出随机函数 Petri 网模型，其目的是扩展随机 Petri 网（SPN）的计算能力。

（2）提出将 SD 模型改造成 SFPN 模型的方法，即如何将系统动力学模型中的水平变量、辅助变量和速率变量表达成 SFPN 模型中的库所和变迁的组合。

（3）由于 SFPN 模型中的变迁本身就能精确描述随机延迟问题，因此，SD 模型所面临的第一个难题迎刃而解；由于 SFPN 模型中的条件弧能表达库所之间的有条件转移，因此，SD 模型面临的第二个难题迎刃而解。

（4）采用 SFPN 扩展 SPN 计算能力的方法是：在 SPN 模型的库所中定义一些状态变量及其状态转移方程，SPN 模型的计算能力就可扩展出来，而状态变量及其状态转移方程就是 SD 模型中的水平变量、辅助变量、速率变量、水平方程和速率方程的不同解释。

本章就是采取上述方法，将 SD 模型所面临的难题一一破解。此外，SFPN 模型本身所具有的一些优势也随之被融入到 SD 模型中，从而为 SD 模型的理论研究和应用提供了一个新思路。

7.2　随机函数 Petri 网的定义

为了使 SPN 能够描述 SD 模型，需要对基本 SPN 进行扩充。下面给出随机函数 Petri 网（Stochastic Function Petri-net，SFPN）的定义。

定义 7.1　随机函数 Petri 网 SFPN 的结构为一个 12 元组：

$$\mathrm{SFPN} = (P,\ T,\ M,\ M_0,\ \boldsymbol{I},\ \boldsymbol{O},\ \lambda,\ S_P,\ S_T,\ F,\ G,\ H)$$

式中，$P=\{p_1,\ p_2,\ \cdots,\ p_n\}$ 是一个库所的有限集合；$T=\{t_1,\ t_2,\ \cdots,\ t_m\}$ 是一个变迁的有限集合；$P\cap T=\varnothing$；$M=\{M_1,\ M_2,\ \cdots,\ M_n\}$ 是托肯的有限集合，M_0 为 M 的初始值集合；I：$P\rightarrow T$ 为输入矩阵，$\boldsymbol{I}=[\delta_{ij}]_{n\times m}$，$\delta_{ij}$ 为逻辑量，$\delta_{ij}\in\{0,\ 1\}$，当 p_i 是 t_j 的输入时，$\delta_{ij}=1$，当 p_i 不是 t_j 的输入时，$\delta_{ij}=0$，$i=1$、2、…、n，$j=1$、2、…、m；$\boldsymbol{O}$：$T\rightarrow P$ 为输出矩阵，$\boldsymbol{O}=[\gamma_{ij}]_{n\times m}$，$\gamma_{ij}$ 为逻辑

量，$\gamma_{ij} \in \{0, 1\}$，当p_i是t_j的输出时，$\gamma_{ij}=1$，当p_i不是t_j的输出时，$\gamma_{ij}=0$，$i=1$、2、…、n，$j=1$，2，…，m；$\lambda=\{\lambda_1, \lambda_2, \cdots, \lambda_m\}$为变迁平均激发速率集合；$S_P=\{S_1, S_2, \cdots, S_n\}$为库所集$P$的状态的集合；$S_T=\{T_1, T_2, \cdots, T_m\}$为变迁集 T 的状态的集合；F 为库所状态依时间变化函数的集合，$F=\{f_1, f_2, \cdots, f_n\}$；$G=\{g_1, g_2, \cdots, g_n\}$为库所托肯值依状态变化函数；$H$为变迁状态依时间变化函数的集合，$H=\{h_1, h_2, \cdots, h_m\}$。

定义 7.1 中，λ_i 是变迁 $t_i \in T$ 的平均激发速率，表示在可激发的情况下单位时间内平均激发次数，单位是（次数/单位时间）。特别地，有时激发速率依赖于托肯，是托肯的函数。平均激发速率的倒数 $\tau_i=1/\lambda_i$ 称为变迁 t_i 的平均激发延时。

定义 7.2 对于一个随机函数 Petri 网 SFPN=（P，T，M，M_0，λ，$\boldsymbol{I}$，$\boldsymbol{O}$，S_P，S_T，F，G，H），若对任一库所$p_i \in P$和任一变迁$t_j \in T$来说，其托肯值$M_i \in M$是其状态$S_i \in S_P$的函数，且库所p_i和变迁t_j在时期$t+1$的状态与时期t的状态有关联关系，即

$$S_i^{t+1}=f_i(S_i^t) \qquad i=1, 2, \cdots, n$$

$$T_j^{t+1}=h_j(T_j^t) \qquad j=1, 2, \cdots, m$$

$$M_i^{t+1}=g_i(S_i^{t+1}) \qquad i=1, 2, \cdots, n$$

则称该类型的 SFPN 为 SM 型 SFPN，简称 SM _ SFPN。

定义 7.3 对于一个随机函数 Petri 网 SFPN=（P，T，M，M_0，λ，$\boldsymbol{I}$，$\boldsymbol{O}$，S_P，S_T，F，H），若对任意一个库所 $p_i \in P$ 和任一变迁 $t_j \in T$ 来说，来说，其托肯值 $M_i \in M$ 不是其状态 $S_i \in S$ 的函数，但库所 p_i和变迁 t_j在时期 $t+1$ 的状态与时期 t 的状态有关联关系，即

$$S_i^{t+1}=f_i(S_i^t) \quad i=1, 2, \cdots, n$$

$$T_j^{t+1}=h_j(T_j^t) \quad i=1, 2, \cdots, m$$

则称该类型的 SFPN 为 S 型 SFPN，简称 S _ SFPN。

对于 SM _ SFPN，托肯的移动会改变库所的状态，而库所状态的改变会反过来影响托肯的移动，该特征可以模拟系统的级联变化；对于 S _ SFPN，托肯的移动会改变库所的状态，而库所状态的改变不会影响托肯的移动，该特征可以模拟系统的动态变化。

在本章中，我们将采用 SFPN 描述的 SD 模型称为 SFPN-SD 模型。SFPN-SD 模型与传统 Petri 网模型的差异在于前者的库所和变迁携带有系统演化状态的信息。

7.3　随机系统动力学模型的 SFPN 表示法

7.3.1　系统动力学变量

7.3.1.1　水平变量（Level）

定义 7.4[2]　水平变量（L 变量）是系统的流的积累量，水平变量又称积累变量或状态变量。

一个水平方程相当于一个容器，它积累变化的流速率。其流速有输入流速和输出流速，容器内的水平正是其输入流速 R_1 与输出流速 R_2 的差量的积累。L 变量计算方法如下：

$$L(t+DEL) = L(t) + DT(R_1 - R_2) \tag{7-1}$$

式（7-1）是一阶差分方程，变量 DT 表示时间的差分，即两次计算之间时间间隔的长度。

7.3.1.2　速率变量（Rate）

定义 7.5[2]　速率（流速）变量（R 变量）是系统中的流的流动速度，即系统中水平变量变化的强度。

速率是流入或者流出水平变量（容器）的流的瞬时速度，用微分形式可以表示为：

$$R = \mathrm{d}L/\mathrm{d}t$$

7.3.1.3　辅助变量（Auxiliary）

定义 7.6[2]　辅助变量（A 变量）用于描述系统中除 L 变量和 R 变量之外的所有其他变量。

为了简化系统动力学模型，A 变量被广泛使用。

7.3.1.4　延迟（Delay）

定义 7.7[2]　延迟是将系统中流入速率变为流出速率所消耗的时间。

延迟的“阶”是指流的通道中延迟水平的个数，“n 阶”就是 n 个延迟水平，“指数延迟”是说这种延迟具有指数（exponential）性质。一阶指数延迟的流出速率等于水平变量除以平均延迟：

$$OUT = L/DEL$$

式中，OUT 为流出速率（出流率）；L 为存贮于延迟中的水平（积累）；DEL 为延迟常数，它代表经过延迟所需要的平均时间。

7.3.2 系统动力学模型的 S _ SFPN 网表示

7.3.2.1 辅助变量的 S _ SFPN 网表示

辅助变量的 S _ SFPN 网用虚线圆表示，一个辅助变量对应一个库所，称为辅助库所，辅助变量是辅助库所的状态变量。辅助库所的辅助变量仅用于保存临时信息，不进行累积运算。

7.3.2.2 水平变量的 S _ SFPN 网表示及随机性体现

水平变量的 S _ SFPN 表示如图 7-1 所示。图中，一个水平变量对应一个库所，该库所称为水平库所，水平变量是水平库所的状态变量。实心变迁 t_L表示水平变量的累积过程，称为水平变迁，其时延是 *DEL*。水平变迁 t_L激发完成，相当于从输入变量（可以是 A 变量或 L 变量）变成输出变量（可以是 A 变量或 L 变量）的耗时，因此，水平变迁 t_L不携带状态变量。输入库所对应于时刻 *J*，输出库所对应于时刻 *L*，水平变迁 t_L对应于时刻 *K*，$DEL=K-J$。由于 *L* 变量的状态不是托肯状态值的函数，因此，*L* 变量的 Petri 网是 S _ SFPN。

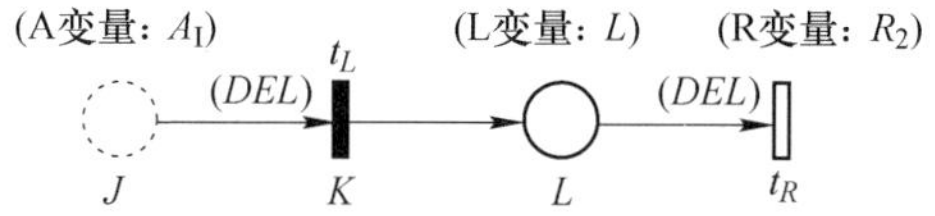

图 7-1 一个水平变量的 S _ SFPN 网表示

水平库所总是用实线圆表示，水平库所总是进行累积运算，即：

$$L(t + DEL) = L(t) + DT(A_I(t) - R_2) \tag{7-2}$$

水平变迁 t_L 的延时 *DEL* 是服从某个分布的随机变量，水平变迁 t_L 从开始激发到激发完成所消耗的时间 *DEL* 是随机变量，在某些情况下，*DEL* 服从负指数分布。

7.3.2.3 速率变量的 S _ SFPN 网表示及随机性体现

速率变量的 S _ SFPN 表示如图 7-2 所示。图中，一个空心变迁 t_R对应于一个速率变量，此时变迁 t_R称为速率变迁，速率变量是速率变迁的状态变量。速率变迁 t_R激发完成，速率变量被传递。输入库所对应于一个 X 变量，X 变量可以是辅助变量（A 变量）或水平变量（L 变量），而输出库所也对应一个 X 变量。当输出库所是水平库所时，则用实线圆表示，如图 7-2（a）所示；若输出库所对应一个 A 变量，则用虚线圆表示，如图 7-2（b）所示。当输出库所是辅助库所

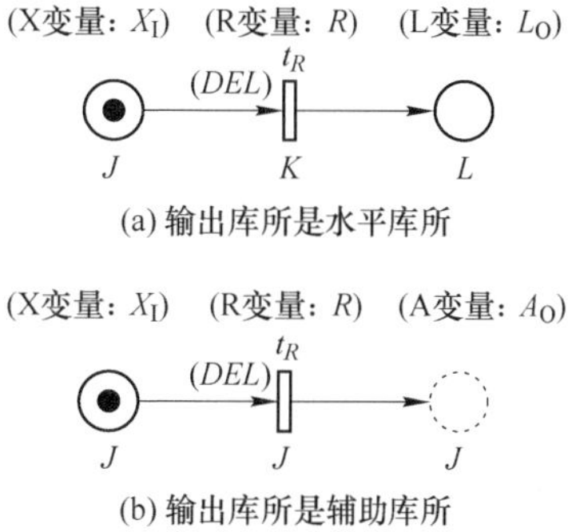

图 7-2 R 变量的 S _ SFPN 网表示

时，速率变迁 t_R激发不存在时延，即输入库所、输出库所和速率变迁 t_R均对应于时刻 J；当输出库所是水平库所时，速率变迁 t_R激发存在时延，即输入库所对应于时刻 J、输出库所对应于时刻 L 和速率变迁 t_R对应于时刻 K。

（1）假设输入库所对应的 X 变量为 X_I，输出库所对应的是水平变量 L_O，速率变迁 t_R对应的速率变量为 R，则变量 X_I、L_O与 R 三者之间的关系按水平变量处理，如式（7-2）所示。

（2）假设输入库所对应的 X 变量为 X_I，输出库所对应的是辅助变量 A_O，速率变迁 t_R对应的速率变量为 R，则变量 X_I、A_O与 R 三者之间的关系为：

$$A_O(t) = X_I(t)R$$

即辅助库所保存临时信息 $A_O(t)$。由于 R 变量的状态不是托肯状态值的函数，因此，速率变量的 Petri 网是 S _ SFPN。

速率变迁 t_R的输出库所适当采用 L 变量或 A 变量来表示，可使 S _ SFPN 网描述问题更合乎逻辑、更细致。

类似地，速率变迁 t_R的延时 *DEL* 是服从某个分布的随机变量，速率变迁 t_R从开始激发到激发完成所消耗的时间 *DEL* 是随机变量，在某些情况下，*DEL* 服从负指数分布。

7.3.2.4 SD 的因果关系链及其 S _ SFPN 网表示

系统由相互依存、相关作用的要素组成。如果要素 A 的量的变化会引起要素 B 的量的变化，则称 A 与 B 之间存在着因果关系。反映系统各要素之间因果关系的图就称为因果关系图。系统动力学用矢线表示系统中两个要素（变量）之间的联系，称为因果链或因果环（Causal Link）。如果有两个因素（变量）A 和 B，它们之间存在因果联系，如果 A 变化 ΔA，则引起 B 变化 ΔB 或-ΔB。这时，可把 A 看作 B 变化的原因，B 是 A 的结果。

定义 7.8 SFPN-SD 中的因果链极性：

（1）因果链 A→+B，如图 7-3（a）所示：连接 A 与 B 的因果链取正号，若增加 A 使 B 也增加，或若 A 的变化使 B 在同一方向上发生变化。

（2）因果链 A→-B，如图 7-3（b）所示：连接 A 与 B 的因果链取负号，若 A 的增加使 B 减少，或若 A 的变化使 B 在相反方向上发生变化。

定义 7.9 SFPN-SD 中的反馈回路是由一系列的因果相互作用链组成的闭合回路或是由信息与动作构成的闭合路径。

反馈回路包括正反馈回路和负反馈回路，如图 7-4 所示。正反馈回路的极性为正，如图 7-4（a）所示，负反馈回路的极性为负，如图 7-4（b）所示。确定回路极性的一般原则：若反馈回路包含偶数个负的因果链，则其极性为正；若反馈回路包含奇数个负的因果链，则其极性为负。

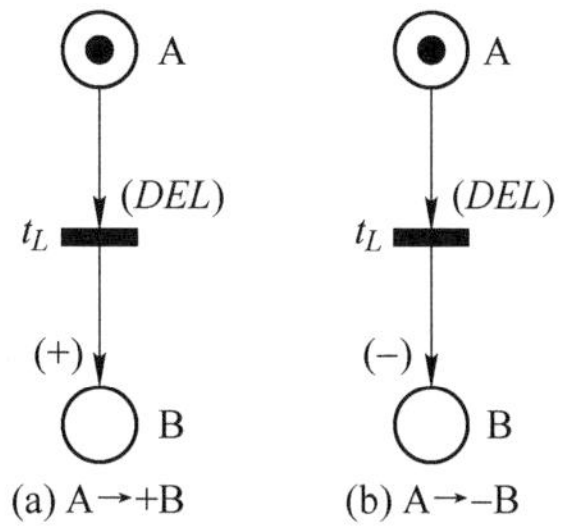

图 7-3　因果链 A→+B 和 A→−B 对应的函数 Petri 网模型

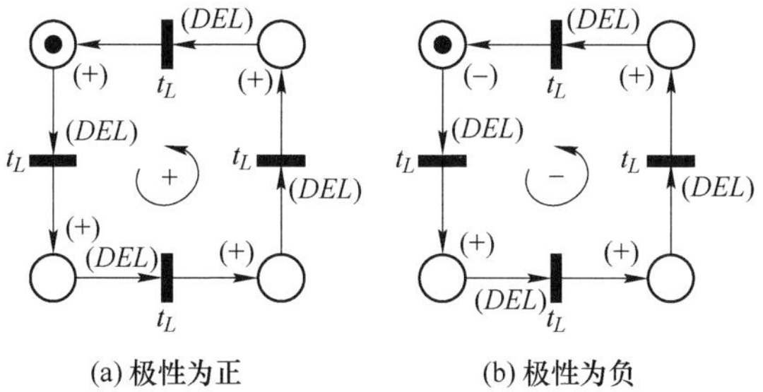

图 7-4　回路极性

7.3.3　SFPN-SD 模型的性能分析方法

利用 7.3.1 节和 7.3.2 节介绍的方法，可将一个延迟具有随机性的 SD 模型转化为 SFPN-SD 模型。由于 SFPN-SD 模型本质上是一个 SPN，所以，有关 SPN 的性能分析方法均可用于 SFPN-SD 模型的性能分析。

定理 7.1　任何具有有穷个库所、有穷个变迁的连续时间 SFPN-SD 同构于一个连续时间马尔科夫链（MC）。

证明　由于 SFPN-SD 是一个具有有穷个库所、有穷个变迁的连续时间 SPN，依据文献［16］，一个具有有穷个库所、有穷个变迁的连续时间 SPN 同构于一个连续时间马尔科夫链，所以 SFPN-SD 同构于一个连续时间马尔科夫链（MC）。

同构 MC 的获得比较简单，先求出 SFPN-SD 的可达图，将其每条弧上标注的激发变迁 t_i 变换成其平均激发速率 λ_i（或与库所相关的函数），即可得 MC。SFPN-SD 模型的性能分析由下列三步组成：

（1）利用 7.2 节和 7.3 节介绍的方法，将一个延迟具有随机性的 SD 模型转化为 SFPN-SD 模型；

（2）求出该 SFPN-SD 模型的可达图；

（3）构造出该可达图所同构的 MC，即将该可达图中的每条弧上标注的激发

变迁 t_i 变换成其平均激发速率 λ_i（或与库所相关的函数）即可。

基于该 MC 的稳态概率进行所求系统的性能分析过程为：假定已求得一个 SFPN-SD 的 MC，其中 $[M_0>$ 有 n 个元素，MC 有 n 个状态。首先定义一个 $n\times n$ 阶转移矩阵 $\boldsymbol{Q}=[q_{ij}]_{n\times n}$。

（1）当 $i\neq j$ 时，若存在 $t_k\in T$：$M_i[t_k>M_j$，则 $q_{ij}=\left.\dfrac{\mathrm{d}P(\lambda_k,\ \tau)}{\mathrm{d}\tau}\right|_{\tau=0}$，否则 $q_{ij}=0$。

（2）当 $i=j$ 时，$q_{ij}=\left.\dfrac{\mathrm{d}\prod\limits_{k}(1-P(\lambda_k,\ \tau))}{\mathrm{d}\tau}\right|_{\tau=0}$。

其中，$k\neq i$，且有存在 $M'\in[M_0>$，存在 $t_k\in T$：$M_i[t_k>M'$，λ_k 是 t_k 的速率；$P(\lambda_k,\ t)$ 为变迁 t_k 延迟的概率分布。对于负指数分布，$P(\lambda_k,\ t)=1-\exp(-\lambda_k t)$，则有：当 $i\neq j$ 时，若存在 $t_k\in T$：$M_i[t_k>M_j$，则 $q_{ij}=\lambda_k$，否则 $q_{ij}=0$；当 $i=j$ 时，$q_{ii}=-\sum\limits_k\lambda_k$。

设 MC 中 n 个状态的稳态概率是一个行向量 $\boldsymbol{X}=(x_1,\ x_2,\ \cdots,\ x_n)$，则根据马尔科夫过程有下列方程组：

$$\begin{cases}\boldsymbol{XQ}=0\\ \sum\limits_i x_i=1\end{cases}\tag{7-3}$$

解方程组（7-3），即可求得每个可达托肯的稳态概率 $P[M_i]=x_i$，$i=1$、2、…、n。

另一方面，可以直接列出所有平衡状态方程，对于任一托肯 $M_i\in[M_0>$，若所有 M_j，$M_k\in[M_0>$，且有 $M_i[t_j>M_j$，$M_k[t_k>M_i$，则有方程组（7-4）：

$$\begin{cases}\left(\sum\limits_j\lambda_j\right)x_i=\sum\limits_k\lambda_k x_k \qquad i=1,\ 2,\ \cdots,\ n-1\\ \sum\limits_i x_i=1\end{cases}\tag{7-4}$$

常用的性能指标如下：

（1）每个状态 M 中的延迟时间 $\tau(M)$ 估计。在每个可达托肯 $M\in[M_0>$ 中延迟的时间是以 $-q_{ii}$ 为参数的随机变量。对于负指数分布，则有 $\tau(M)$ 的概率密度函数为 $f(x)=-\dfrac{1}{q_{ii}}\mathrm{e}^{\frac{1}{q_{ii}}x}$，其平均值为

$$\overline{\tau}(M)=-\frac{1}{q_{ii}}=\frac{1}{\sum\limits_{k\in H}\lambda_k}\tag{7-5}$$

式（7-5）中，H 为 M 可激发的所有变迁的集合。

（2）令 $M_i[t_k > M_j$，在 M_i 状态的延迟时间 $\tau(M_i \mid M_j)$。$\tau(M_i \mid M_j)$ 是以 q_{ij} 为参数的随机变量。对于负指数分布，$\tau(M_i \mid M_j)$ 的概率密度函数为 $f(x) = \frac{1}{q_{ij}} e^{-\frac{1}{q_{ij}}x}$，其平均值为

$$\bar{\tau}(M_i \mid M_j) = \frac{1}{q_{ij}} = \frac{1}{\lambda_k}, \ i \neq j \tag{7-6}$$

（3）托肯概率分布。对于所有 $s \in P$，$i \in N$，N 为自然数的集合，令 $P[M(s) = i]$ 表示库所 s 中包含 i 个托肯的概率，则可从托肯的稳定概率求得库所 s 的托肯概率分布如下：

$$P[M(s) = i] = \sum_j P[M_j] \tag{7-7}$$

其中，$M_j \in [M_0 >$，且有 $M_j(s) = i$。

（4）库所中的平均托肯数。对于所有 $s_i \in P$，$\bar{u}_i$ 表示在稳定状态下，库所 s_i 在任一可达库所中平均所含有的托肯数，则

$$\bar{u}_i = \sum_j jP[M(s_i) = j] \tag{7-8}$$

一个库所集 $S_j \subseteq P$ 的平均托肯数是 S_j 中每个库所 $s_i \in S_j$ 的平均托肯数之和，记为 $\bar{N}_j$，则有

$$\bar{N}_j = \sum_{s_i \in S_j} \bar{u}_i$$

（5）变迁利用率。对于所有 $t \in T$ 的利用率 $U(t)$ 等于可激发的所有托肯的稳态概率之和，即

$$U(t) = \sum_{M \in E} P[M] \tag{7-9}$$

式中，E 是使 t 可激发的所有可达托肯集合。

（6）变迁的托肯流速。对于所有 $t \in T$ 的托肯流速是指单位时间内流入 t 的后置库所 s 的平均标记数 $R(s, t)$，即

$$R(t, s) = W(t, s)U(t)\lambda \tag{7-10}$$

式中，λ 是使 t 可激发的平均激发速率。

（7）系统最长和最短延迟时间估计。利用 SFPN-SD 模型的可达图，Floyd-Petri 网的最短路算法，可以计算出从任意两个可达状态间 $M_i \to M_j$ 的系统演化最长和最短延迟时间。计算时注意，延迟时间包括节点延迟时间 $\tau(M_i)$ 和节点间延迟时间 $\tau(M_i \mid M_j)$。

上述性能指标的现实含义要依据具体问题进行解释，不存在统一的解释。

7.4　应用实例

7.4.1　交通与能源需求的动力学关联性分析

图 7-5 依据文献［2］所给出的交通与能源需求系统 SD 模型（本章对其略作了一定的修改），其对应的 SFPN-SD 模型如图 7-6 所示，图 7-6 中给出了该 SFPN-SD 模型中各库所和变迁的含义。与图 7-5 描述的 SD 模型相比，图 7-6 所示的 SFPN-SD 模型描述系统行为更合逻辑，动感性和可读性更强。图 7-5 所示的 SD 模型中延迟在其对应的 SFPN-SD 模型表现为变迁激发的延迟，物理含义明确。该 SFPN-SD 模型中的各变迁均是水平变迁，各库所均是水平库所，水平库所 p_1、p_2、…、p_{11} 对应的状态变量分别为 sp_1、sp_2、…、sp_{11}。

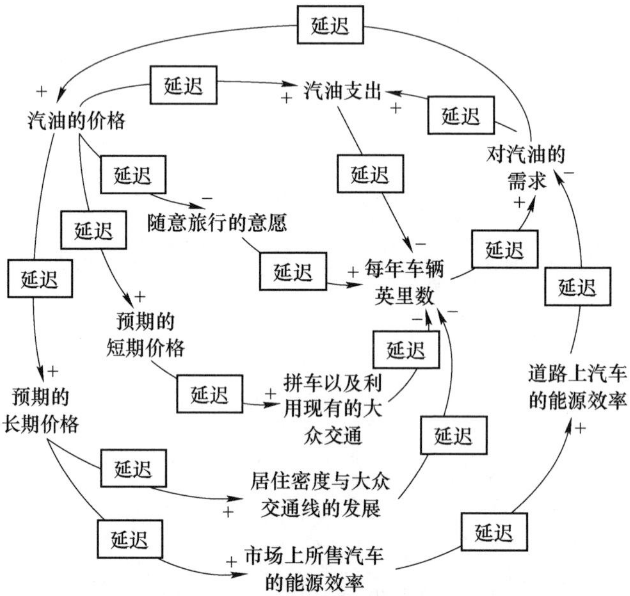

图 7-5　交通与能源需求相关性分析的 SD 模型

现在我们假定图 7-5 中的延迟时间都是随机变量，且均服从负指数分布。也就是说，其对应的 SFPN-SD 模型中的变迁 $t_1 \sim t_{16}$ 的延迟时间 DEL 都是随机变量，分别服从参数为 $\lambda_1 \sim \lambda_{16}$ 的负指数分布，其值分别为 $\lambda_1=1$、$\lambda_2=4$、$\lambda_3=0.5$、$\lambda_4=0.5$、$\lambda_5=1$、$\lambda_6=0.5$、$\lambda_7=4$、$\lambda_8=4$、$\lambda_9=4$、$\lambda_{10}=10$、$\lambda_{11}=10$、$\lambda_{12}=1$、$\lambda_{13}=0.5$、$\lambda_{14}=0.5$、$\lambda_{15}=10$、$\lambda_{16}=1$（次数/月）；变迁 t_8 的输入弧是条件弧，用虚线表示，变迁 t_8 激发满足的条件是 $p_7>8$。若采用 SD 方法对图 7-5 所示的 SD 模型进行模拟是困难的，特别是对其性能分析更困难。但是，对于图 7-6 所示的 SFPN-SD 模型，则进行系统模拟和性能分析变得很容易。该 SFPN-SD 模型对应的可达图如图 7-7 所示，其对应的 MC 如表 7-1 所示。

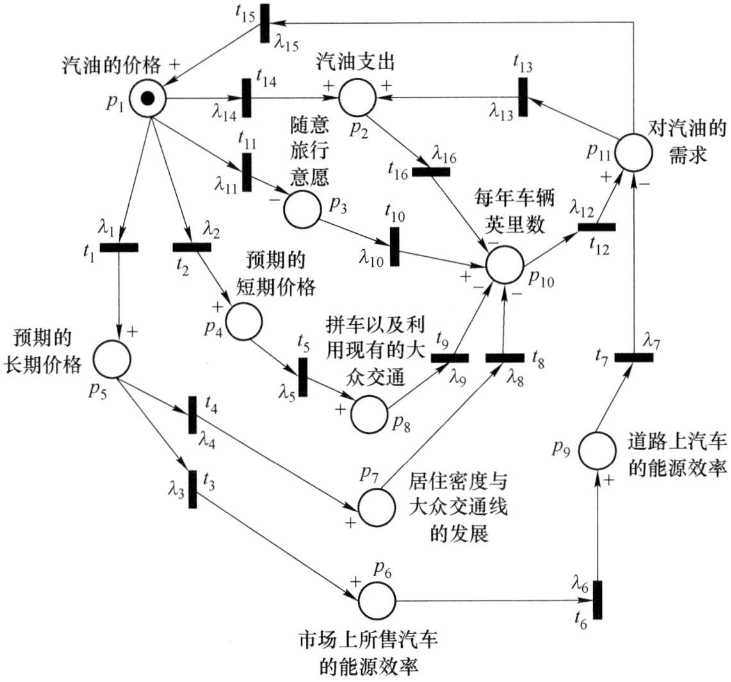

图 7-6 交通与能源需求相关性分析的 SFPN-SD 模型

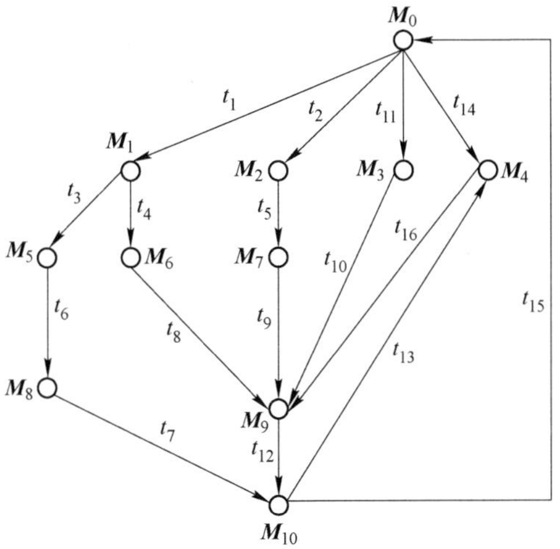

图 7-7 SFPN-SD 模型对应的可达图

表 7-1　SFPN-SD 模型对应的 MC

	p_1	p_2	p_3	p_4	p_5	p_6	p_7	p_8	p_9	p_{10}	p_{11}
M_0	1	0	0	0	0	0	0	0	0	0	0
M_1	0	0	0	0	1	0	0	0	0	0	0
M_2	0	0	0	1	0	0	0	0	0	1	0
M_3	0	0	1	0	0	0	0	0	0	0	0
M_4	0	1	0	0	0	0	0	0	0	0	0
M_5	0	0	0	0	0	1	0	0	0	0	0
M_6	0	0	0	0	0	0	1	0	0	0	0
M_7	0	0	0	0	0	0	0	1	0	0	0
M_8	0	0	0	0	0	0	0	0	1	0	0
M_9	0	0	0	0	0	0	0	0	0	1	0
M_{10}	0	0	0	0	0	0	0	0	0	0	1

基于图 7-7 所示的可达图，先求出 $\boldsymbol{Q}$ 矩阵，如表 7-2 所示。

表 7-2　图 7-7 所示的可达图的 Q 矩阵

	M_0	M_1	M_2	M_3	M_4	M_5	M_6	M_7	M_8	M_9	M_{10}
M_0	−15.5	1	4	10	0.5	0	0	0	0	0	0
M_1	0	−1	0	0	0	0.5	0.5	0	0	0	0
M_2	0	0	−1	0	0	0	0	1	0	0	0
M_3	0	0	0	−10	0	0	0	0	0	10	0
M_4	0	0	0	0	−1	0	0	0	0	1	0
M_5	0	0	0	0	0	−0.5	0	0	0.5	0	0
M_6	0	0	0	0	0	0	−4	0	0	4	0
M_7	0	0	0	0	0	0	0	−4	0	4	0
M_8	0	0	0	0	0	0	0	0	−4	0	4
M_9	0	0	0	0	0	0	0	0	0	−1	1
M_{10}	10	0	0	0	0.5	0	0	0	0	0	−10.5

或由式（7-4）可得出平衡状态方程：

$$\begin{cases}15.5x_0 = 10x_{10} \\ x_0 = x_1 \\ 4x_0 = x_2 \\ 10x_0 = 10x_3 \\ 0.5x_0 + 0.5x_{10} = x_4 \\ 0.5x_1 = 0.5x_5\end{cases} \quad \begin{cases}0.5x_1 = 4x_6 \\ x_2 = 4x_7 \\ 4x_6 + 4x_7 + 10x_3 + x_4 = x_9 \\ 0.5x_5 = 4x_8 \\ 4x_8 + x_9 = 10.5x_{10} \\ \sum_{i=0}^{10} x_i = 1\end{cases} \tag{7-11}$$

显然，表 7-2 对应的 $\boldsymbol{Q}$ 矩阵所表示的方程组与方程组（7-9）是等价的。解此方程组（7-11）可得：

$x_0 = 0.0359$，$x_1 = 0.0359$，$x_2 = 0.1436$，$x_3 = 0.0359$，$x_4 = 0.0458$，$x_5 = 0.0359$，$x_6 = 0.0045$，$x_7 = 0.0359$，$x_8 = 0.0045$，$x_9 = 0.5664$，$x_{10} = 0.0557$。

利用式（7-5）可以计算出各状态 $M_0 \sim M_{10}$ 的平均延迟时间 $\bar{\tau}(M)$ 分别为 0.0645、1.0、1.0、0.1、1.0、2.0、0.25、0.25、0.25、1.0、0.1。

利用式（7-6）可以计算出 $M_i[t_k > M_j$ 的平均延迟时间，如表 7-3 所示。

表 7-3 M_i [t_k>M_j的平均延迟时间 $\bar{\tau}$（M_i | M_j）

	M_0	M_1	M_2	M_3	M_4	M_5	M_6	M_7	M_8	M_9	M_{10}
M_0	0	1	0.25	0.1	2.0						
M_1		0				2.0	2.0				
M_2			0					1.0			
M_3				0						0.1	
M_4					0					1.0	
M_5						0			2.0		
M_6							0			0.25	
M_7								0		0.25	
M_8									0		0.25
M_9										0	1.0
M_{10}	0.1				2.0						0

利用 $\bar{\tau}(M)$ 和 $\bar{\tau}(M_i \mid M_j)$，可以计算出能源需求系统对汽油价格变化最长反应时间为 6.2645，对应路径为 $M_0 \rightarrow M_4 \rightarrow M_9 \rightarrow M_{10} \rightarrow M_0$；最短反应时间为 2.5645，对应路径为 $M_0 \rightarrow M_3 \rightarrow M_9 \rightarrow M_{10} \rightarrow M_0$。

利用式（7-7）可以计算出托肯的概率分布，如表 7-4 所示。

表 7-4 托肯的概率分布

	p_1	p_2	p_3	p_4	p_5	p_6	p_7	p_8	p_9	p_{10}	p_{11}
$P[M(p)=1]$	0.0359	0.0359	0.1436	0.0359	0.0458	0.0359	0.0045	0.0359	0.0045	0.5664	0.0557
$P[M(p)=0]$	0.9641	0.9641	0.8564	0.9641	0.9542	0.9641	0.9955	0.9641	0.9955	0.4336	0.9443

利用式（7-8）可以计算出库所中的平均托肯数 $\bar{u}_1 \sim \bar{u}_{11}$ 分别为 0.0359、0.0359、0.1436、0.0359、0.0458、0.0359、0.0045、0.0359、0.0045、0.5664、0.0557。

利用式（7-9）可以计算出变迁利用率 $U(t_1) \sim U(t_{16})$ 分别为 0.0359、0.0359、0.0359、0.0359、0.1436、0.0359、0.0045、0.0045、0.0359、0.0359、0.0359、0.5664、0.0557、0.0359、0.0557、0.0458。

利用式（7-10）可以计算出变迁的托肯流速 $R(t, s)$，如表 7-5 所示。

表 7-5 变迁的托肯流速 $R(t, s)$

	p_1	p_2	p_3	p_4	p_5	p_6	p_7	p_8	p_9	p_{10}	p_{11}
t_1					0.0359						
t_2				0.1436							
t_3						0.0180					
t_4							0.0180				
t_5								0.1436			
t_6									0.0718		
t_7											0.0180
t_8										0.0180	
t_9										0.1436	
t_{10}										0.3591	
t_{11}			0.3591								
t_{12}											0.5664
t_{13}		0.0278									
t_{14}		0.0180									
t_{15}	0.5566										
t_{16}										0.0458	

图 7-8 描述了当汽油价格随时间上涨时，能源需求系统中的其他因素如预期的短期价格、预期的长期价格、随意的旅行、市场上所售汽车的能源效率、居住

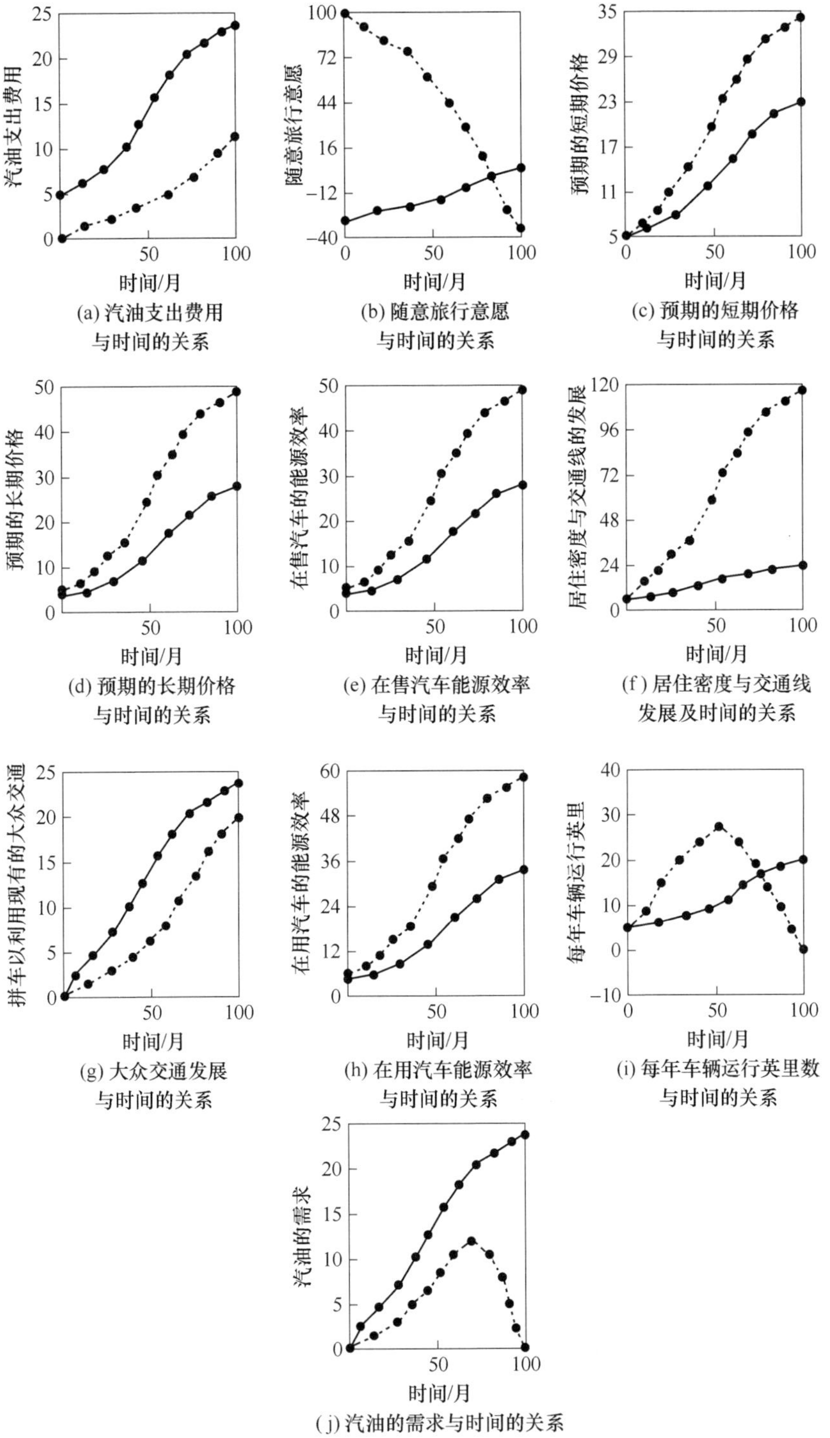

(a) 汽油支出费用与时间的关系
(b) 随意旅行意愿与时间的关系
(c) 预期的短期价格与时间的关系
(d) 预期的长期价格与时间的关系
(e) 在售汽车能源效率与时间的关系
(f) 居住密度与交通线发展及时间的关系
(g) 大众交通发展与时间的关系
(h) 在用汽车能源效率与时间的关系
(i) 每年车辆运行英里数与时间的关系
(j) 汽油的需求与时间的关系

图 7-8　交通与能源需求动态行为

密度与大众交通线的发展、拼车以及利用现有的大众交通、每年车辆英里数等对汽油价格上涨的反应模拟曲线。

在图 7-8 中，图（a）~（j）中的实线代表汽油价格随时间的变化曲线，各分图中的虚线分别代表汽油支出费用、随意旅行意愿、预期的短期价格、预期的长期价格、市场上所售汽车的能源效率、居住密度与大众交通线的发展、拼车以及利用现有的大众交通、道路上在用汽车的能源效率、每年车辆运行英里数、对汽油的需求等因素对汽油价格上涨的反应。能源需求系统中各种因素的反应如表 7-6 所示。从表 7-6 可以看出，当汽油价格随时间上升时，能源需求系统中的各种因素的反应与实际情况相符。

表 7-6　能源需求系统中各种因素的反应

能源需要系统各因素	对汽油价格随时间不断上升时的反应	反应速度超前或滞后
汽油支出费用	跟随上升	滞后
随意旅行意愿	跟随下降	无超前或滞后
预期的短期价格	跟随上升	超前
预期的长期价格	跟随上升	超前
市场上所售汽车的能源效率	跟随上升	超前
居住密度与大众交通线的发展	跟随上升	超前
拼车以及利用现有的大众交通	跟随上升	滞后
道路上汽车的能源效率	跟随上升	超前
每年车辆英里数	先上升后下降	超前
对汽油的需求	先上升后下降	滞后

7.4.2　矿尘迁移致生态环境系统级联毁坏的动力学关联性分析

矿产资源开采必然会产生大量粉尘和废气。粉尘在大气中扩散会造成矿区大气受到污染，增加大气中粉尘类污染物的含量；粉尘可以通过自然沉降或者随降水沉降等方法脱离大气环境，从而减少大气中该类型的污染物含量。废气中的二氧化硫、氮氧化物等污染物有与粉尘的迁移相似的行为。在自然风力等作用力影响下，各类污染物向关联区域迁移，在此过程中，二氧化硫、氮氧化物将发生复杂的化学反应，经由三氧化硫、亚硫酸、二氧化氮最终转变为硫酸和硝酸，这两者是酸雨中酸分的主要来源，酸雨对森林生态系统有显著的毁坏作用。粉尘和废气迁移至森林生态系统后影响森林正常生长，对森林造成毁坏作用；森林生态系统具备自修复能力，将修复各类原因造成的损害。

根据上述分析，可以建立简化的矿产资源开发致森林生态系统毁坏SFPN-SD模型，如图 7-9 所示。模型中的各节点含义，各库所和变迁的状态变量及其状态转移方程如表 7-7 所示。

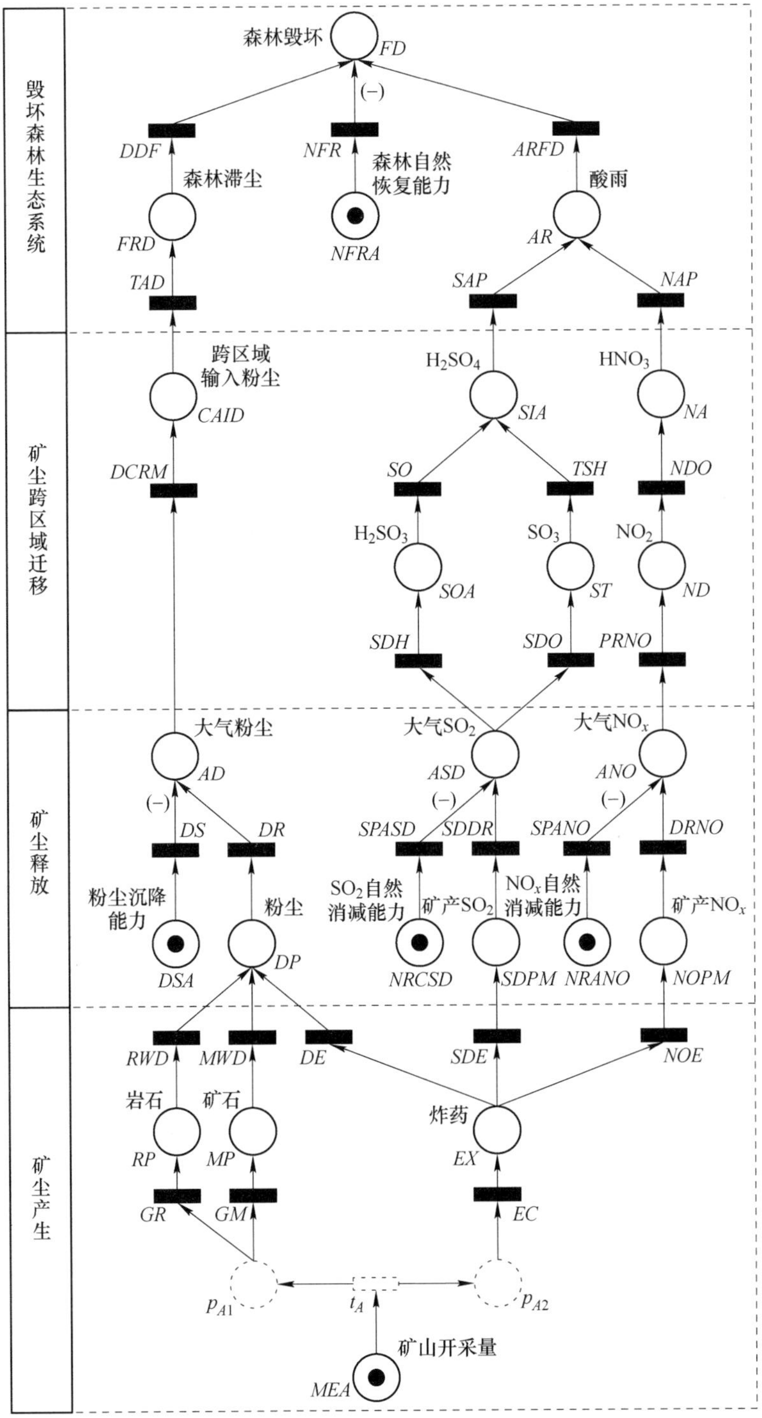

图 7-9 矿山开采致森林毁坏 SFPN-SD 模型

表 7-7 SFPN-SD 模型中各节点含义

节点名称	变量名	库所/变迁	计量单位	状态值计算方法	可(置)信度
矿山开采量	*MEA*	输入库所	万吨/DT	给定值：$MEA(t) = 30$	0.95
粉尘沉降能力	*DSA*	输入库所	t/DT	给定值：$DSA(t) = 450$	−0.6
SO_2自然消减能力	*NRCSD*	输入库所	t/DT	给定值：$NRCSD(t) = 10$	−0.6
NO_x自然消减能力	*NRANO*	输入库所	t/DT	给定值：$NRANO(t) = 5$	−0.5
森林自然恢复能力	*NFRA*	输入库所	hm^2/DT	给定值：$NFRA(t) = 10$	−0.4
消耗炸药	*EC*	速率变迁	t/万吨	给定值：$EC(t) = 1.00 \times ECR$	0.95
产出岩石	*GR*	速率变迁	当量/DT	给定值：$GR(t) = 0.3$	0.95
产出矿石	*GM*	速率变迁	当量/DT	给定值：$GM(t) = 0.65$	0.95
排放粉尘	*DE*	速率变迁	当量/DT	给定值：$DE(t) = 2$	1
排放 SO_2	*SDE*	速率变迁	当量/DT	给定值：$SDE(t) = 0.3$	1
排放 NO_x	*NOE*	速率变迁	当量/DT	给定值：$NOE(t) = 0.21$	1
岩石风化扬尘	*RWD*	速率变迁	t/万吨	给定值：$RWD(t) = 10$	0.6
矿石风化扬尘	*MWD*	速率变迁	t/万吨	给定值：$MWD(t) = 10$	0.55
粉尘释放	*DR*	速率变迁	当量/DT	给定值：$DR(t) = 0.9$	0.9
粉尘沉降	*DS*	速率变迁	当量/DT	给定值：$DS(t) = 1$	0.9
大气 SO_2自净化	*SPASD*	速率变迁	当量/DT	给定值：$SPASD(t) = 1$	0.9
SO_2扩散速率	*SDDR*	速率变迁	当量/DT	给定值：$SDDR(t) = 0.95$	0.9
大气 NO_x自净化	*SPANO*	速率变迁	当量/DT	给定值：$SPANO(t) = 1$	0.9
NO_x扩散速率	*DRNO*	速率变迁	当量/DT	给定值：$DRNO(t) = 0.95$	0.9
SO_2水解	*SDH*	速率变迁	当量/DT	给定值：$SDH(t) = 0.15 \times SDSARMM$	0.95
SO_2氧化	*SDO*	速率变迁	当量/DT	给定值：$SDO(t) = 0.15 \times SDSOARMM$	0.9
NO_x光化学反应	*PRNO*	速率变迁	当量/DT	给定值：$PRNO(t) = 0.3 \times NOPRRMM$	0.8
粉尘跨区域迁移	*DCRM*	速率变迁	当量/DT	给定值：$DCRM(t) = 0.4$	0.6
H_2SO_3氧化	*SO*	速率变迁	当量/DT	给定值：$SO(t) = 0.9 \times SOASIARMM$	0.9
SO_3水解	*TSH*	速率变迁	当量/DT	给定值：$TSH(t) = 0.95 \times SASIARMM$	0.8
NO_2氧化	*NDO*	速率变迁	当量/DT	给定值：$NDO(t) = 0.9 \times NDHNRMM$	0.8
吸附	*TAD*	速率变迁	当量/DT	给定值：$TAD(t) = 0.1$	0.85
H_2SO_4随降水降落	*SAP*	速率变迁	当量/DT	给定值：$SAP(t) = 0.6$	0.8
HNO_3随降水降落	*NAP*	速率变迁	当量/DT	给定值：$NAP(t) = 0.6$	0.85

续表 7-7

节点名称	变量名	库所/变迁	计量单位	状态值计算方法	可(置)信度
滞尘毁坏森林	*DDF*	速率变迁	当量/DT	给定值：$DDF(t) = 0.1$	0.75
酸雨毁坏森林	*ARFD*	速率变迁	当量/DT	给定值：$ARFD(t) = 0.2$	0.9
森林自然恢复	*NFR*	速率变迁	当量/DT	给定值：$NFR(t) = 1$	0.6
炸药	*EX*	库所	t	$EX(t) = MEA(t) \times EC(t)$	—
岩石	*RP*	库所	万吨	$RP(t) = MEA(t) \times GR(t)$	—
矿石	*MP*	库所	万吨	$MP(t) = MEA(t) \times GM(t)$	—
粉尘	*DP*	库所	t	$DP(t) = RP(t) \times RWD(t) + MP(t) \times MWD(t) + EX(t) \times DE(t)$	—
矿产 SO_2	*SDPM*	库所	t	$SDPM(t) = EX(t) \times SDE(t)$	—
矿产 NO_x	*NOPM*	库所	t	$NOPM(t) = EX(t) \times NOE(t)$	—
大气粉尘	*AD*	库所	t	$AD(t) = DP(t) \times DR(t) - DSA(t) \times DS(t)$	—
大气 SO_2	*ASD*	库所	t	$ASD(t) = SDPM(t) \times SDDR(t) - NRCSD(t) \times SPASD(t)$	—
大气 NO_x	*ANO*	库所	t	$ANO(t) = NOPM(t) \times DRNO(t) - NRANO(t) \times SPANO(t)$	—
H_2SO_3	*SOA*	库所	t	$SOA(t) = ASD(t) \times SDH(t)$	—
SO_3	*ST*	库所	t	$ST(t) = ASD(t) \times SDO(t)$	—
NO_2	*ND*	库所	t	$ND(t) = ANO(t) \times PRNO(t)$	—
H_2SO_4	*SIA*	库所	t	$SIA(t+1) = SIA(t) + SOA(t) \times SO(t) + ST(t) \times TSH(t)$	—
HNO_3	*NA*	库所	t	$NA(t+1) = NA(t) + ND(t) \times NDO(t)$	—
跨区域输入粉尘	*CAID*	库所	t	$CAID(t+1) = CAID(t) + AD(t) \times DCRM(t)$	—
酸雨含酸量	*AR*	库所	t	$AR(t) = SIA(t) \times SAP(t) + NA(t) \times NAP(t)$	—
森林滞尘	*FRD*	库所	t	$FRD(t) = CAID(t) \times DDF(t)$	—
森林毁坏	*FD*	库所	hm^2	$FD(t+1) = FD(t) + AR(t) \times ARFD(t) + FRD(t) \times DDF(t) - NFRA(t) \times NFR(t)$	—

注：DT 为单位时间，如日（d）、月（m）、年（a）等；*ECR* 为炸药消耗率；*SDSARMM* 为 SO_2 水化反应物与生成物分子量比；*SDSOARMM* 为 SO_2 水化反应物与生成物分子量比；*NOPRRMM* 为 NO_x 光化学反应反应物与生成物分子量比；*SOASIARMM* 为 H_2SO_3 氧化反应物与生成物分子量比；*SASIARMM* 为 SO_3 水解反应物与生成物分子量比；*NDHNRMM* 为 NO_2 氧化分子量比。

时间单位 DT 按年计算，系统模拟时长为 10a，*ECR* = 13，*SDSARMM* = 1. 28，*SDSOARMM* = 1. 25，*NOPRRMM* = 1. 26，*SOASIARMM* = 1. 19，*SASIARMM* = 1. 22，*NDHNRMM* = 1. 35，除输入库所按照表 7-7 取值外，其他库所初始值均为 0，t = 1～10。运行该模型，可以得出，矿山资源开采初期，由于自然生态环境对污染具备一定的消纳能力，森林生态系统毁坏作用较低，但是随着开发过程不断继续，森林毁坏速率快速提高，最终将趋近一个稳定的高水平毁坏速度，如图 7-10、图 7-11 所示。

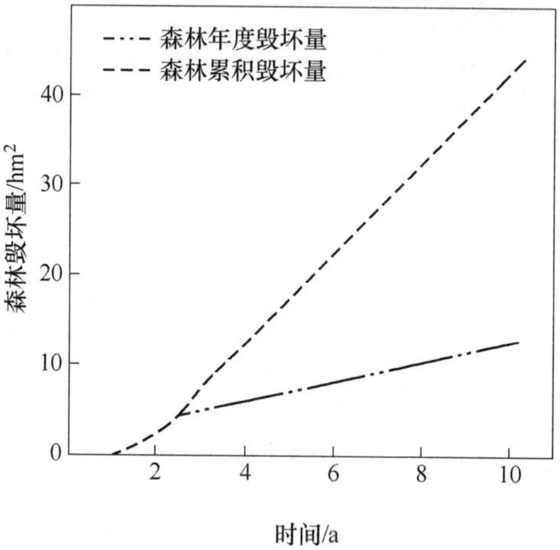

图 7-10　森林毁坏效果

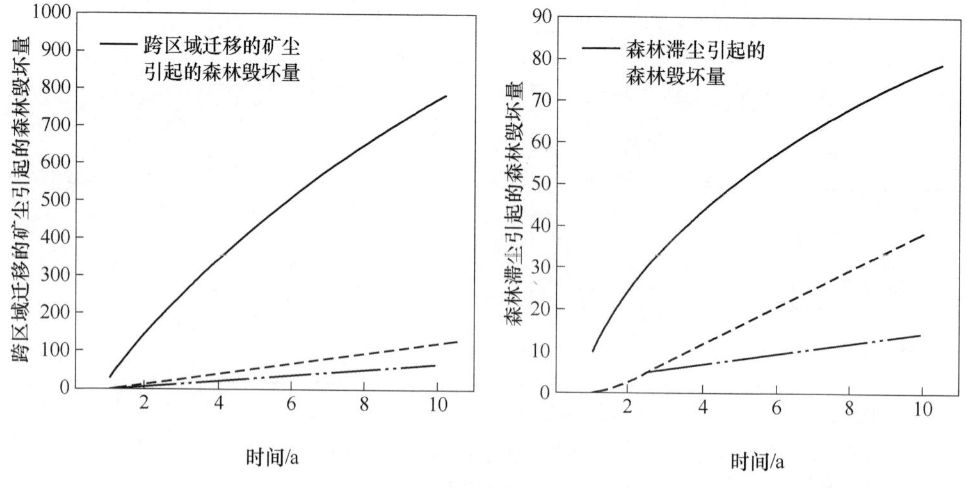

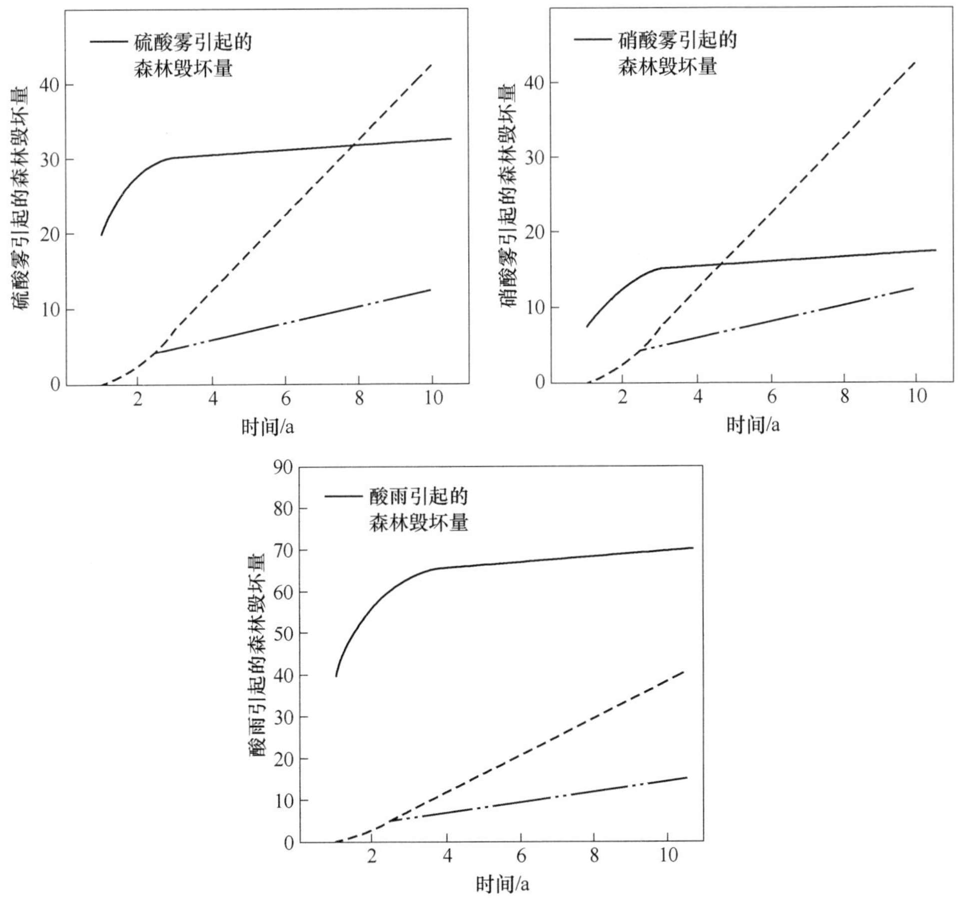

图 7-11 粉尘、酸雾与森林毁坏关系

7.5 本章小结

已经证明[15]，Petri 网的模拟能力与图灵机（Turing Machine）等价，是一种可用图形表示的组合模型，具有直观、易懂和易用的优点，对描述和分析并发现象具有独到之处。此外，Petri 网又是严格定义的数学模型，借助数学理论得出的 Petri 网分析方法和技术既可用于静态的结构分析，可用于动态的行为分析。Petri 网对于具有时间序列或因果关系的系统行为具有很好的描述。本章将 SFPN 和 SD 模型相结合而提出的 SFPN-SD 模型，很好地继承了 SD 模型的全部特征，同时，又将 SFPN 的全部特征融入到 SFPN-SD 模型中。与 SD 模型相比，SFPN-SD 模型具有如下优势：

（1）在 SFPN-SD 模型中，系统的状态及其类型的含义更明确；通过变迁的激发，使得状态的演变的过程更明确。

（2）在 SFPN-SD 模型中，系统变化动态性是通过事件激发的，而不是通过计算驱动的，从而更逼真地描述了复杂系统的自主动态演变。

（3）在 SFPN-SD 模型中，变迁的激发是通过托肯的移动而实现的，从而天然地实现了系统可以有条件或无条件转移。

（4）SFPN-SD 模型可以描述系统的随机性现象。

（5）SFPN-SD 模型的各种性能分析可更深入地揭示复杂系统的本质特征。

因此，SFPN-SD 模型要比 SD 模型具有更强、更全面对复杂系统的描述模拟能力。限于篇幅，本章只介绍了 SFPN-SD 模型的定义及其建模方法，给出了一个简单的例子说明了 SFPN-SD 模型的使用方法和优势。下一步的工作是：

（1）将随机高级 Petri 网与 SD 模型相结合，给出建模方法和应用案例，用以解决 SFPN-SD 模型中一部分变迁具有延时特征，另外一部分变迁没有延时特征的复杂系统模拟分析。

（2）提出 SFPN-SD 模型的模型抽象组织和模型精化设计方法。

（3）提出 SFPN-SD 模型的分解和压缩技术。

（4）提出 SFPN-SD 模型的性能界限求解技术。

（5）SFPN-SD 模型只涉及变迁的延迟具有随机性，当随机函数 Petri 网中的状态变量具有随机性时，如何解决此类 SFPN-SD 模型的性能分析问题。

参考文献

[1] Forrester J W. Industrial Dynamics [M]. Cambridge: The MIT Press, 1961: 78~80.

[2] 钟永光，贾晓菁，钱颖，等. 系统动力学 [M]. 2 版. 北京：科学出版社，2015：20~36.

[3] 陈国卫，金家善，耿俊豹. 系统动力学应用研究综述 [J]. 控制工程，2012，19（6）：921~928.

[4] 马国丰，陆居一. 国内外系统动力学研究综述 [J]. 经济研究导刊，2013，(6)：218~220.

[5] Ema S, Chou S Y, Chen C H. Air passenger demand forecasting and passenger terminal capacity expansion: A system dynamics framework [J]. Expert Systems with Applications, 2010, 37 (3): 2324~2339.

[6] 孙烨，梁冬梅. 系统动力学在环境保护中的应用 [J]. 安徽农业科学，2012，40（7）：4185~4187.

[7] 刘静华，贾仁安，袁新发. 反馈系统发展对策生成的顶点赋权反馈图法 [J]. 系统工程理论与实践，2011，48（3）：423~437.

[8] Shen Q P, Chen Q, Tang B S, Yeung S, et al. A system dynamics model for the sustainable land use planning and development [J]. Habitat International, 2009, 33 (1): 15~25.

[9] 王翠霞. 生态农业规模化经营策略的系统动力学仿真分析 [J]. 系统工程理论与实践，

2015，35（12）：3171~3181.

[10] 何力，刘丹，黄薇. 基于系统动力学的节水型城市激励机制研究［J］. 长江科学院院报，2010，27（6）：10~13，22.

[11] Xu J P，Li X F. Using system dynamics for simulation and optimization of one coal industry system under fuzzy environment［J］. Expert Systems with Applications，2011，38（9）：11552~11559.

[12] 周李磊，官冬杰，杨华. 重庆经济—资源—环境发展的系统动力学分析及不同情景模拟［J］. 重庆师范大学学报（自然科学版），2015，32（3）：320~333.

[13] 司训练，张锐，宋泽文. 累积环境影响评价方法研究综述［J］. 西安石油大学学报（社会科学版），2014，23（4）：11~16.

[14] 李琰，杨勇，钟念. 基于知识传播的集群聚集能力系统动力学研究［J］. 系统管理学报，2011，11（1）：94~97.

[15] 袁崇义. Petri 网原理与应用［M］. 北京：电子工业出版社，2005：10~30.

[16] 林闯. 随机 Petri 网和系统性能评价［M］. 2 版. 北京：清华大学出版社，2005：126~135.

[17] 黄光球. 网络攻击形式化建模理论［M］. 陕西科学技术出版社，2010：10~15.

[18] 胡运权，郭耀煌. 运筹学教程［M］. 北京：清华大学出版社，2012：226~256.

8 关联区域致霾污染物排放致生态环境系统毁坏的广义随机动力学关联分析

8.1 引言

系统动力学模型（System Dynamics，SD）[1]被誉为实际系统的实验室，是美国麻省理工学院（MIT）的 Jay W. Forrester 教授于 1956 年首创的一种运用结构、功能、历史相结合的方法，借助于计算机仿真而定量地研究非线性、多重反馈、复杂时变系统的系统分析技术[2]。SD 加强了与控制理论、系统科学、结构稳定性分析、灵敏度分析、参数估计、最优化技术应用等方面的联系，已在世界范围内广泛地传播和应用，获得了许多新的发展[3,4]。多年来，大量学者采用 SD 方法来研究社会经济问题，涉及社会的方方面面，相应的研究至今依然层出不穷[5~27]。在 SD 的技术理论研究方面，目前主要体现在：（1）SD 系统的结构与功能、行为的关系研究，如系统的突变、非平衡、震荡等现象的内在机制揭示、主回路判别方法研究等[28]；（2）SD 模型的简化、降阶、参数估计、通用模型基本单元提取、噪声的影响、不确定性分析、风险分析、可靠性分析、混合建模等[28]；（3）SD 模型的检验与可信度研究；（4）SD 模型与系统行为的优化，如系统结构、参数与边界的优化[28]；（5）SD 与其他理论的关系，如 SD 与复杂网络的关系、SD 与复杂性科学的关系，等等[4,28]。在 SD 方法研究方面，主要体现在：因果与相互关系回路图建模法、流图建模法、图解分析建模法、基本入树建模法、反馈环计算建模法等[1,28]。

然而，尽管 SD 模型已在大量领域取得广泛应用，但该模型仍存在如下缺点：

（1）SD 模型的动态性是计算驱动的。也就是 SD 模型的动态性是通过计算才有所体现，这与复杂系统的自主动态演变有所差异。

（2）SD 模型图中的顶点的含义是定性的，没有任何一个复杂系统所拥有的基本要素——系统状态——这一基本含义。

（3）SD 模型图中每个顶点间的转换是无条件的。然而，在现实世界确实存在这样的复杂系统，其中某个节点（对应于 SD 图中的顶点）转移到其他某个节点是有条件的。

（4）SD 模型难以描述具有随机延迟特征的复杂系统动态行为。

Petri 网是一种适合于描述复杂系统异步并发现象的系统模型[29]，Petri 网既有严格的形式定义，又有直观的图形表示；既有丰富的系统描述手段和系统行为分析技术，又有坚实的数学基础[30]。

为了解决上述 SD 模型中存在的 4 个问题，本章将广义随机 Petri 网（Generalized Stochastic Petri-net，GSPN）[30]进行扩充，建立广义随机函数 Petri 网（Generalized Stochastic Function Petri-net，GSFPN），将 SD 和 GSFPN 相结合，从一个新的角度提出了一种新的系统动力学描述方法，即基于 GSFPN 的系统动力学模型，简称 GSFPN-SD 模型。该模型既保留了 SD 模型全部特征，又能融入 GSPN 的所有特征，特别是描述延迟具有随机性的现象，具有很强的复杂系统随机动态行为描述能力。

8.2 广义随机函数 Petri 网的定义

为了使 GSPN 能够描述 SD 模型，需要对基本 GSPN 进行扩充。下面给出广义随机函数 Petri 网 GSFPN 的定义。

定义 8.1 广义随机函数 Petri 网 GSFPN 的结构为一个 11 元组：

$$\mathrm{GSFPN} = (P,\ T,\ A,\ M,\ M_0,\ \boldsymbol{I},\ \boldsymbol{O},\ \lambda,\ S,\ F,\ G)$$

其中：

（1）$P = \{p_1,\ p_2,\ \cdots,\ p_n\}$ 是一个库所的有限集合；$T = \{t_1,\ t_2,\ \cdots,\ t_m\}$ 是一个变迁的有限集合；$P \cap T = \varnothing$；A 为流关系，且 $A \subseteq (S \times T) \cup (T \times S)$，$\mathrm{dom}(A) \cup \mathrm{cond}(A) = S \cup T$，$\mathrm{dom}(A) = \{x \mid \exists y:(x,\ y) \in A\}$，$\mathrm{con}(A) = \{x \mid \exists y:(y,\ x) \in A\}$；$M = \{\boldsymbol{M}_1,\ \boldsymbol{M}_2,\ \cdots,\ \boldsymbol{M}_n\}$ 是托肯的有限集合；M_0为 M 的初始值集合；$\boldsymbol{I}$：$P \to T$ 为输入矩阵，$\boldsymbol{I} = [\delta_{ij}]_{n\times m}$，$\delta_{ij}$ 为逻辑量，$\delta_{ij} \in \{0,\ 1\}$，当$p_i$是$t_j$的输入时，$\delta_{ij}=1$，当$p_i$不是$t_j$的输入时，$\delta_{ij}=0$，$i=1$、2、…、$n$，$j=1$、2、…、$m$；$\boldsymbol{O}$：$T \to P$ 为输出矩阵，$\boldsymbol{O} = [\gamma_{ij}]_{n\times m}$，$\gamma_{ij}$为逻辑量，$\gamma_{ij} \in \{0,\ 1\}$，当$p_i$是$t_j$的输出时，$\gamma_{ij}=1$，当$p_i$不是$t_j$的输出时，$\gamma_{ij}=0$，$i=1$、2、…、$n$，$j=1$、2、…、$m$；$\lambda = \{\lambda_1,\ \lambda_2,\ \cdots,\ \lambda_m\}$ 为变迁平均激发速率集合，$\lambda_i \in \lambda$ 是变迁 $t_i \in T$ 的平均激发速率，表示在可激发的情况下单位时间内平均激发次数，单位是（次数/单位时间），特别地，有时激发速率依赖于托肯，是托肯的函数，平均激发速率的倒数 $\tau_i = 1/\lambda_i$称为变迁 t_i的平均激发延时[30]；$S = \{S_1,\ S_2,\ \cdots,\ S_n\}$ 为库所状态的集合；F 为库所状态依时间变化函数的集合，$F = \{f_1,\ f_2,\ \cdots,\ f_n\}$；$G = \{g_1,\ g_2,\ \cdots,\ g_n\}$ 为库所托肯值依状态变化函数。

（2）A 中允许有禁止弧，禁止弧仅存在于从库阶到变迁的弧。禁止弧所连接的库阶的原可激发条件变为不可激发条件，原不可激发条件变为可激发条件，且在相连变迁激发时，没有托肯从相连的库阶中移出。

（3）变迁集 T 划分为两个子集：$T = T_t \cup T_i$，$T_t \cap T_i = \varnothing$，延时（timed）变迁集 $T_t = \{t_1,\ t_2,\ \cdots,\ t_k\}$，瞬时（immediate）变迁集 $T_i = \{t_{k+1},\ t_{k+2},\ \cdots,$

$t_m\}$，与延时变迁集相关联的平均变迁激发速率集合为 $\boldsymbol{\lambda}=\{\lambda_1,\ \lambda_2,\ \cdots,\ \lambda_k\}$。

（4）为在一个托肯 M 下多个可激发瞬时变迁定义一个随机开关，确定它们之间实施概率选择。

在 GSFPN 中，延时变迁的激发速率同 SPN 一样[30]，也可能依赖于托肯。

定义 8.2　对于一个广义随机函数 Petri 网 GSFPN = $(P,\ T;\ A,\ M,\ M_0,\ \boldsymbol{I},\ \boldsymbol{O},\ \lambda,\ S,\ F,\ G)$，若对任意一个库所 $p_i\in P$ 来说，其托肯值 $M_i\in M$ 是其状态 $S_i\in S$ 的函数，且时期 $t+1$ 的状态与时期 t 的状态有关联关系，即

$$S_i^{t+1}=f_i(S_i^t)\quad i=1,\ 2,\ \cdots,\ n$$

$$M_i^{t+1}=g_i(S_i^{t+1})\quad i=1,\ 2,\ \cdots,\ n$$

则称该类型的 GSFPN 为 SM 型 SFPN，简称 SM_GSFPN。

定义 8.3　对于一个广义随机函数 Petri 网 GSFPN = $(P,\ T;\ A,\ M,\ M_0,\ \boldsymbol{I},\ \boldsymbol{O},\ \lambda,\ S,\ F)$，若对任意一个库所 $p_i\in P$ 来说，其托肯值 $M_i\in M$ 不是其状态 $S_i\in S$ 的函数，但时期 $t+1$ 的状态与时期 t 的状态有关联关系，即

$$S_i^{t+1}=f_i(S_i^t)\quad i=1,\ 2,\ \cdots,\ n$$

则称该类型的 GSFPN 为 S 型 GSFPN，简称 S_GSFPN。

对于 SM_GSFPN，托肯的移动会改变库所的状态，而库所状态的改变会反过来影响托肯的移动。该特征可以模拟系统的级联变化；对于 S_GSFPN，托肯的移动会改变库所的状态，而库所状态的改变不会影响托肯的移动。该特征可以模拟系统的动态变化。

在本章中，我们将采用 GSFPN 描述的 SD 模型称为 GSFPN-SD 模型。

8.3　广义随机系统动力学模型的 GSFPN 表示法

8.3.1　系统动力学模型的 S_GSFPN 网表示

8.3.1.1　辅助变量的 S_GSFPN 网表示

辅助变量的 S_GSFPN 网表示如图 8-1 所示。图中，一个辅助变量对应一个库所，称为辅助库所，用虚线圆表示。辅助库所仅用于保存临时信息，不进行累积运算。

图 8-1　辅助变量的 S_GSFPN 网表示

8.3.1.2　水平变量的 S_GSFPN 网表示及随机性体现

水平变量的 GSPN 表示如图 8-2 所示。图中，一个水平变量对应一个库所，该库所称为水平库所。实心变迁 t_L 表示水平变量的累积过程，称为水平变迁。若

水平变迁存在时延，则用实心长方形表示，其时延是 $DEL>0$。时延 $DEL>0$ 的水平变迁称为延时水平变迁，延时水平变迁周围有时具有“（DEL）”标记；若水平变迁不存在时延，则用长棒表示，其时延是 0。时延为 0 的变迁又称瞬时水平变迁，瞬时水平变迁周围没有“（DEL）”标记。水平变迁 t_L 激发完成，相当于从输入变量（可以是 A 变量或 L 变量）变成输出变量（可以是 A 变量或 L 变量），因此，水平变迁 t_L 不表示任何变量。输入库所对应于时刻 J，输出库所对应于时刻 L，水平变迁 t_L 对应于时刻 K，$DEL=K-J$。由于 L 变量的状态不是托肯状态值的函数，因此，L 变量的 Petri 网是 S_GSFPN。

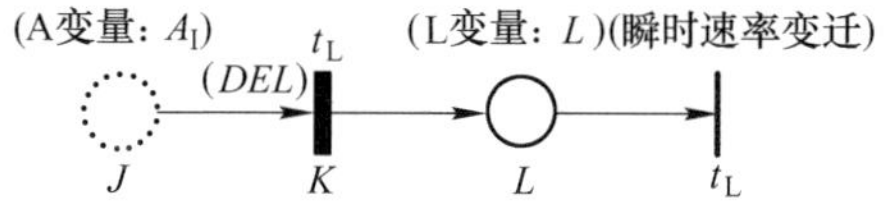

图 8-2　一个水平变量的 S_GSFPN 网表示

水平库所总是用实线圆表示，水平库所总是进行累积运算，即

$$L(t + DEL) = L(t) + DT \times (A_I(t) - R_2) \tag{8-1}$$

延时水平变迁 t_L 的延时 DEL 是服从某个分布的随机变量，延时水平变迁 t_L 从开始激发到激发完成所消耗的时间 DEL 是随机变量，在大多数情况下，DEL 服从负指数分布。

8.3.1.3　速率变量的 S_GSFPN 网表示及随机性体现

速率变量的 S_GSFPN 表示如图 8-3 所示。图中，一个空心变迁 t_R 对应于一个速率变量，该变迁 t_R 称为速率变迁。若一个速率变迁存在延时，此时该变迁 t_R 称为延时速率变迁，延时速率变迁周围有时具有“（DEL）”标记；若一个速率变迁不存在延时，此时该变迁 t_R 称为瞬时速率变迁，瞬时速率用空心虚线长方形表示，其周围没有“（DEL）”标记。速率变迁 t_R 激发完成，速率变量被传递。输入库所对应于一个 X 变量，X 变量可以是辅助变量（A 变量）或水平变量（L 变量），而输出库所也对应一个 X 变量。当输出库所是水平库所时，则用实线圆表示，如图 8-3（a）所示；若输出库对应一个 A 变量，则用虚线圆表示，如图 8-3（b）所示。当输出库所是辅助库所时，速率变迁 t_R 激发不存在时延，即输入库所、输出库所和速率变迁 t_R 均对应于时刻 J；当输出库所是水平库所时，速率变

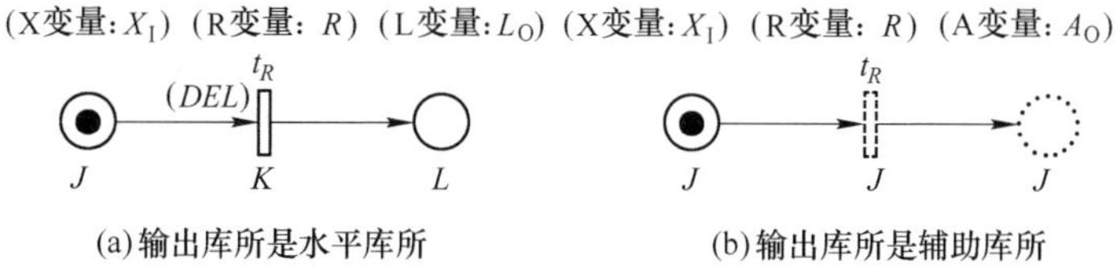

图 8-3　速率变量的 S_GSFPN 网表示

迁 t_R激发存在时延，即输入库所对应于时刻 J、输出库所对应于时刻 L 和速率变迁 t_R对应于时刻 K。

（1）假设输入库所对应的 X 变量为 X_{I}，输出库所对应的是水平变量 L_{O}，速率变迁 t_R对应的速率变量为 R，则变量 X_{I}、L_{O}与 R 三者之间的关系按水平变量处理，如式（8-1）所示。

（2）假设输入库所对应的 X 变量为 X_{I}，输出库所对应的是辅助变量 A_{O}，速率变迁 t_R对应的速率变量为 R，则变量 X_{I}、L_{O}与 R 三者之间的关系为

$$A_{\text{O}}(t) = X_{\text{I}}(t) \times R$$

即辅助库所保存临时信息 $A_{\text{O}}(t)$。由于 R 变量的状态不是托肯状态值的函数，因此，速率变量的 Petri 网是 S_GSFPN。

速率变迁 t_R的输出库所适当采用 L 变量或 A 变量来表示，可使 S_GSFPN 网描述问题更合乎逻辑、更细致。

类似地，延时速率变迁 t_R的延时 DEL 是服从某个分布的随机变量，速率变迁 t_R从开始激发到激发完成所消耗的时间 DEL 是随机变量，在大多数情况下，DEL 服从负指数分布。

8.3.1.4　SD 的因果关系链及其 S_GSFPN 网表示

SD 的因果关系链的 S_GSFPN 网表示与 S_SFPN 网相同。

8.3.2　GSFPN-SD 模型的性能特征

在 GSFPN-SD 模型中，如果在一个托肯 M 下，有若干个变迁构成一个可激发变迁集合 H，则有下列两种情形：

（1）如果 H 全部由延时变迁（包括延时水平变迁和延时速率变迁）组成，则 H 中任一延时变迁 t_i激发的概率为 $\dfrac{\lambda_i}{\sum\limits_{k \in H} \lambda_k}$。

（2）如果 H 包含若干瞬时变迁（包括瞬时水平变迁和瞬时速率变迁）和若干个延时变迁，或者不包含延时变迁，则只有瞬时变迁能被激发，延时变迁不能被激发。选择哪个瞬时变迁激发，要根据一个概率分布函数。H 的全部瞬时变迁所构成的子集连同相关的概率分布一起称为一个随机开关，相应的概率分布称为一个开关分布。不同的托肯可以分配同一个随机开关：它们具有相同的瞬时变迁集合并且定义同一个开关分布。若与一个可激发的瞬时变迁相关的概率为 0，则该变迁不能被激发。

在 GSFPN-SD 模型中，瞬时变迁的激发优先于延时变迁，其状态空间较相同问题的 SPN 有所减少。应该指出，一般情况下，一个 GSFPN-SD 模型的可达集是相关 GSFPN 可达集的一个子集，这是因为 GSFPN-SD 模型中瞬时变迁优先于延

时变迁的激发，从而造成一些托肯不可达。另外，GSFPN-SD 的可达集可以划分为两个不相交的子集：仅使延时变迁可激发的托肯集；可使瞬时变迁可激发的托肯集；前者托肯在稳定状态下有滞留时间，后者托肯没有滞留时间。这就为 GSFPN-SD 状态空间的化简提供了依据。通常为了使 GSFPN-SD 便于应用，假设下列条件成立：

（1）可达集是有穷的。

（2）变迁激发速率与时间无关（可能与托肯相关）。

（3）任何可达托肯返回初始托肯的概率不为零，亦即在可达集中的托肯相互之间都是可达的。

这样的可达图同构于一个齐次有穷状态、连续时间随机点过程（Stochastic Point Process，SPP），在 GSFPN-SD 中，托肯和 SPP 状态之间存在一一对应关系。由于 GSFPN-SD 中存在瞬时变迁的激发，相应的 SPP 的采样函数可能出现多个“断点”，即状态跃变，如图 8-4 所示。

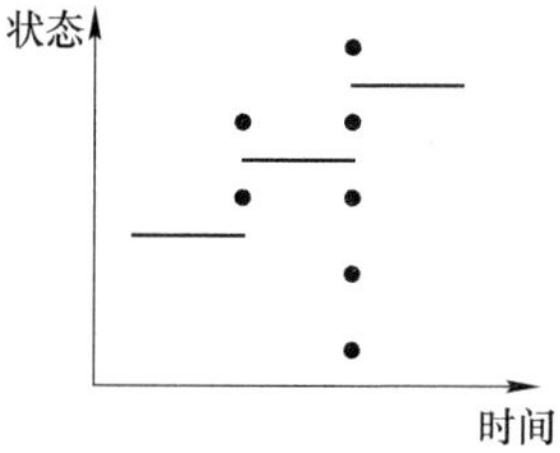

图 8-4 GSFPN-SD 所同构的 SPP 的采样函数

从图 8-4 可以看到，SPP 在那些仅使延时变迁可激发的托肯上有时间延迟，而在那些使瞬时变迁可激发的托肯上发生跃变。称前一种为实存状态，后一种为消失状态。于是，GSFPN-SD 的状态空间被分为两个不相交的子集：实存状态集和消失状态集。

8.3.3 GSFPN-SD 模型的稳定状态概率计算方法

求解 GSFPN-SD 的稳定状态概率分布的基本思路有两种：一种是矩阵法，另一种是可达图简化法。

8.3.3.1 矩阵法

矩阵法的基本思路是先将 GSFPN 同构于嵌入马尔可夫链 EMC，然后求解相应的 EMC，其操作步骤如下：

（1）将 GSFPN 可达集 S 分为两个不相交的集 S_1 和 S_2，假定 $|S|=n$。S_1 包含托肯：既不可实施任何瞬时变迁，也不是由瞬时变迁直接可达的，令 $|S_1|=k$，$S_1=\{S_{11}, S_{12}, \cdots, S_{1k}\}$；$S_2$ 包含其他托肯，$S_2=\{S_{21}, S_{22}, \cdots, S_{2(n-k)}\}$。

(2) 将 S_2分成几个子集 S_{2i}，$i=1$、2、…、l 和 S_{2T}。每一个 S_{2i}可包含一个仅使延时变迁可激发的托肯或者在瞬时变迁激发下几个可回归的托肯。S_{2T}包含了在瞬时变迁激发下的消失托肯。

(3) 求矩阵 $\boldsymbol{K}'$，$\boldsymbol{K}'$是 $(n-k)\times l$ 阶矩阵。$\boldsymbol{K}'$的确定方法是 S_2中的各状态分别到 $S_{2i}(i=1, 2, \cdots, l)$ 中的各状态的转移概率，即

$$\boldsymbol{K}' = \begin{array}{c} \begin{matrix} S_{21} & S_{22} & \cdots & S_{2l} \end{matrix} \\ \begin{bmatrix} 1 & 0 & \cdots & 0 \\ 0 & 1 & \cdots & 0 \\ \vdots & \vdots & \ddots & \vdots \\ 0 & 0 & \cdots & 1 \\ \boldsymbol{d}_1 & \boldsymbol{d}_2 & \cdots & \boldsymbol{d}_l \end{bmatrix} \end{array} \begin{matrix} S_{21} \\ S_{22} \\ \vdots \\ S_{2l} \\ S_{2T} \end{matrix}$$

由于 $S_{2i}\to S_{2i}$的概率为 1；当 $i\neq j$ 时，$S_{2i}\to S_{2j}$的概率为 0，故 $\boldsymbol{K}'$的上部仅对角元素为1，其余元素为0；$\boldsymbol{d}_i$是陷阱概率向量，表示从 S_{2T}中的状态到 S_{2i}状态的转移概率。

(4) 求矩阵 $\boldsymbol{K}''$，$\boldsymbol{K}''$是 $l\times(n-k)$ 阶矩阵。$\boldsymbol{K}''$的确定方法是 $S_{2i}(i=1, 2, \cdots, l)$ 中的各状态分别到 S_2中的各状态的转移概率，即

$$\boldsymbol{K}'' = \begin{array}{c} \begin{matrix} S_{21} & S_{22} & \cdots & S_{2T} \end{matrix} \\ \begin{bmatrix} \boldsymbol{W}_1^{\mathrm{T}} & 0 & \cdots & 0 \\ 0 & \boldsymbol{W}_2^{\mathrm{T}} & \cdots & 0 \\ \vdots & \vdots & \ddots & \vdots \\ 0 & 0 & \cdots & \boldsymbol{W}_l^{\mathrm{T}} \end{bmatrix} \end{array} \begin{matrix} S_{21} \\ S_{22} \\ \vdots \\ S_{2l} \end{matrix}$$

$\boldsymbol{W}_i$是具有状态空间 S_{2i}的 MC 的稳定状态概率向量。

(5) 求矩阵 $\boldsymbol{B}''$，$\boldsymbol{B}''$为 $k\times(n-k)$ 阶矩阵。$\boldsymbol{B}''$的确定方法是：$\boldsymbol{B}''$中元素表示从 S_1中的托肯到 S_2中托肯的转移速率，即

$$\boldsymbol{B}'' = \begin{array}{c} \begin{matrix} S_{21} & S_{22} & \cdots & S_{2(n-k)} \end{matrix} \\ \begin{bmatrix} b_{11} & b_{11} & \cdots & b_{1(n-k)} \\ \lambda_{21} & \lambda_{22} & \cdots & b_{2(n-k)} \\ \vdots & \vdots & \ddots & \vdots \\ b_{k1} & b_{k2} & \cdots & b_{k(n-k)} \end{bmatrix} \end{array} \begin{matrix} S_{11} \\ S_{12} \\ \vdots \\ S_{1k} \end{matrix}$$

(6) 求矩阵 $\boldsymbol{A}''$，$\boldsymbol{A}''$为 $k\times k$ 阶矩阵。$\boldsymbol{A}''$的确定方法是：除对角元素外，其他元素表示在集合 S_1中托肯之间的转移速率；$\boldsymbol{A}''$中的对角元素为：$\boldsymbol{A}''$每行元素加 $\boldsymbol{B}''$对应行元素之和的负值。

$$
A'' = \begin{array}{c} \\ \left[\begin{array}{cccc} a_{11} & a_{11} & \cdots & a_{1k} \\ a_{21} & a_{22} & \cdots & a_{2k} \\ \vdots & \vdots & \ddots & \vdots \\ a_{k1} & a_{k2} & \cdots & a_{kk} \end{array}\right] \end{array}
\begin{array}{c} \\ S_{11} \\ S_{12} \\ \vdots \\ S_{1k} \end{array}
\quad \text{（列：} S_{11}\ S_{12}\ \cdots\ S_{1k} \text{）}
$$

式中，$a_{ii} = -\left(\sum_{j=1}^{n-k} b_{ij} + \sum_{j=1,\ j\neq i}^{k} a_{ij}\right)$。

（7）求矩阵 $\boldsymbol{C}''$，$\boldsymbol{C}''$是 $(n-k)\times k$ 阶矩阵。$\boldsymbol{C}''$的确定方法是：其元素表示从 S_2 中托肯返回到 S_1 中托肯的转移速率，即

$$
C'' = \left[\begin{array}{cccc} c_{11} & c_{11} & \cdots & c_{1k} \\ c_{21} & c_{22} & \cdots & c_{2k} \\ \vdots & \vdots & \ddots & \vdots \\ c_{(n-k)1} & c_{(n-k)2} & \cdots & c_{(n-k)k} \end{array}\right]
\begin{array}{c} S_{21} \\ S_{22} \\ \vdots \\ S_{2(n-k)} \end{array}
\quad \text{（列：} S_{11}\ S_{12}\ \cdots\ S_{1k} \text{）}
$$

（8）求矩阵 $\boldsymbol{D}''$，$\boldsymbol{D}''$是 $(n-k)\times(n-k)$ 阶矩阵。$\boldsymbol{D}''$的确定方法是：除对角元素外，表示在 S_2 中托肯之间的转移速率。$\boldsymbol{D}''$中的对角元素为：$\boldsymbol{D}''$的每行元素和 $\boldsymbol{C}''$对应行元素之和的负值。

$$
D'' = \left[\begin{array}{cccc} d_{11} & d_{11} & \cdots & d_{1(n-k)} \\ d_{21} & d_{22} & \cdots & d_{2(n-k)} \\ \vdots & \vdots & \ddots & \vdots \\ c_{(n-k)1} & c_{(n-k)2} & \cdots & c_{(n-k)(n-k)} \end{array}\right]
\begin{array}{c} S_{21} \\ S_{22} \\ \vdots \\ S_{2(n-k)} \end{array}
\quad \text{（列：} S_{21}\ S_{22}\ \cdots\ S_{2(n-k)} \text{）}
$$

式中，$d_{ii} = -\left(\sum_{j=1}^{k} c_{ij} + \sum_{j=1,\ j\neq i}^{n-k} d_{ij}\right)$。

（9）求压缩状态 $\boldsymbol{A}'$的状态转移速率矩阵，其形式如下：

$$
A' = \begin{bmatrix} A'' & B''K' \\ K''C'' & K''D''K' \end{bmatrix} \tag{8-2}
$$

（10）令 $\boldsymbol{Y} = (P(M_{s1}),\ \cdots,\ P(M_{sk}))$ 表示压缩状态稳态概率行向量，则有

$$
\begin{cases} YA' = 0 \\ P(M_{s1}) + \cdots + P(M_{sk}) + P(M_{21}) + \cdots + P(M_{2l}) = 1 \end{cases} \tag{8-3}
$$

其中 $M_{si} \in S_1$，$1 \leqslant i \leqslant k$ 和 $M_{2i} = S_{2i}$，$1 \leqslant i \leqslant l$。

如果 S_{2i} 中包括 j 个托肯，则有

$$\begin{bmatrix} P(M_1^i) \\ \vdots \\ P(M_j^i) \end{bmatrix} = \boldsymbol{W}_i^{\mathrm{T}} P(M_{2i}) \quad 1 \leqslant i \leqslant l$$

公式（8-3）可求在瞬时变迁激发下几个可回归托肯集合中，每个托肯的稳定状态概率。

8.3.3.2　消失状态移除法

消失状态移除法是基于从嵌入的马尔可夫链 EMC 中移去消失状态，仅在压缩的 EMC 上计算实存状态之间的转移概率。

设 GSFPN 同构的 SPP 的状态空间描述为：状态空间集 S，元素个数 $|S| = K_s$；实存状态集 T，$|T| = K_t$；消失状态集 V，$|V| = K_v$；其中有 $S = T \cup V$，$T \cap V = \varnothing$，$K_s = K_t + K_v$。

若不考虑时间因素，仅考虑 GSFPN-SD 所可能处的状态及状态之间的转移，则与 GSPN-SD 同构的 SPP 可看成一个 EMC，该 EMC 的转移概率矩阵为

$$\begin{array}{c} \leftarrow K_v \rightarrow \leftarrow K_t \rightarrow \leftarrow K_v \rightarrow \leftarrow K_t \rightarrow \uparrow \\ \boldsymbol{U} = \boldsymbol{A} + \boldsymbol{B} = \begin{bmatrix} \boldsymbol{C} & \boldsymbol{D} \\ 0 & 0 \end{bmatrix} + \begin{bmatrix} 0 & 0 \\ \boldsymbol{E} & \boldsymbol{F} \end{bmatrix} \begin{array}{l} K_v \\ K_t \end{array} \\ \downarrow \end{array}$$

式中，$\boldsymbol{A}$ 中的元素是 EMC 由消失状态向消失状态集 $\boldsymbol{C}$ 和实存状态集 $\boldsymbol{D}$ 的转移概率，由随机开关分布所确定。矩阵 $\boldsymbol{B}$ 的元素表示 EMC 由实存状态向消失状态集 $\boldsymbol{E}$ 和实存状态集 $\boldsymbol{F}$ 的状态的转移概率，此矩阵是由时间变迁的激发速率确定的。

将 EMC 中的全部消失状态移出，只剩下实存状态，就可定义一个压缩的 EMC，即 REMC。现在的目标是求 REMC 的转移概率矩阵 $\boldsymbol{U}'$，它由原 EMC 的 $\boldsymbol{U}$ 确定。

设 i、j 表示 EMC 中的任意实存状态，即 $i, j \in T$，而 r、s 表示 EMC 中的任意消失状态，即 $r, s \in V$，c_{rs}、d_{rj}、e_{is}、f_{ij} 表示 $\boldsymbol{U}$ 子阵 $\boldsymbol{C}$、$\boldsymbol{D}$、$\boldsymbol{E}$、$\boldsymbol{F}$ 的元素。REMC 的 $\boldsymbol{U}' = [u'_{ij}]$，$u'_{ij}$ 表示从实存状态 i 向实存状态 j 的转移概率，计算如下：

$$u'_{ij} = f_{ij} + \sum_{r \in V} P_r[r \rightarrow j]$$

其中 $P_r[r \rightarrow j]$ 表示 EMC 沿着一条全部由消失状态构成中间状态的路径，路径包括任意步数，从消失状态 r 转移到实存状态 j 的概率。关于 $P_r[r \rightarrow j]$ 的求解不做详细讨论，它依赖于 $\boldsymbol{G}^{\infty}$ 矩阵的构成。矩阵 $\boldsymbol{G}^{\infty}$ 表达为

$$\boldsymbol{G} = \begin{cases} \left(\sum_{h=0}^{k_0} \boldsymbol{C}^h\right) \boldsymbol{D} & \text{在消失状态之间无循环} \\ [\boldsymbol{I} - \boldsymbol{C}]^{-1} \boldsymbol{D} & \text{在消失状态之间有循环} \end{cases}$$

$\boldsymbol{G}^{\infty}$ 矩阵的元素 g_{ij} 表示 SPP 从给定消失状态 r 出发经过任意步首次到达实存状态 j 的概率，显然有

$$P_r[r \to j] = g_{rj}$$

$$u'_{ij} = f_{ij} + \sum_{r \in V} e_{ir} g_{rj} \quad \forall i, j \in T$$

REMC 的转移概率矩阵 $\boldsymbol{U}'$ 可以表示为

$$\boldsymbol{U}' = \boldsymbol{F} + \boldsymbol{E}\boldsymbol{G}^{\infty}$$

求解 REMC，有下列线性方程组

$$\boldsymbol{Y} = \boldsymbol{Y}\boldsymbol{U}'$$

式中，$\boldsymbol{Y}$ 是一个行向量，其元素 Y_i 表示为 REMC 的实存状态的稳定状态概率分布，解释为与执行转移步数相关的量

$$1/Y_i = E[\text{返回状态 } i \text{ 所需转移的平均步数}]$$

选择 REMC 的一个状态 i 作为参考状态，则有

$$V_{ij} = \frac{Y_j}{Y_i}$$

表示 SPP 在连续两次访问状态 i 之间访问状态 j 的次数。

重新引入时间参数就可计算 SPP 的稳定状态概率。先计算 SPP 在每个状态上的平均驻留时间 ST_i

$$ST_i = \begin{cases} 0 & \forall i \in V \\ \left[\sum_{f \in H_i} r_f\right]^{-1} & \forall i \in T \end{cases}$$

式中，$H_i = \{$在实存状态 i 下可激发的变迁集$\}$。

SPP 返回参考状态 i 的平均时间称为平均周期时间 W_i

$$W_i = \sum_{j \in S} V_{ij} ST_j = \sum_{j \in T} V_{ij} ST_j$$

SPP 在状态 j 的稳定状态概率 P_j 为停留时间与周期时间之比

$$P_j = \frac{V_{ij} ST_i}{W_i} \quad j \in V$$

因此，SPP（GSFPN）的稳定状态概率最终可写成·

$$P_j = \begin{cases} 0 & j \in V \\ \dfrac{V_{ij} ST_i}{W_i} & j \in T \end{cases}$$

8.3.3.3 可达图简化法

可达图简化法实际上是消失状态移除法的图形化操作，其操作步骤如下：

(1) 同 8.3.3.1 节的步骤 (1)。

(2) 同 8.3.3.1 节的步骤 (2)。

(3) 将可达图中所有延时变迁换成对应的平均激发速率，所有瞬时变迁换成概率值 1，所有随机开发换成对应的开关分布；延时变迁、瞬时变迁和随机开关对应的弧分别称为延时变迁弧、瞬时变迁弧和随机开关弧。

(4) 对于 S_{2T} 中的某个消失状态 M，假设 M 有 in_1、in_2、…、in_a 条入弧；out_1、out_2、…、out_b 条出弧，进行如下处理：

1) 若 M 的 a 条入弧和 b 条出弧都是瞬时变迁弧，则删除 M 的 a 条入弧、b 条出弧，再删除消失状态 M。

2) 若 M 的所有入弧和出弧中既有延时变迁弧、随机开关弧，又有瞬时变迁弧，则只删除消失状态 M，将 M 的每一条入弧 in_i 分别与 M 的所有出弧 out_j，$j=1$、2、…、b，进行合并，形成 b 条新入弧，新入弧 in_{i-j} 对应的平均激发速率或开关分布为入弧 in_i 的平均激发速率、概率或开关分布与出弧 out_j 的平均激发速率、概率或开关分布的乘积。这样一来，状态 M 可产生 ab 条新入弧。

3) 简化后，若某个状态出现单向环弧，则删除该单向环弧。

(5) 不断重复步骤 (4)，即可将可达图简化成只有实存状态的可达图。

(6) 利用简化后的可达图，采用式 (8-3) 即可求出各实存状态的状态转移概率。

8.3.4　GSFPN-SD 模型的性能指标

利用 8.3.1 节和 8.3.2 节介绍的方法，可将一个延迟具有随机性的 SD 模型转化为 GSFPN-SD 模型。由于 GSFPN-SD 模型本质上是一个 GSFPN，所以，有关 GSFPN 的性能分析方法均可用于 GSFPN-SD 模型的性能分析。常用的性能指标如下：

(1) 每个实存状态 M 中的延迟时间 $\tau(M)$ 估计。在每个可达托肯 $M \in [M_0 >$ 中延迟的时间是以 $-q_{ii}$ 为参数的随机变量。对于负指数分布，则有 $\tau(M)$ 的概率密度函数为 $f(x)=-\dfrac{1}{q_{ii}}e^{\frac{1}{q_{ii}}x}$，其平均值为

$$\bar{\tau}(M)=-\frac{1}{q_{ii}}=\frac{1}{\sum\limits_{k\in H}\lambda_k}$$

式中，H 为 M 可激发的所有延时变迁的集合；$\boldsymbol{A}'=[q_{ij}]_{(k+l)\times(k+l)}$；$q_{ij}$ 为压缩状态 $\boldsymbol{A}'$ 的元素，q_{ii} 为 $\boldsymbol{A}'$ 的对角线元素。

(2) 令 $M_i[t_k > M_j$，在实存状态 $M_i \to M_j$ 的延迟时间 $\tau(M_i \mid M_j)$。$\tau(M_i \mid M_j)$ 是以 q_{ij} 为参数的随机变量。对于负指数分布，$\tau(M_i \mid M_j)$ 的概率密度函数为 $f(x)=\dfrac{1}{q_{ij}}e^{-\frac{1}{q_{ij}}x}$，其平均值为

$$\bar{\tau}(M_i \mid M_j) = \frac{1}{q_{ij}} = \frac{1}{\lambda_k} \quad i \neq j$$

（3）托肯概率分布。对于所有 $s \in Q$，Q 为 S_1 和 $S_{2i}(i=1,\ 2,\ \cdots,\ l)$ 所包含的库所集合，$i \in N$，N 为自然数的集合，令 $P[M(s)=i]$ 表示库所 s 中包含 i 个托肯的概率，则可从托肯的稳定概率求得库所 s 的托肯概率分布如下：

$$P[M(s)=i] = \sum_j P[M_j]$$

式中，$M_j \in [M_0>$，且有 $M_j(s)=i$。

（4）库所集 Q 中的平均托肯数。对于所有 $s_i \in Q$，$\bar{u}_i$ 表示在稳定状态下，库所 s_i 在任一可达库所中平均所含有的托肯数，则

$$\bar{u}_i = \sum_j jP[M(s_i)=j]$$

一个库所集 $S_j \subseteq Q$ 的平均托肯数是 S_j 中每个库所 $s_i \in S_j$ 的平均托肯数之和，记为 $\bar{N}_j$，则有

$$\bar{N}_j = \sum_{s_i \in S_j} \bar{u}_i$$

（5）延时变迁利用率。对于所有 $t \in T_D$ 利用率 $U(t)$ 等于可激发的所有托肯的稳态概率之和，即

$$U(t) = \sum_{M \in E} P[M]$$

式中，E 是使 t 可激发的所有可达托肯集合；T_D 为延时变迁的集合。

（6）延时变迁的托肯流速。对于所有 $t \in T_D$ 的托肯流速是指单位时间内流入 t 的后置库所 s 的平均标记数 $R(s,\ t)$，即

$$R(t,\ s) = W(t,\ s)U(t)\lambda$$

式中，λ 是使 t 可激发的平均激发速率。

（7）系统最长和最短延迟时间估计。利用 GSFPN-SD 模型的可达图，采用 Ford 算法[38]，可以计算出从任意两个可达状态间 $M_i \to M_j$ 的系统演化最长和最短延迟时间。计算时注意，延迟时间包括节点延迟时间 $\tau(M_i)$ 和节点间延迟时间 $\tau(M_i \mid M_j)$。

上述性能指标的现实含义要依据具体问题进行解释，不存在统一的解释。

8.4 应用实例

下面采用四个例子来说明本章的应用，其中 8.4.1 节描述的受矿尘污染危害后的生态系统毁坏过程仿真主要用来说明系统动力学模型的 S_GSFPN 网表示方法；8.4.2 节用来说明 GSFPN-SD 模型的稳定状态概率计算方法；8.4.3 节用来说明一个具体的应用——交通与能源需求仿真分析；8.4.4 节用来分析致霾污染

物排放致生态环境系统毁坏过程。

8.4.1 矿尘污染致病过程仿真

假定某村庄水源被矿尘污染后，引起村民发病。发病延迟期为 3 个月，把处于延迟期的村民 INC 划分为三部分，INC1、INC2、INC3 分别表示处于延迟期 1、2、3 个月的村民，则三阶指数延迟如图 8-5 所示。

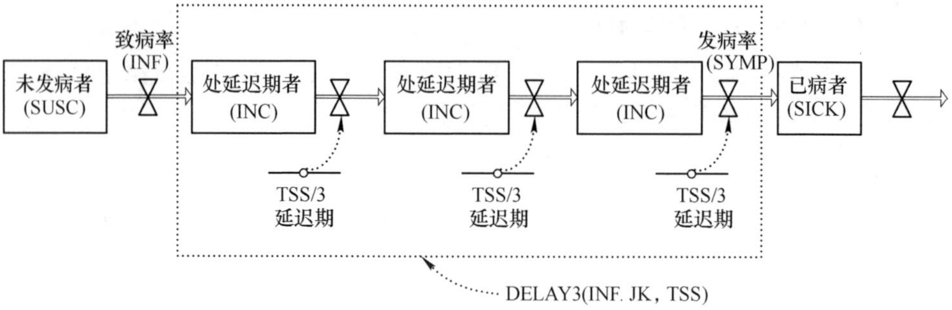

图 8-5　三阶指数延迟模型

依据 3. 2. 1~3. 2. 3 节介绍的水平变量、速率变量和辅助变量的 GSPN_FPN 表示规则，可以很方便地将图 8-5 所示的三阶指数延迟发病蔓延 SD 模型表示成 GSFPN-SD 模型，如图 8-6 所示。图中，有三个延时水平变迁：t_{L1}，t_{L2}，t_{L3}；两个瞬时水平变迁：t_{La}，t_{Lb}；三个瞬时速率变迁：t_{R1}，t_{R2}，t_{R3}；5 个辅助库所：INFN，INC1，INC2，ONCOME，TEREAT；3 个水平库所：INC3，RECOV，SICK；一个初始库所：SUSC。

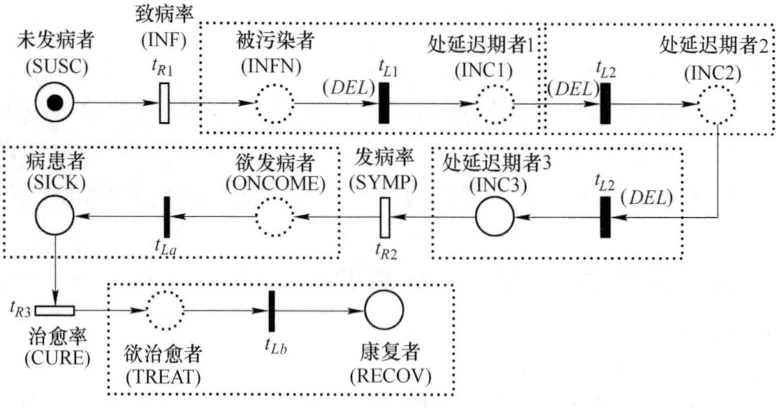

图 8-6　三阶指数延迟疾病蔓延 GSFPN-SD 模型

对比图 8-6 与图 8-5，可以发现 GSFPN-SD 模型比 SD 模型描述系统变化更细致，逻辑性更强，可读性更强。

8.4.2 GSFPN-SD 模型的稳定状态概率计算示例

图 8-7 是一个 GSFPN-SD 模型，图中，t_3、t_4、t_5、t_6为瞬时变迁，同时可激发的随机开关分别为 $S(3)$、$S(4)$、$S(5)$、$S(6)$， 其中，$S(3) = S(4) = S(5) = S(6) = 0.5$；$t_0$、$t_1$、$t_2$ 为延时变迁，其平均速率分别为 2、2、2 次/s。图 8-7 对应的可达图如图 8-8 所示。

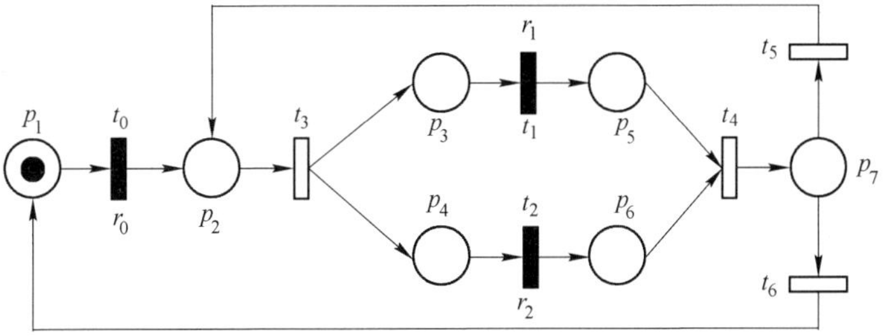

图 8-7 GSFPN-SD 模型的稳态概率计算示例

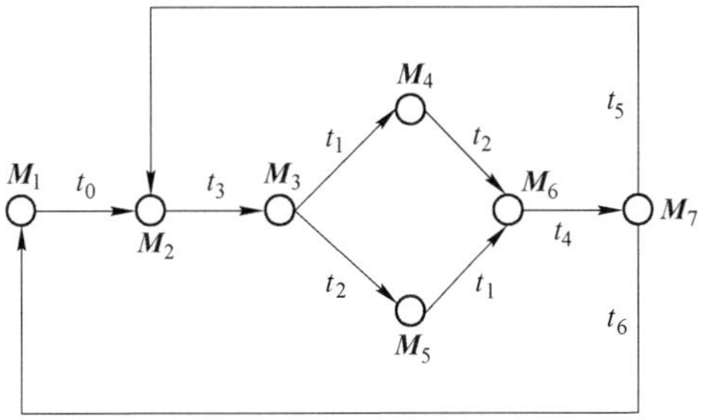

图 8-8 GSFPN-SD 模型的可达图

图 8-8 中的 $M_1 \sim M_7$的含义如表 8-1 所示。

表 8-1 $M_1 \sim M_7$的含义

	p_1	p_2	p_3	p_4	p_5	p_6	p_7
M_1	1	0	0	0	0	0	0
M_2	0	1	0	0	0	0	0
M_3	0	0	1	1	0	0	0
M_4	0	0	0	1	1	0	0
M_5	0	0	1	0	0	1	0
M_6	0	0	0	0	1	1	0
M_7	0	0	0	0	0	0	1

8.4.2.1　用矩阵法求解

GSFPN-SD 的可达集 $S = \{M_1, M_2, M_3, M_4, M_5, M_6, M_7\}$，其中，$M_1$和$M_2$可分别由瞬时变迁 t_6和 t_5激发后直接可达；M_3可由瞬时变迁 t_3激发后直接可达；M_4和 M_5既都不可激发任何瞬时变迁，又不由任何瞬时变迁激发后直接可达；M_6可激发瞬时变迁 t_4；M_7可激发瞬时变迁 t_5和 t_6。因此，S 可划分为两个不相交的集合 $S_1 = \{M_4, M_5\}$ 和 $S_2 = \{M_1, M_2, M_3, M_6, M_7\}$。

在 S_2中，M_3可使延时变迁 t_1或 t_2激发，故 $S_{21} = \{M_3\}$；M_1为由瞬时变迁 t_6和 t_5激发后回归的托肯，故 $S_{22} = \{M_1\}$；M_2，M_6和 M_7能使瞬时变迁激发，故 $S_{2T} = \{M_2, M_6, M_7\}$。

S_{2T}中的各状态到 $S_{2i}(i = 1, 2)$ 状态的可达关系如图 8-9 所示。图 8-9 中不含 S_1中的所有状态，且不含延时变迁。

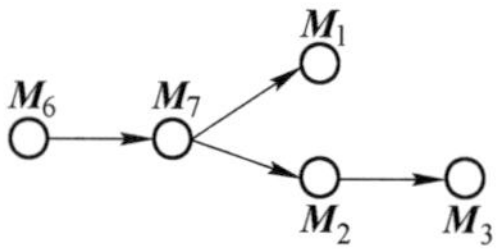

图 8-9　S_{2T}中的各状态到 $S_{2i}(i = 1, 2)$ 状态的可达关系

（1）$\boldsymbol{K}'$的确定方法。显然由图 8-8 知，$M_3 \to M_3$、$M_3 \to M_1$、$M_2 \to M_3$、$M_2 \to M_0$、$M_6 \to M_3$、$M_6 \to M_1$、$M_7 \to M_3$、$M_7 \to M_1$ 的转移概率分别为 1、0、1、0、$S(5)$、$S(6)$、$S(5)$、$S(6)$。

$$\boldsymbol{K}' = \begin{array}{c} \begin{matrix} M_3 & M_1 \end{matrix} \\ \begin{bmatrix} 1 & 0 \\ 0 & 1 \\ 1 & 0 \\ S(5) & S(6) \\ S(5) & S(6) \end{bmatrix} \end{array} \begin{matrix} M_3 \\ M_1 \\ M_2 \\ M_6 \\ M_7 \end{matrix}$$

（2）$\boldsymbol{K}''$的确定方法。显然，由图 8-8 知，$M_3 \to M_3$、$M_3 \to M_1$、$M_3 \to M_2$、$M_3 \to M_6$、$M_3 \to M_7$的转移概率分别为 1、0、0、0、0，$M_1 \to M_3$、$M_1 \to M_1$、$M_1 \to M_2$、$M_1 \to M_6$、$M_1 \to M_7$的转移概率分别为 0、1、0、0、0。

$$\boldsymbol{K}'' = \begin{array}{c} \begin{matrix} M_3 & M_1 & M_2 & M_6 & M_7 \end{matrix} \\ \begin{bmatrix} 1 & 0 & 0 & 0 & 0 \\ 0 & 1 & 0 & 0 & 0 \end{bmatrix} \end{array} \begin{matrix} M_3 \\ M_1 \end{matrix}$$

（3）$\boldsymbol{B}''$的确定方法。由图 8-8 知，$M_4 \to M_3$、$M_4 \to M_1$、$M_4 \to M_2$、$M_4 \to M_6$、$M_4 \to M_7$的转移速率分别为 0、0、0、r_2、0，$M_5 \to M_3$、$M_5 \to M_1$、$M_5 \to M_2$、$M_5 \to M_6$、$M_5 \to M_7$的转移速率分别为 0、0、0、r_1、0。

$$\begin{array}{c} \quad\quad M_3\ M_1\ M_2\ M_6\ M_7 \\ B'' = \begin{bmatrix} 0 & 0 & 0 & r_2 & 0 \\ 0 & 0 & 0 & r_1 & 0 \end{bmatrix} \begin{matrix} M_4 \\ M_5 \end{matrix} \end{array}$$

（4）$\boldsymbol{A}''$的确定方法。由图 8-8 知，$M_4 \rightarrow M_5$、$M_5 \rightarrow M_4$的转移速率均为 0，而 $M_4 \rightarrow M_4$的转移速率为 $-[(0+0+0+r_2+0)+0]=-r_2$，而 $M_5 \rightarrow M_5$的转移速率为 $-[(0+0+0+r_1+0)+0]=-r_1$。

$$\begin{array}{c} \quad M_4 \quad M_5 \\ A'' = \begin{bmatrix} -r_2 & 0 \\ 0 & -r_1 \end{bmatrix} \begin{matrix} M_4 \\ M_5 \end{matrix} \end{array}$$

（5）$\boldsymbol{C}''$和 $\boldsymbol{D}''$的确定方法同 $\boldsymbol{A}''$和 $\boldsymbol{B}''$，即

$$C'' = \begin{bmatrix} r_1 & r_2 \\ 0 & 0 \\ 0 & 0 \\ 0 & 0 \\ 0 & 0 \end{bmatrix} \begin{matrix} M_3 \\ M_1 \\ M_2 \\ M_6 \\ M_7 \end{matrix} \quad (\text{列：} M_4\ M_5) \qquad D'' = \begin{bmatrix} -(r_1+r_2) & 0 & 0 & 0 & 0 \\ 0 & -r_0 & r_0 & 0 & 0 \\ 0 & 0 & 0 & 0 & 0 \\ 0 & 0 & 0 & 0 & 0 \\ 0 & 0 & 0 & 0 & 0 \end{bmatrix} \begin{matrix} M_3 \\ M_1 \\ M_2 \\ M_6 \\ M_7 \end{matrix} \quad (\text{列：} M_3\ M_1\ M_2\ M_6\ M_7)$$

于是利用式（8-2）可以计算出 $\boldsymbol{A}'$，即

$$A' = \begin{bmatrix} -r_2 & 0 & S(5)r_2 & S(6)r_2 \\ 0 & -r_1 & S(5)r_1 & S(6)r_1 \\ r_1 & r_2 & -(r_1+r_2) & 0 \\ 0 & 0 & r_0 & -r_0 \end{bmatrix}$$

$\boldsymbol{Y}$ 中的变量是由 S_1 和 $S_{2i}(i=1, 2, \cdots, l)$ 中的各状态组成，即 $\boldsymbol{Y}' = (P(M_4), P(M_5), P(M_3), P(M_1))$，则利用式（8-3）可得：

$$\begin{cases} YA' = 0 \\ P(M_4) + P(M_5) + P(M_3) + P(M_1) = 1 \end{cases} \tag{8-4}$$

解方程组（8-4）可得出实存状态的转移概率，即 $P(M_4)=P(M_5)=P(M_3)=P(M_1)=0.25$。

8.4.2.2 用可达图简化法求解

对于图 8-8 所示的可达图，用可达图简化法求解过程如下：

（1）由 8.4.2.1 节可知，$S_1=\{M_4, M_5\}$，$S_2=\{M_1, M_2, M_3, M_6, M_7\}$。

（2）由 8.4.2.1 节可知，$S_{21}=\{M_3\}$，$S_{22}=\{M_1\}$，$S_{2T}=\{M_2, M_6, M_7\}$。

（3）将可达图中所有延时变迁换成对应的平均激发速率，所有瞬时变迁换成概率值 1，所有随机开发换成对应的开关分布，如图 8-10（a）所示。

（4）对于 S_{2T} 中的状态 M_2，满足 8.3.3.3 节中的步骤（4）中的第 2）条，M_2 删除后的结果如图 8-10（b）所示；类似地，M_6、M_7 删除后的结果分别如图 8-10（c）和（d）所示。

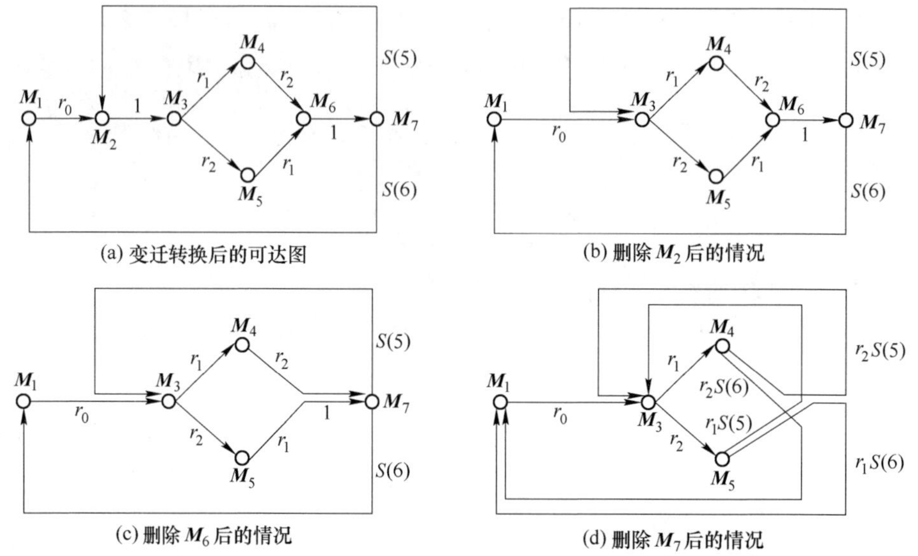

图 8-10　可达图的简化过程

图 8-10（d）就是压缩后的 EMC，途中不包括任何消失状态。利用图 8-10（d），采用式（8-3）可得

$$\begin{cases} r_1x_3 - (r_2S(5) + r_2S(6))x_4 = 0 \\ r_2x_3 - (r_1S(5) + r_1S(6))x_5 = 0 \\ r_0x_1 + r_2S(5) + r_1S(5) - (r_1 + r_2)x_3 = 0 \\ r_1S(6) + r_2S(6) - r_0x_1 = 0 \\ x_3 + x_1 + x_4 + x_5 = 1 \end{cases}$$

式中，$x_1 = P(M_1)$，$x_3 = P(M_3)$，$x_4 = P(M_4)$，$x_5 = P(M_5)$。注意到 $S(5) + S(6) = 1$，则

$$\begin{cases} r_1x_3 - r_2x_4 = 0 \\ r_2x_3 - r_1x_5 = 0 \\ r_0x_1 + r_2S(5) + r_1S(5) - (r_1 + r_2)x_3 = 0 \\ r_1S(6) + r_2S(6) - r_0x_1 = 0 \\ x_3 + x_1 + x_4 + x_5 = 1 \end{cases} \tag{8-5}$$

解方程组（8-5）可得出实存状态的转移概率，即 $P(M_4) = P(M_5) = P(M_3) = P(M_1) = 0.25$。

8.4.3 交通与能源需求仿真

图 7-5 对应的 GSFPN-SD 模型如图 8-11 所示，图 8-11 中给出了该 GSFPN-SD 模型中各库所和变迁的含义。与图 7-5 描述的 SD 模型相比，可以看出，图 8-11 所示的 GSFPN-SD 模型描述系统行为更合逻辑，动感性和可读性更强。图 7-5 所示的 SD 模型中延迟在其对应的 GSFPN-SD 模型表现为变迁激发的延迟，物理含义明确。

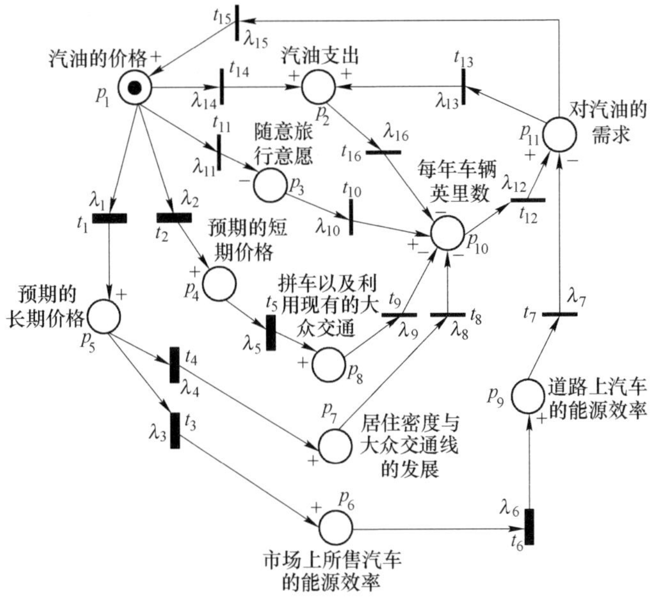

图 8-11 交通与能源需求相关性分析的 GSFPN-SD 模型

现在我们假定图 7-5 中的延迟时间都是随机变量，且均服从负指数分布。也就是说，其对应的 GSFPN-SD 模型中的变迁 $t_1 \sim t_6$ 的延迟时间 *DEL* 都是随机变量，分别服从参数为 $\lambda_1 \sim \lambda_6$ 的负指数分布，其值分别为 $\lambda_1 = 1$、$\lambda_2 = 4$、$\lambda_3 = 0.5$、$\lambda_4 = 0.5$、$\lambda_5 = 1$、$\lambda_6 = 0.5$（次/月）。若采用 SD 方法对图 7-5 所示的 SD 模型进行模拟是困难的，特别是对其性能分析更困难。但是，对于图 8-11 所示的 GSFPN-SD 模型，则进行系统模拟和性能分析变得很容易。该 GSFPN-SD 模型对应的可达图如图 8-12 所示，其对应的 $M_1 \sim M_{11}$ 如表 8-2 所示。

由可达图（图 8-12）可知，$S_1 = \{M_2, M_3, M_6\}$、$S_2 = \{M_1, M_4, M_5, M_7, M_8, M_9, M_{10}, M_{11}\}$。在 S_2 中，M_1 可使延时变迁 t_1 或 t_2 激发，故 $S_{21} = \{M_1\}$、$S_{2T} = \{M_4, M_5, M_7, M_8, M_9, M_{10}, M_{11}\}$。$S_{2T}$ 中的各状态到 S_{21} 中状态的可达关系如图 8-13 所示。图 8-13 中不含 S_1 中的所有状态，且不含延时变迁。

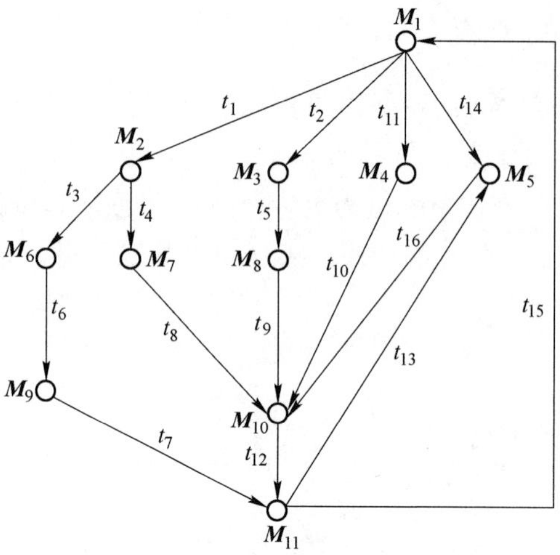

图 8-12　GSFPN-SD 模型对应的可达图

表 8-2　GSFPN-SD 模型对应的 $M_1 \sim M_{11}$

	p_1	p_2	p_3	p_4	p_5	p_6	p_7	p_8	p_9	p_{10}	p_{11}
M_1	1	0	0	0	0	0	0	0	0	0	0
M_2	0	0	0	0	1	0	0	0	0	0	0
M_3	0	0	0	1	0	0	0	0	0	1	0
M_4	0	0	1	0	0	0	0	0	0	0	0
M_5	0	1	0	0	0	0	0	0	0	0	0
M_6	0	0	0	0	0	1	0	0	0	0	0
M_7	0	0	0	0	0	0	1	0	0	0	0
M_8	0	0	0	0	0	0	0	1	0	0	0
M_9	0	0	0	0	0	0	0	0	1	0	0
M_{10}	0	0	0	0	0	0	0	0	0	1	0
M_{11}	0	0	0	0	0	0	0	0	0	0	1

$\boldsymbol{K}'$的确定方法是 S_2 中的各状态分别到 S_{21} 中的各状态的转移概率：

$$\boldsymbol{K}'^{\mathrm{T}} = [1,\ S_{15},\ S_{15},\ S_{15},\ S_{15},\ S_{15},\ S_{15},\ S_{15}]$$

$\boldsymbol{K}''$的确定方法是 S_{21} 中的各状态分别到 S_2 中的各状态的转移概率：

$$\boldsymbol{K}'' = [1,\ S_{11},\ S_{14},\ 0,\ 0,\ 0,\ 1,\ 1]$$

$\boldsymbol{B}''$是 S_1 中的各状态分别到 S_2 中的各状态的转移速率，即

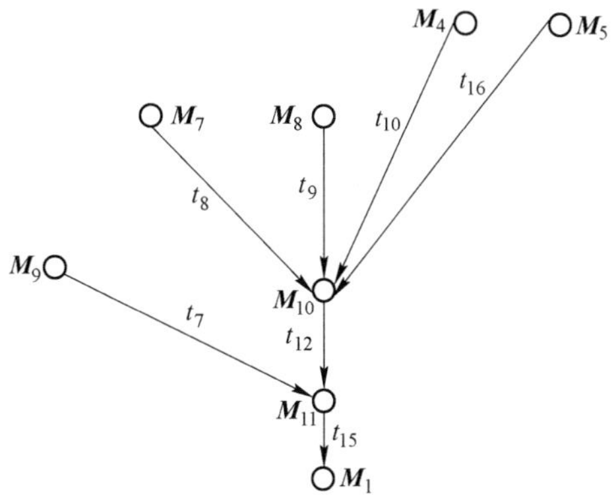

图 8-13 S_{2T}中的各状态到 S_{21}状态的可达关系

$$
\boldsymbol{B}'' = \begin{array}{c} \begin{matrix} M_1 & M_4 & M_5 & M_7 & M_8 & M_9 & M_{10} & M_{11} \end{matrix} \\ \begin{bmatrix} 0 & 0 & 0 & \lambda_4 & 0 & 0 & 0 & 0 \\ 0 & 0 & 0 & 0 & \lambda_5 & 0 & 0 & 0 \\ 0 & 0 & 0 & 0 & 0 & \lambda_6 & 0 & 0 \end{bmatrix} \begin{matrix} M_2 \\ M_3 \\ M_6 \end{matrix} \end{array}
$$

$\boldsymbol{A}''$是 S_1 中的各状态之间的转移速率，即

$$
\boldsymbol{A}'' = \begin{array}{c} \begin{matrix} M_2 & M_3 & M_6 \end{matrix} \\ \begin{bmatrix} -(\lambda_3+\lambda_4) & 0 & \lambda_3 \\ 0 & -\lambda_5 & 0 \\ 0 & 0 & -\lambda_6 \end{bmatrix} \begin{matrix} M_2 \\ M_3 \\ M_6 \end{matrix} \end{array}
$$

$\boldsymbol{C}''$是 S_2 中的各状态分别到 S_1 中的各状态的转移速率，$\boldsymbol{D}''$是 S_2 中的各状态之间的转移速率，即

$$
\boldsymbol{C}'' = \begin{array}{c} \begin{matrix} M_2 & M_3 & M_6 \end{matrix} \\ \begin{bmatrix} \lambda_1 & \lambda_2 & 0 \\ 0 & 0 & 0 \\ 0 & 0 & 0 \\ 0 & 0 & 0 \\ 0 & 0 & 0 \\ 0 & 0 & 0 \\ 0 & 0 & 0 \\ 0 & 0 & 0 \end{bmatrix} \begin{matrix} M_1 \\ M_4 \\ M_5 \\ M_7 \\ M_8 \\ M_9 \\ M_{10} \\ M_{11} \end{matrix} \end{array}, \quad \boldsymbol{D}'' = \begin{array}{c} \begin{matrix} M_1 & M_4 & M_5 & M_7 & M_8 & M_9 & M_{10} & M_{11} \end{matrix} \\ \begin{bmatrix} -(\lambda_1+\lambda_2) & 0 & 0 & 0 & 0 & 0 & 0 & 0 \\ 0 & 0 & 0 & 0 & 0 & 0 & 0 & 0 \\ 0 & 0 & 0 & 0 & 0 & 0 & 0 & 0 \\ 0 & 0 & 0 & 0 & 0 & 0 & 0 & 0 \\ 0 & 0 & 0 & 0 & 0 & 0 & 0 & 0 \\ 0 & 0 & 0 & 0 & 0 & 0 & 0 & 0 \\ 0 & 0 & 0 & 0 & 0 & 0 & 0 & 0 \\ 0 & 0 & 0 & 0 & 0 & 0 & 0 & 0 \end{bmatrix} \begin{matrix} M_1 \\ M_4 \\ M_5 \\ M_7 \\ M_8 \\ M_9 \\ M_{10} \\ M_{11} \end{matrix} \end{array}
$$

于是利用式（8-2）可以计算出 $\boldsymbol{A}'$，即

$$
\boldsymbol{B}''\boldsymbol{K}' = \begin{bmatrix} \lambda_4 S_{15} \\ \lambda_5 S_{15} \\ \lambda_6 S_{15} \end{bmatrix}, \quad \boldsymbol{K}''\boldsymbol{C}'' = [\lambda_1, \lambda_2, 0], \quad \boldsymbol{K}''\boldsymbol{D}''\boldsymbol{K}' = -(\lambda_1+\lambda_2)
$$

$$A' = \begin{bmatrix} -(\lambda_3 + \lambda_4) & 0 & \lambda_3 & \lambda_4 S_{15} \\ 0 & -\lambda_5 & 0 & \lambda_5 S_{15} \\ 0 & 0 & -\lambda_6 & \lambda_6 S_{15} \\ \lambda_1 & \lambda_2 & 0 & -(\lambda_1 + \lambda_2) \end{bmatrix}$$

从 A'可以看出，$S_{15}=1$。Y 中的变量是由 S_1 和 S_{21} 中的各状态组成，即 $Y' = (P(M_2), P(M_3), P(M_6), P(M_1))$，则利用式（8-3）可得：

$$\begin{cases} YA' = 0 \\ P(M_2) + P(M_3) + P(M_6) + P(M_1) = 1 \end{cases} \tag{8-6}$$

解方程组（8-6）可得出实存状态的转移概率为 $P(M_2) = 0.1429$、$P(M_3) = 0.5713$、$P(M_3) = 0.1429$、$P(M_1) = 0.1429$。

8.4.4　致霾污染物排放致生态环境系统毁坏的过程分析

图 8-14 给出了用于关联区域生态环境系统毁坏关联分析的 GSFPN-SD 模型。在图 8-14 中，{$\lambda_{\text{EIR}}=0.5$，$\lambda_{\text{CMR}}=0.5$，$\lambda_{\text{MWPR}}=30.0$，$\lambda_{\text{CGUR}}=1.0$，$\lambda_{\text{LRR}}=0.1$，

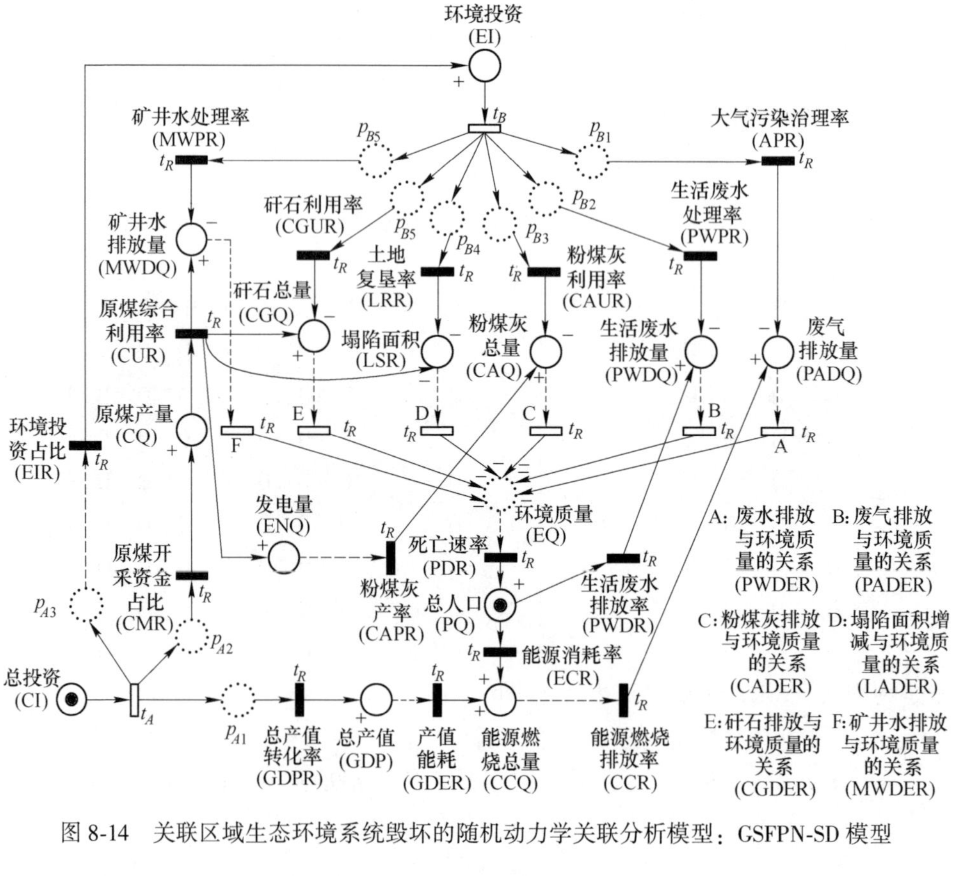

图 8-14　关联区域生态环境系统毁坏的随机动力学关联分析模型：GSFPN-SD 模型

$\lambda_{CAUR}=0.1$，$\lambda_{PWPR}=30$，$\lambda_{APR}=0.1$，$\lambda_{CUR}=0.5$，$\lambda_{PWDR}=15.0$，$\lambda_{CAPR}=15.0$，$\lambda_{GDPR}=1.0$，$\lambda_{CCR}=30.0$，$\lambda_{GDER}=30.0$，$\lambda_{ECR}=30.0$，$\lambda_{PDR}=0.0001\}$ 为随机延时变迁集，$\{\lambda_{PWDER}$，λ_{PADER}，λ_{CADER}，λ_{LADER}，λ_{CGDER}，$\lambda_{MWDER}\}$ 为瞬时速率变迁集。库所 P_{A3}的输出弧为条件弧（用粗虚线表示），表明只有当总投资超过 70（百万元）时才考虑环境进行环境投资。

表 8-3 给出了图 8-14 所示的 GSFPN-SD 模型中的各节点含义，各库所和变迁的状态变量及其状态转移方程也在表 8-3 给出。各初始库所取值的可信度和各速率变迁的置信度如表 8-3 所示。

表 8-3　GSFPN-SD 模型中的节点含义

节点名称	变量名	库所/变迁	计量单位	状态值计算方法
总投资	*CI*	初始库所	百万元/DT	给定值：$CI(t)=50+5\times t$
环境投资占比	*EIR*	速率变迁	百万元/DT	给定值：$EIR(t)=CI(t)\times 40\%$
原煤开采资金占比	*CMR*	速率变迁	百万元/DT	给定值：$CMR(t)=CI(t)\times 60\%$
矿井水处理率	*MWPR*	速率变迁	万吨/DT	给定值：$MWPR(t)=EI(t)\times 0.15/PMWPR$
矸石利用率	*CGUR*	速率变迁	万吨/DT	给定值：$CGUR(t)=EI(t)\times 0.2/PCGUR$
土地复垦率	*LRR*	速率变迁	hm^2/DT	给定值：$LRR(t)=EI(t)\times 0.15/PLRR$
粉煤灰利用率	*CAUR*	速率变迁	万吨/DT	给定值：$CAUR(t)=EI(t)\times 0.2/PCAUR$
生活废水处理率	*PWPR*	速率变迁	万吨/DT	给定值：$PWPR(t)=EI(t)\times 0.1/PPWPR$
大气污染治理率	*APR*	速率变迁	万立方米/DT	给定值：$APR(t)=EI(t)\times 0.2/PAPR$
原煤综合利用率	*CUR*	速率变迁	万吨/DT	给定值：$CUR(t)=CQ(t)\times PCQ$
生活废水排放率	*PWDR*	速率变迁	万吨/DT	给定值：$PWDR(t)=TP(t)\times PTP$
粉煤灰产率	*CAPR*	速率变迁	万吨/DT	给定值：$CAPR(t)=CUR(t)\times PCQER\times PCAPR$
总产值转化率	*GDPR*	速率变迁	元/元	给定值：$GDPR(t)=3.0$
能源燃烧排放率	*CCR*	速率变迁	万立方米/DT	给定值：$CCR(t)=CI(t)\times GDPR(t)\times PCCR$
产值能耗	*GDER*	速率变迁	万吨/DT	给定值：$GDER(t)=CI(t)\times GDPR(t)\times PGDPR$
能源消耗率	*ECR*	速率变迁	万吨/DT	给定值：$ECR(t)=PQ(t)\times PECR$
死亡速率	*PDR*	速率变迁	万人/DT	给定值：$PDR(t)=10$
废水排放与环境质量的关系	*PWDER*	速率变迁	当量/DT	给定值：$PWDER(t)=0.4$
废气排放与环境质量的关系	*PADER*	速率变迁	当量/DT	给定值：$PADER(t)=0.4$
粉煤灰排放与环境质量的关系	*CADER*	速率变迁	当量/DT	给定值：$CADER(t)=0.4$
塌陷面积增减与环境质量的关系	*LADER*	速率变迁	当量/DT	给定值：$LADER(t)=0.2$

续表 8-3

节点名称	变量名	库所/变迁	计量单位	状态值计算方法
矸石排放与环境质量的关系	*CGDER*	速率变迁	当量/DT	给定值：$CGDER(t)=0.1$
矿井水排放与环境质量的关系	*MWDER*	速率变迁	当量/DT	给定值：$MWDER(t)=0.3$
环境投资	*EI*	库所	百万元	$EI(t+1)=EI(t)+PEI(t)-(MWPR(t)\times PMWPR+CGUR(t)\times PCGUR+LRR(t)\times PLRR+CAUR(t)\times PCAUR+PWPR(t)\times PPWPR+APR(t)\times PAPR)$
矿井水排放量	*MWDQ*	库所	万吨	$MWDQ(t+1)=MWDQ(t)+CUR(t)\times QMWDQ-MWPR(t)-MWDER(t)$
原煤产量	*CQ*	库所	万吨	$CQ(t+1)=CQ(t)+CMR(t)\times PCMR-CUR(t)$
发电量	*ENQ*	库所	千度	$ENQ(t+1)=ENQ(t)+CUR(t)\times PCQER$
粉煤灰总量	*CAQ*	库所	万吨	$CAQ(t+1)=CAQ(t)+CAPR(t)-CAUR(t)$
矸石总量	*CGQ*	库所	万吨	$CGQ(t+1)=CGQ(t)+CUR(t)\times GCUR-CGUR(t)$
生活废水排放量	*PWDQ*	库所	万吨	$PWDQ(t+1)=PWDQ(t)+PWDR(t)-PWPR(t)$
废气排放量	*PADQ*	库所	万立方米	$PADQ(t+1)=PADQ(t)+CCR(t)-APR(t)$
总产值	*GDP*	库所	亿元	$GDP(t+1)=GDP(t)+GDPR(t)-APR(t)$
能源燃烧总量	*CCQ*	库所	万吨	$CCQ(t+1)=CCQ(t)+GDER(t)+ECR(t)$
塌陷面积	*LSR*	库所	m^2	$LSR(t+1)=LSR(t)+CUR(t)\times LCUR-LRR(t)$
总人口数	*PQ*	初始库所	百万人	$PQ(t+1)=PQ(t)-PDR(t)/EQ(t)$
环境质量	*EQ*	库所	当量	$EQ(t+1)=EQ(t)-(PWDER(t)\times PWDQ(t)+PADER(t)\times PADQ(t)+CADER(t)\times CAQ(t)+LADER(t)\times LSR(t)+CGDER(t)\times CGQ(t)+MWDER(t)\times MWDQ(t))$

注：DT 为单位时间，如日（d）、月（m）、年（a）等；*PMWPR* 为矿井水处理成本，元/t；*PCGUR* 为矸石利用成本，元/t；*PLRR* 为土地复垦成本，元/m^2；*PCAUR* 为粉煤灰利用成本，元/t；*PPWPR* 为生活废水处理成本，元/t；*PAPR* 为大气污染治理成本，元/t；*PCQ* 为原煤综合利用比例，t/t；*PTP* 为单位时间内人均生活废水排放率，亿吨/(百万人 · DT)；*PCQER* 为吨煤发电量，度/t；*QMWDQ* 为原煤综合利用耗水率；*PCMR* 为单位原煤开采资金出矿量，t/元；*GCUR* 为原煤综合利用时的矸石产出率，t/t；*LCUR* 为原煤综合利用时的产生的塌陷面积，m^2/t；*PCAPR* 为单位时间内每亿度电粉煤灰产出量，亿吨/(亿度 · DT)；*PCCR* 为能源燃烧排放率，亿立方米/(亿元 · DT)；*PGDPR* 为单位 GDP 能耗，t/元；*PECR* 为每单位时间百万人能源消耗量，亿吨/(百万人 · DT)。

时间单位 DT 按月计算，系统运行时间长度为 60 个月，$PMWPR=1.2$，$PCGUR=1.3$，$PCAUR=20$，$PPWPR=1.1$，$PAPR=1.3$，$PCQ=0.7$，$PTP=30$，

PCQER=20，*PCMR*=10，*GCUR*=0.1，*LCUR*=0.1，*PCAPR*=0.2，*PCCR*=2.3，*PGDPR*=2.5，*PECR*=10，*PLRR*=5，*QMWDQ*=1，*QMWDQ*=3；*CQ*(0)=20，*EI*(0)=20，*ENQ*(0)=10，*CAQ*(0)=20，*LSR*(0)=20，*PWDQ*(0)=10，*PADQ*(0)=20，*GDP*(0)=30，*CCQ*(0)=20，*PQ*(0)=0.08，*EQ*(0)=3000，*CGQ*(0)=20，*MWDQ*(0)=10；*PDR*(t)=0.0001，*PWDER*(t)=0.0002，*PADER*(t)=0.0002，*CADER*(t)=0.0002，*LADER*(t)=0.0001，*CGDER*(t)=0.00005，*MWDER*(t)=0.00015，$t=1\sim60$。运行该 FSFPN-SD 模型，所得结果如图 8-15 所示。从图 8-15 可以看出，在期初，由于总投资未达到 70 亿元，环境投资额为 0。当总投资达到 70 亿元后，环境投资的分配系数为 0.4。尽管随着环境投资的增加，但该关联区域环境质量依然不断下降；直到 50 个月后，关联区域环境质量改善状况才出现拐点，随后随着环境投资的增加，环境质量才逐步回升。图 8-16 给出了总投资、环境投资、环境质量、矿井水排放量、原煤产量、发电量、粉煤灰总量、矸石总量、塌陷面积、生活废水排放量、废气排放量、总产值、能源燃烧总量随时间的演变特征。

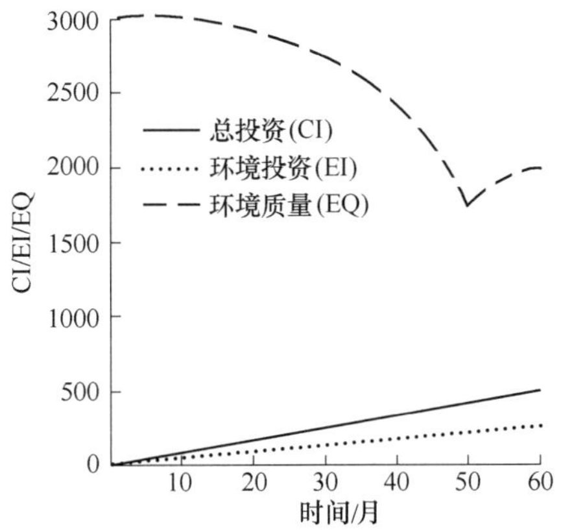

图 8-15 总投资、环境投资、环境质量随时间变化的关系

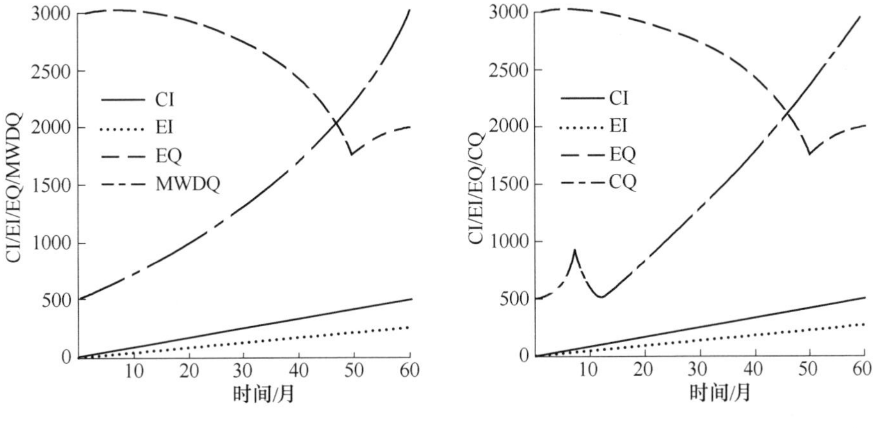

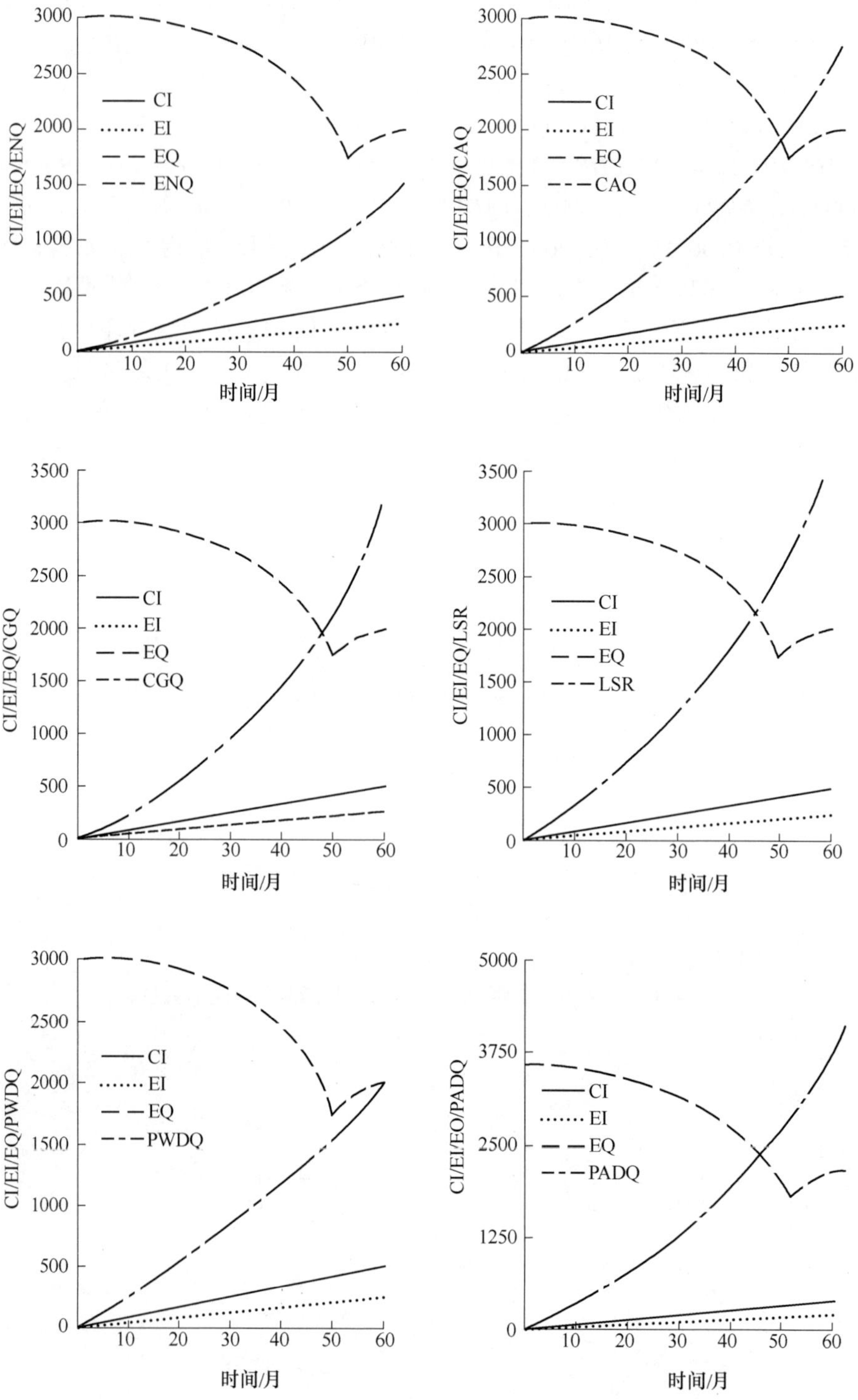
CI/EI/EQ/ENQ
CI
EI
EQ
ENQ
时间/月
CI/EI/EQ/CAQ
CI
EI
EQ
CAQ
时间/月
CI/EI/EQ/CGQ
CI
EI
EQ
CGQ
时间/月
CI/EI/EQ/LSR
CI
EI
EQ
LSR
时间/月
CI/EI/EQ/PWDQ
CI
EI
EQ
PWDQ
时间/月
CI/EI/EO/PADQ
CI
EI
EQ
PADQ
时间/月

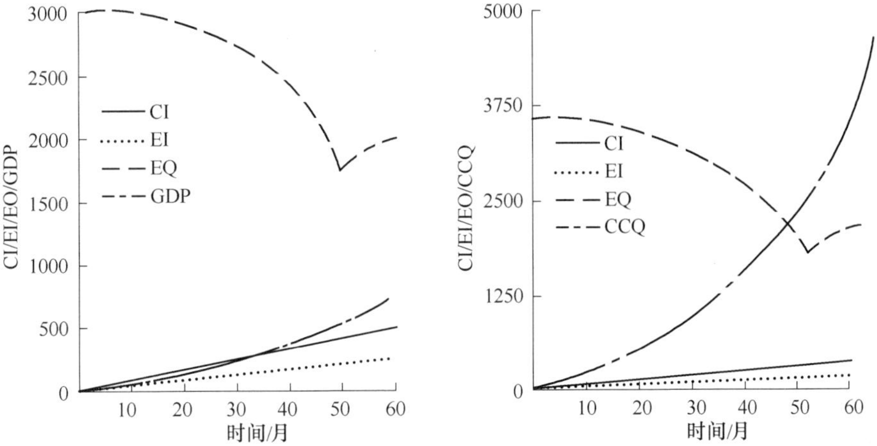

图 8-16 关联区域各环境质量影响要素随时间的演变特征

8.5 本章小结

SPN 的状态空间会随着问题的增大而指数性地增长，使得 SPN 同构的 MC 难以求解。广义随机 Petri 网的提出为缓解状态爆炸提供一种途径。GSPN 是 SPN 的一种扩充。主要表现在：将变迁分成两类，一种为瞬时变迁与随机开关相关联且实施延时为零；另一种为时间变迁与指数随机分布的实施延时相关联。GSPN 的状态空间较相同问题的 SPN 有所减少。本章将 GSPN 扩充为广义随机函数 Petri 网 GSFPN，并 GSFPN 和 SD 模型相结合而提出的 GSFPN-SD 模型，很好地继承了 SD 模型的全部特征，同时，又将 GSPN 的全部特征融入到 GSFPN-SD 模型中。与 SD 模型相比，GSFPN-SD 模型具有如下优势：

（1）在 GSFPN-SD 模型中，系统的状态及其类型的含义更明确；通过变迁的激发，使得状态的演变的过程更明确。

（2）在 GSFPN-SD 模型中，系统变化动态性是通过事件激发的，而不是通过计算驱动的，从而更逼真地描述了复杂系统的自主动态演变。

（3）在 GSFPN-SD 模型中，变迁的激发是通过托肯的移动而实现的，从而天然地实现了系统可以有条件或无条件转移。

（4）GSFPN-SD 模型可以描述系统的随机性现象。

（5）GSFPN-SD 模型的各种性能分析可更深入地揭示复杂系统的本质特征。

（6）GSFPN-SD 模型可以描述部分变迁具有延时特征，而其他变迁没有延时特征的系统动力学模拟。

因此，GSFPN-SD 模型要比 SD 模型具有更强、更全面对复杂系统的描述模拟能力。限于篇幅，本章只介绍了 GSFPN-SD 模型的定义及其建模方法，给出了几个简单的例子说明了 GSFPN-SD 模型的使用方法和优势。下一步的工作是：

（1）将随机高级 Petri 网与 SD 模型相结合，给出建模方法和应用案例，用以更进一步简化 GSFPN-SD 模型。

（2）提出 GSFPN-SD 模型的模型抽象组织和模型精化设计方法。

（3）提出 GSFPN-SD 模型的分解和压缩技术。

（4）提出 GSFPN-SD 模型的性能界限求解技术。

（5）GSFPN-SD 模型只涉及变迁的延迟具有随机性，当随机函数 Petri 网中的状态变量具有随机性时，如何解决此类 GSFPN-SD 模型的性能分析问题。

参考文献

[1] Forrester J W. Industrial Dynamics [M]. Cambridge: The MIT Press, 1961.

[2] 钟永光，贾晓菁，钱颖，等. 系统动力学 [M]. 2 版. 北京：清华大学出版社，2015.

[3] 陈国卫，金家善，耿俊豹. 系统动力学应用研究综述 [J]. 控制工程，2012，19（6）：921~928.

[4] 马国丰，陆居一. 国内外系统动力学研究综述 [J]. 经济研究导刊，2013，(6)：218~220.

[5] Erma Suryani, Shuo-Yan Chou, Chih-Hsien Chen. Air passenger demand forecasting and passenger terminal capacity expansion: A system dynamics framework [J]. Expert Systems with Applications, 2010, 37 (3): 2324~2339.

[6] 陈海涛. 基于系统动力学的中国石油需求系统模型及预测 [J]. 统计与决策，2010，(20)：98~101.

[7] 王子洋，刘小霞，赵忠信，等. 基于系统动力学模型的地铁车站客流预测分析 [J]. 物流技术，2010，(6)：90~92.

[8] 侯剑. 基于系统动力学的港口经济可持续发展 [J]. 系统工程理论与实践，2010，30（1）：56~61.

[9] Krystyna Stave. Participatory system dynamics modeling for sustainable environmental management: Observations from four cases [J]. Sustainability, 2010, (2): 2762~2784.

[10] Qi Cheng, Chang Nibin. System dynamics modeling for municipal water demand estimation in an urban region under uncertain economic impacts [J]. Journal of Environmental Management 2011, 92 (6): 1628~1641.

[11] 刘静华，贾仁安，袁新发，等. 反馈系统发展对策生成的顶点赋权反馈图法 [J]. 系统工程理论与实践，2011，(3)：423~437.

[12] Jin Wei, Xu Linyu, Yang Zhifeng. Modeling a policy making framework for urban sustainability: Incorporating system dynamics into the Ecological Footprint [J]. Ecological Economics, 2009, 68 (12): 2938~2949.

[13] Shen Qiping, Chen Qing, Tang BoSin, et al. A system dynamics model for the sustainable

land use planning and development [J]. Habitat International 2009, 33 (1): 15~25.

[14] Gary Hirsch, Jack Homer, Elizabeth Evans, et al. A system dynamics model for planning gardiovascular disease interventions [J]. American Journal of Public Health, 2010, 100 (4): 616~622.

[15] Fan ChinYuan, Fan PeiShu, Chang PeiChann. A system dynamics modeling approach for a military weapon maintenance supply system [J]. International Journal of Production Economics, 2010, 128 (2) : 457~469.

[16] Cheng Jack Kie, Tahar Razman Mat, Ang ChooiLeng. Understanding the complexity of container terminal operation through the development of system dynamics model [J]. International Journal of Shipping and Transport Logistics, 2010, 2 (4): 429~443.

[17] Ines Winz, Gary Brierley, San Trowsdale. The use of system dynamics in water resources management [J]. Water Resources Management, 2009, 23 (7): 1301~1323.

[18] 马娜. 基于系统动力学的智力资本投资决策可行性分析 [J]. 中小企业管理与科技, 2010, (5): 265.

[19] Hassan Qudrat-Ullah, Baek Seo Seong. How to do structural validity of a system dynamics type simulation model: The case of an energy policy model [J]. Energy Policy, 2010, 38: 2216~2224.

[20] 黄金, 周庆忠, 李必鑫, 等. 基于系统动力学仿真决策模型的油库库存控制研究 [J]. 物流技术, 2010, (11): 136~137, 140.

[21] 何力, 刘丹, 黄薇. 基于系统动力学的节水型城市激励机制研究 [J]. 长江科学院院报, 2010, 27 (6): 10~13, 22.

[22] 杨洛. 区级财政支出结构优化研究——以杭州市上城区为例 [D]. 杭州: 浙江大学, 2010.

[23] Xu Jiuping, Li Xiaofei. Using system dynamics for simulation and optimization of one coal industry system under fuzzy environment [J]. Expert Systems with Applications, 2011, 38 (9): 11552~11559.

[24] 周李磊, 官冬杰, 杨华, 等. 重庆经济—资源—环境发展的系统动力学分析及不同情景模拟 [J]. 重庆师范大学学报 (自然科学版), 2015, 32 (3): 320~3333.

[25] Moonseo Park, Youngjoo Kim, Hyun-soo Lee, et al. Modeling the dynamics of urban development project: Focusing on self-sufficient city development [J]. Mathematical and Computer Modelling, 2011, 5: 58~68.

[26] 孙喜民, 刘客, 刘晓君. 基于系统动力学的煤炭企业产业协同效应研究 [J]. 资源科学, 2015, 37 (3): 555~564.

[27] 李琰, 杨勇, 钟念, 等. 基于知识传播的集群聚集能力系统动力学研究 [J]. 系统管理学报, 2011, 11 (1): 94~97.

[28] 马国丰, 陆居一. 国内外系统动力学研究综述 [J]. 经济研究导刊, 2013, (6): 218~219.

[29] 袁崇义. Petri 网原理与应用 [M]. 北京: 电子工业出版社, 2005.

[30] 林闯. 随机 Petri 网和系统性能评价 [M]. 2 版. 北京: 清华大学出版社, 2005.

9 关联区域大气复合污染损害度评价

9.1 引言

随着社会经济的发展和城市化进程的增加，多种污染物均以高浓度排放到大气环境中，形成大气复合污染，表现为大气能见度显著下降、氧化性增强和环境逐渐恶化[1~2]。大气复合污染中由化学物质引起的污染约占80%~90%[3]，该污染主要是许多痕量气体由还原态和低氧态转化为高氧化态的化学反应过程[4]，即排放出的二氧化硫（SO_2）、氮氧化物（NO_x）、挥发性有机物（VOCs）等，经过高温氧化后，转化成了硝酸、硫酸雾、过氧酰基硝酸酯等大气复合污染和二次细颗粒物，这是灰霾形成的主要原因[5]。因此，大气复合污染在工业迅速崛起的中国已成为研究的重要议题。

国内外许多学者对大气环境评价和监测进行了研究，目前采用较多的大气环境评价模型有：模糊综合评价法[6~7]、层次分析法[8]、灰色综合聚类法[9]、熵权物元可拓模型[10]等。其中较为成熟的是李祚泳[11]等人提出大气质量污染损失指数的普适公式，韩旭明[12]与于宗艳[13]等人利用群智能算法求解了该模型中的未知参数。以上研究文献均将一次污染作为评价的指标，建立了大气环境质量的评价体系，积累了一定的成果。然而，这些研究却忽略了污染物间的相互作用，大气环境中污染都不是单一排放的结果，大多数情况下是多个污染物相互作用构成复合污染[14]。由于复合污染下污染物的效应和单一污染物作用存在差异，复合污染物更能客观体现出大气环境中污染物相互作用的规律和对环境的影响[15]。因此，如何描述多个污染物之间源和汇相互交错对环境产生的协同效应，及如何以二次污染物作为指标，评价该效应对环境的影响，是一项值得深入研究的课题。

利用模型模拟获取二次污染物浓度，从而研究复合污染对大气环境的影响是较为普遍的方法。常见的模型模拟方法有系统动力学[18,19]、查表法[20]等，这些方法快速准确地模拟了二次污染物浓度。但研究表明[5~17]，污染物的减排与复合大气环境污染的改善呈非线性响应关系。因此，单纯依靠二次污染物浓度来建立大气环境质量评价模型难度较高，且对于进一步描述大气复合污染造成的大气环境的耦合作用和环境影响的协同效应仍显不足。

针对以上问题，本章提出一种新的评价模型——基于化学反应 Petri 网的矿尘污染关联区域大气复合污染损害度评价模型（Chemical Reaction Petri Net Evaluation Model，CRPNEM），该模型基于复合污染间的化学反应过程，评价复合污染物对大气环境产生的损害问题。该评价模型有如下特色：

（1）该模型不仅能形象、直观地表示起始污染物相互化学作用生成二次污染物的逻辑因果机理，而且能清晰地刻画出大气复合污染物之间相互叠加对大气环境响应产生损害的复杂过程。

（2）化学反应 Petri 模型以化学反应过程作为构造 Petri 网的依据，利用其强大的并行能力、分析与计算能力，动态定量地评价复合污染对大气环境质量造成的损害。

（3）该模型通过起始污染物浓度的输入，实现对大气环境质量的迅速而准确的评价，避免了化学实验这个复杂的过程，具有较好的灵活性和普遍适应性。

（4）基于化学反应 Petri 网的大气复合污染损害度评价模型是一种多种污染物相互作用，对环境损害程度相互耦合叠加的综合评价模型，适合复杂系统建模。

9.2 基于化学反应 Petri 网的损害度评价模型

9.2.1 起始污染物损害度计算公式

文献［11］将第 i 种大气污染对环境的损害度 R_i 定义为

$$R_i = 1/(1 + a\mathrm{e}^{-bx_i}) \tag{9-1}$$

本章将式（9-1）的计算结果作为起始污染物损害度，在模型中表示化学反应 Petri 网的输入库所。其中，a、b 是与污染物特征无关的待确定参数，$x_i = c_i/c_{i0}$ 是第 i 种起始污染物实测浓度 c_i 与本底浓度值 c_{i0} 的相对值，起始污染浓度本底值 c_{i0} 的取值如表 9-1 所示。

表 9-1 6 种起始污染物的本底值浓度值 c_{i0}[13] 及环境保护部发布的浓度限值（HJ 633—2012）c_{i5}[21,22]

起始污染物	0 级		Ⅰ		Ⅱ		Ⅲ		Ⅳ		Ⅴ	
	c_{i0}	x_{i0}	c_{i1}	x_{i1}	c_{i2}	x_{i2}	c_{i3}	x_{i3}	c_{i4}	x_{i4}	c_{i5}	x_{i5}
SO_2	0.025	1.0	0.05	2.0	0.15	6.0	0.475	19.0	0.8	32.0	1.6	64.0
NO_2	0.015	1.0	0.04	2.67	0.08	5.3	0.18	12.0	0.28	18.67	0.565	37.67
NH_3	0.5	1.0	1.0	2.0	1.5	3.0	2.0	4.0	4.0	8.0	5.0	10.0
H_2S	0.01	1.0	0.03	3.0	0.06	6.0	0.10	10.0	0.32	32.0	0.60	60.0
CO	0.001	1.0	0.002	2.0	0.004	4.0	0.014	14.0	0.024	24.0	0.036	36.0
芳香烃 RH	0.1	1.0	0.3	3.0	0.6	6.0	1.0	10.0	2.0	20.0	4.0	40.0

注：浓度单位为 mg/m^3。

表9-1采用六种污染物作为起始污染物，以环境保护部发布的环境空气质量指数（AQI）技术规定（试行）（HJ 633—2012）和恶臭污染物排放标准（GB 14554—93）作为分级的主要参考标准，将大气环境质量分为六级。

9.2.2　布谷鸟搜索算法对参数 *a*、*b* 的求解

布谷鸟搜索算法是 Yang 和 Deb[23] 在 2009 年提出的优化算法，它通过模拟自然界中布谷鸟随机或类似寻找自己产卵的鸟巢位置这一过程来寻找优化问题中的最优解。将式（9-1）中 a、b 作为优化问题的 2 维决策向量，构造满足条件的目标函数：

$$\min f(a,\ b) = \frac{1}{Km}\sum_{k=0}^{K-1}\sum_{i=0}^{m-1}(R_{ik} - R_{ke})^2 \tag{9-2}$$

式中，m 为起始污染物的种类；K 为大气环境质量的分级数；R_{ik}为第 i 种污染物 k 级标准的污染损害度；R_{ke}为与污染物无关的 k 级标准损害度目标值。

实验参数设置　公式（9-2）参数：起始污染种类 $m=6$；分级数 $K=6$；P_{ik}是由式（9-1）根据表 9-1 中 x_{ik}求得含 a、b 决策向量的函数；R_{ie}参照文献［13］将［0.01，0.99］区间内 R_i按照“等比赋值，等差分级”的原则，划分为 $k=0$、1、…、$K-1$，计算出与表 9-1 中六个级别对应的污染损害度的目标值 R_{ie}分别为 0.01、0.0251、0.0628、0.1575、0.3949、0.99。布谷鸟搜索算法参数：决策向量维数 $n=2$；决策向量 a、b 的取值范围［0，100］；鸟窝群体规模数 $NP=500$；最大迭代次数 $g_{\max}=500$。

根据上述参数设置要求，按照文献［24］自适应参数布谷鸟搜索算法，对目标函数（9-2）反复迭代，得到最优解 $a=15.9589468471056$、$b=0.100597994566142$。由此可知六种大气污染物均适用的初始大气污染损害度 R_i为

$$R_i = 1/(1 + 15.9589\mathrm{e}^{-0.1006x_i}) \tag{9-3}$$

9.2.3　损害度的化学反应 Petri 网计算模型

本章将化学反应过程定义到 Petri 网中，对大气复合污染导致的大气环境问题进行建模评价，目的在于根据大气复合污染中起始污染物和二次污染物之间的化学因果关系，挖掘出大气复合污染中各个污染物源和汇相互交错，不断地促进化学转化过程的耦合关系，进而对大气环境所产生协同效应的评价。

定义 9.1　化学反应 Petri 网的大气复合污染损害度评价模型 CRPNEM 为一个 8 元组：

$$\mathrm{CRPNEM} = (P,\ T,\ D,\ V,\ \boldsymbol{\Delta},\ \boldsymbol{\Lambda},\ Token,\ R)$$

式中，$P=\{p_1,\ p_2,\ \cdots,\ p_n\}$ 表示污染物排放到大气环境中所造成大气复合污染

的反应物和生成物，由库所的有限集合构成。CRPNEM中的库所可以表示为4元组（p_i，${}^{\cdot}p_i$，$p_i^{\cdot}$，$\widetilde{p}_i$），${}^{\cdot}p_i$ 和 $p_i^{\cdot}$ 分别是 p_i 的起因库所集和结果库所集，反映了化学反应方程式中的反应物和生成物。若 ${}^{\cdot}p_i=\varnothing$，则 p_i 为污染的起始库所，代表起始污染物，见表9-1中六种污染物；若 $p_i^{\cdot}=\varnothing$，则 p_i 为复合污染的终止库所，代表最终生成的复合污染物；$\widetilde{p}_i$ 是虚库所集，代表了在化学方程中起必要作用，对大气环境无危害作用物质（例如水，氧气），其中，$\widetilde{p}_i\subseteq{}^{\cdot}p_i$，$\widetilde{p}_i\subseteq p_i^{\cdot}$。$T=\{t_1, t_2, \cdots, t_m\}$ 表示造成大气复合污染的化学反应过程，它是由变迁的有限集合构成。$D=\{d_1, d_2, \cdots, d_m\}$ 是造成大气复合污染物发生化学反应所必需的触发条件，是命题的有限集合，t_i和 d_i一一对应，是化学反应 t_i的命题化描述，主要包括光照强度、温度、催化剂等化学反应所需条件。$V=\{v_1, v_2, \cdots, v_m\}$ 是变迁的速率函数，代表化学反应的速率，用来衡量化学反应进行的快慢程度，化学反应速率值参考文献［25］在298K时的化学反应速率。大气复合污染的主要成分化学烟雾是由前体物发生一系列光化学反应形成的，根据文献［26］，反应的一级光解速率计算公式如式（9-4）所示：

$$v_A=\int_{\lambda_1}^{\lambda_2}\sigma_A(\lambda, T)\phi_A(\lambda, T)I(\lambda)\mathrm{d}\lambda \tag{9-4}$$

式中，v_A为A的光解速率；σ_A为分子A的吸收横截面积，cm^2；，ϕ_A 为量子产率；I 为光化通量；$I(\lambda)$ 为太阳天顶角的函数，由式（9-4）可知，化学反应速率是时间、云量、光强等的函数，具体取值根据实际情况确定。$\boldsymbol{\Delta}=[\delta_{ij}]_{n\times m}$ 是变迁的前弧集，表示化学反应过程中反应物的化学计量系数；$\boldsymbol{\Lambda}=[\gamma_{ji}]_{m\times n}$ 是变迁的后弧集，表示化学反应过程中生成物的化学计量系数；两个系数根据相应的化学反应的质量守恒和电子守恒等方式确定。$Token=\{Token_1, Token_2, \cdots, Token_n\}$ 表示相应化学反应中参加反应的单位分子的数量，是库所中托肯的有限集合。对于化学反应方程式形如

$$\delta_1p_1+\delta_2p_2\longrightarrow\gamma_1p_3+\gamma_2p_4$$

$Token_i$ 的计算方式如式（9-5）所示，即

$$Token_i=\begin{cases}p_2/\delta_2 & p_1/p_2>\delta_1/\delta_2\\ p_1/\delta_1 & p_1/p_2\leqslant\delta_1/\delta_2\end{cases} \tag{9-5}$$

若 $p_1/p_2>\delta_1/\delta_2$，说明化学反应中反应物 p_2的分子质量不足，则 $Token$ 由 p_2 的单位分子的数量决定；若 $p_1/p_2\leqslant\delta_1/\delta_2$，说明反应物 p_2不足，则 $Token$ 由 p_2的单位分子的数量决定；$R=\{R_{p_1}, R_{p_2}, \cdots, R_{p_n}\}$ 是复合污染的损害度函数，与库所 p_i一一对应，计算方法如式（9-6）所示：

$$R_{p_i} = \begin{cases} 1/(1 + 15.9589\mathrm{e}^{-0.1006x_i}) & 若\ {}^{\cdot}p_i = \varnothing \\ 由\ \text{CRPNEM}\ 中\ \text{Petri}\ 网形式计算 & 若\ {}^{\cdot}p_i \neq \varnothing \\ 0 & 若\ p_i = \widetilde{p}_i \end{cases} \tag{9-6}$$

式（9-6）中，若库所为起始污染，即污染的起始库所，其损害度初值由公式（9-3）计算；若库所为非起始库所，其损害度根据 CRPNEM 模型中化学反应的 Petri 网形式决定，计算方法将在下文中详细描述；若库所为虚库所，其损害度值为 0。

9.3　化学反应的 Petri 网表示及算法流程

9.3.1　化学反应的 Petri 网表示

9.3.1.1　单化学反应的 Petri 网基本形式表示

根据对化学反应 Petri 网模型中对库所的定义，对三种特殊的库所进行图形化表示，如图 9-1（a）、（b）、（c）所示。

图 9-1　三种特殊库所形式化表示

化学反应 Petri 网的大气复合污染损害度模型，在形式上，将化学反应过程用 Petri 网表示，描述起始污染物相互化学作用生成二次污染物的逻辑因果化学机理；在计算上，利用 Petri 网强大的并行能力、分析与计算能力，定量计算大气复合污染物之间相互叠加对大气环境产生的损害程度。根据化学反应的基本类型，CRPNEM 模型中化学反应 Petri 网包含以下三种基本机理，定义如下所述。

（1）Petri 网机理 1。若污染物排放到大气环境中某一化合反应化学方程式形如化合反应，即

$$\delta_{1j}p_1 + \delta_{2j}p_2 + \cdots + \delta_{mj}p_m = \gamma p_k \tag{9-7}$$

则对应的 Petri 网推理规则表示如下：IF p_1 AND p_2 AND … p_m THEN p_k，形式化描述如图 9-2 所示。

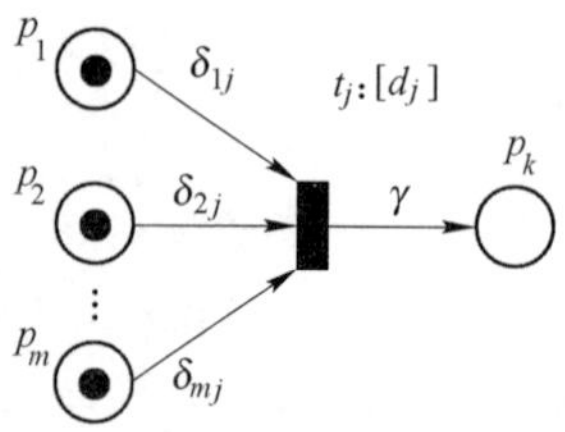

图 9-2　化合反应 Petri 网表示

Petri 网机理 1 表示多种污染物起因库所 $^{\cdot}p_i$ 下，共同反应，经过变迁命题集合 d_j 的激发，生成同一种污染物库所 $p_i^{\cdot}$ 。如二氧化硫和 HO 自由基以及氨气经过化合反应，在特定的温度、湿度、气压条件以及煤尘作为催化剂的条件下，生成硫酸铵气溶胶 $SO_2+2HO+NH_3 = NH_4(HSO_4)$，气溶胶是光化学烟雾的重要组成部分。机理 1 激活后，污染物 p_k 的损害度为：

$$R_{p_k} = \sum_{i=1}^{m}\left(\frac{\delta_{ij} \cdot R_{p_i} \cdot v_j}{\sum_{i=1}^{m}\delta_{ij}}\right) \tag{9-8}$$

式中，起因库所 R_{p_i} 由式（9-6）确定；δ_{ij} 为化学反应 j 中反应物的化学计量系数。

（2）Petri 网机理 2。若污染物排放到大气环境中某一反应化学方程式形如复分解反应：

$$\delta p_k = \gamma_{j1}p_1 + \gamma_{j2}p_2 + \cdots + \gamma_{jm}p_m \tag{9-9}$$

则对应的 Petri 网推理规则表示如下：IF p_k THEN p_1 AND p_2 AND… p_m，形式化描述如图 9-3 所示。

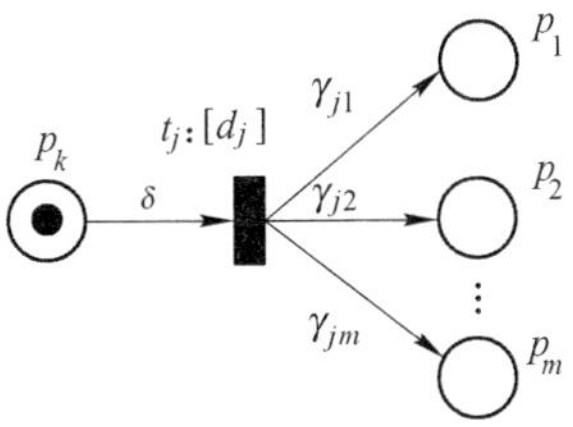

图 9-3　复分解反应 Petri 网表示

Petri 网机理 2 表示在同一污染物起因库所 $^{\cdot}p_i$ 下，化学反应变迁命题集合 d_j 的激发可以同时生成多种污染物结果库所 $p_i^{\cdot}$ 。如过氧烷基 ROO 自身的复分解反应：$2ROO \longrightarrow R'CHO + R'CH_2OH + O_2$，该类反应产生新的产物醛、酮等带有氧化性的刺激产物，这是复合污染的重要组成部分。机理 2 激活后，各个污染物 p_i 的损害度为：

$$R_{p_i} = \frac{\gamma_{ji} \cdot R_{p_k} \cdot v_j}{\sum_{i=1}^{m}\gamma_{ji}} \tag{9-10}$$

式中，起因库所 R_{p_k} 同样由式（9-6）确定；γ_{ij} 为化学反应 j 中生成物的化学计量系数。

（3）Petri 网机理 3。若污染物排放到大气环境中某一反应化学方程式形如复合反应：

$$\delta_{1j}p_1 + \delta_{2j}p_2 + \cdots + \delta_{mj}p_m = \gamma_{j1}p_1 + \gamma_{j2}p_2 + \cdots + \gamma_{jn}p_n \tag{9-11}$$

则对应的 Petri 网推理规则表示如下：IF p_1 AND p_2 AND… p_m THEN p_1 AND p_2 AND…p_n，形式化描述如图 9-4 所示。

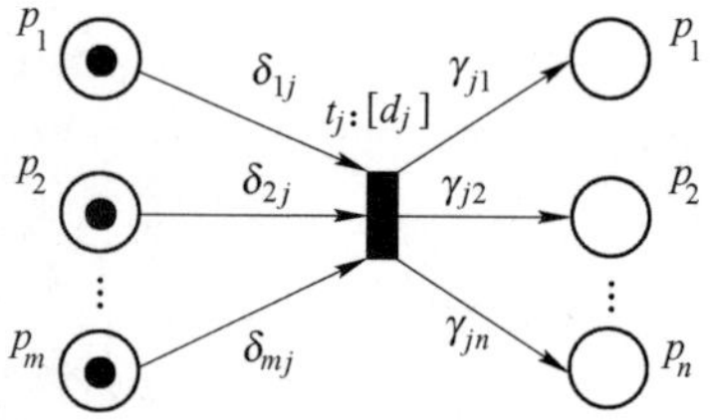

图 9-4　复合反应 Petri 网表示

Petri 网机理 3 表示在多个污染物起因库所 $^{\cdot}p_i$ 下，化学反应变迁命题集合 d_j 的激发可以同时生成多种污染物结果库所 $p_i^{\cdot}$。如甲烷 CH_4 与 NO 的复合反应：$CH_4+HO+2NO+2O_2$═══$HO+HCHO+H_2O+2NO_2$，该反应新产生的甲醛和 NO_2，同样是复合污染的重要组成部分。机理 3 激活后，各个污染物 p_i的损害度为：

$$R_{p_i} = \sum_{i=1}^{m} \left(\frac{\delta_{ij} \cdot R_{p_k}}{\sum_{i=1}^{m} \delta_{ij}} \right) \cdot \frac{\gamma_{ji} \cdot v_j}{\sum_{i=1}^{m} \gamma_{ji}} \tag{9-12}$$

式中，起因库所 R_{p_k} 同样由式（9-6）确定。机理 1、2 是机理 3 的特殊情况。

对以上单化学反应 Petri 网基本形式中损害度计算方法的定义，遵循加权求和原则，体现了各个污染物相互发生化学反应，对大气环境产生的叠加效应。

9.3.1.2　多化学反应的 Petri 网复合形式表示

在大气环境造成破坏的化学反应中，仍存在较复杂的情况。根据多个污染物进行多个化学反应的过程，结合 Petri 网的形式，CRPNEM 模型中多化学反应 Petri 网复合形式包含以下两种机理，定义如下所述。

（1）Petri 网复合机理 1。若多个污染物各自发生不同的化学反应，都生成同一种物质。其中每一个化学反应有可能由多个式（9-7）、式（9-9）组合而成，则形式化描述如图 9-5 所示。

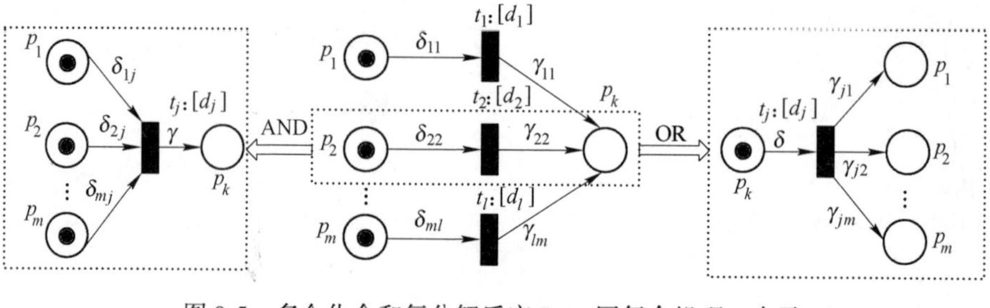

图 9-5　多个化合和复分解反应 Petri 网复合机理 1 表示

该种形式表示在多个不同污染物起因库所 $^{\cdot}p_i$ 下，经过不同的变迁命题集合 d_j激发，可以生成同一种污染物库所 $p_i^{\cdot}$ 。大气过氧自由基化学是对流层大气化学的重要组成部分，对于理解大气氧化性、光化学臭氧等核心科学问题具有重要意义[4]。故以自由基 OH 的生成为例，描述图 9-5 的原理，化学反应方程式如下所示：

臭氧的光分解：$O_3 + h\upsilon \longrightarrow O(^1D) + O_2(\lambda \leqslant 320nm)$；$O(^1D) + H_2O \longrightarrow 2OH$

亚硝酸的光分解：$HONO + h\upsilon \longrightarrow HO + NO(\lambda = 300 \sim 390nm)$

其化学反应 Petri 网表示如图 9-6 所示。

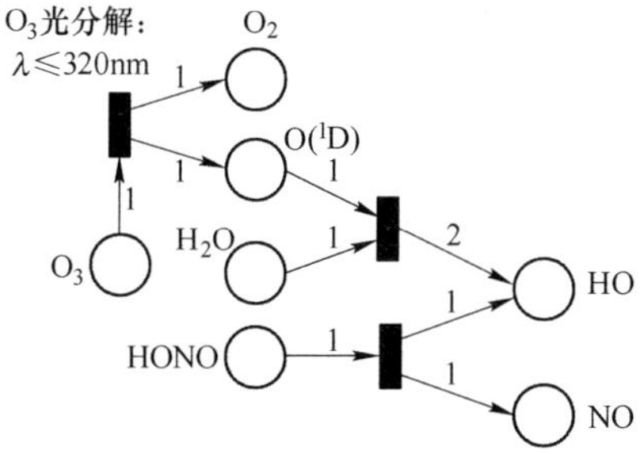

图 9-6　HO 生成 Petri 网表示

经过一系列的链式反应，变迁激活后，每个起因库所 $^{\cdot}p_i$ 通过式（9-6）计算得到结果库所 $p_i^{\cdot}$ 的损害度。如果用于大气环境损害度评价，在 CRPNEM 模型中关心的是对环境损害度最大的情况，故每一个结果库所 $p_i^{\cdot}$ 中对大气环境损害最大的作为库所 p_k的损害度。其计算方法如式（9-13）所示：

$$R_{p_k} = \max(R_{p_1^{\cdot}},\ R_{p_2^{\cdot}},\ \cdots,\ R_{p_m^{\cdot}}) \tag{9-13}$$

式中，$R_{p_i^{\cdot}}$ 为根据 Petri 网机理 1、2 确定的结果库所的损害度，具体由式（9-8）、式（9-10）计算可得。

（2）Petri 网复合机理 2。若同一种污染物经过不同的化学反应，生成多种生成物质的情况。其中每一个化学反应有可能由式（9-7）、式（9-9）组合而成，形式化描述如图 9-7 所示。

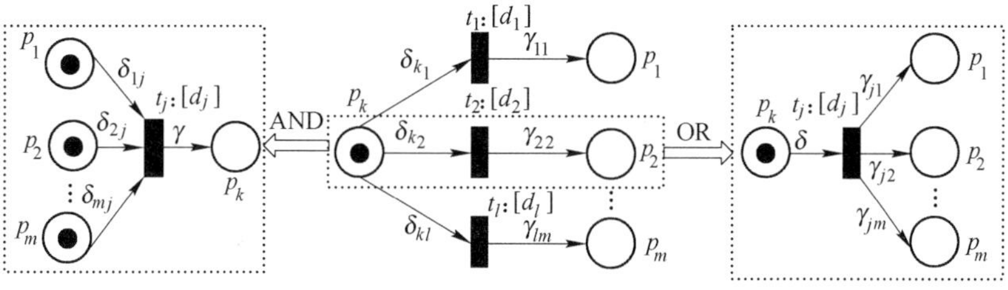

图 9-7　多个化合和复分解反应 Petri 网复合机理 2 表示

该种形式表示在同一起因库所 $^{\cdot}p_i$ 下，变迁命题集合 d_i 的激发是不确定的，即不同时刻前提 $^{\cdot}p_i$ 下，变迁命题集合 d_i 中的任意一个或者几个变迁都有可能激发。如醛类的光解，以甲醛光解为例，其化学反应方程式如下所示。醛类的光分解：$HCHO+h\upsilon \longrightarrow H+HCO(\lambda \leqslant 320nm)$；$HCHO+h\upsilon \longrightarrow H_2+CO$（$\lambda \leqslant 361nm$）；$HCHO+h\upsilon \longrightarrow H+H+CO$（$\lambda \leqslant 283nm$）。其化学反应 Petri 网表示如图 9-8 所示。

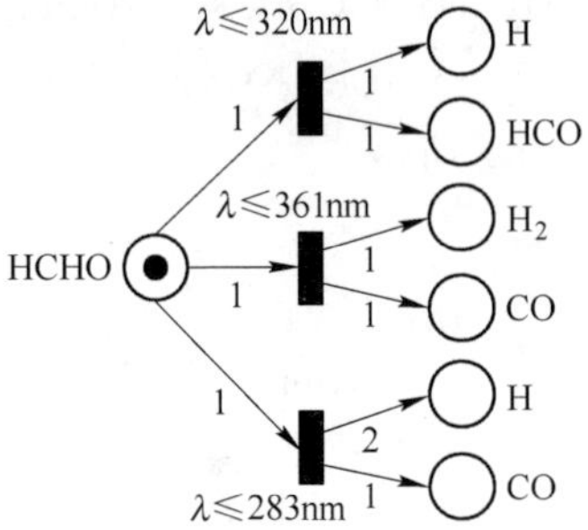

图 9-8　HCHO 光解 Petri 网表示

上述反应的发生需要满足不同的温度、气压、光照强度等条件，故各个反应的发生不同时触发。则生成物结果库所的损害度计算方法如下所示。

$$R_{p_i} = R_{p_k^{\cdot}} \tag{9-14}$$

式中，$R_{p_i^{\cdot}}$ 为根据 Petri 网机理 1、2 确定的结果库所的损害度，具体由式（9-8）、式（9-10）计算可得。

以上基本形式以及复合形式几乎涵盖了 Petri 网结构中所有的形式，其他形式是上述五种形式的基本组合，不再赘述。本章采用 Petri 网对并发式系统的处理机制来反映复合污染对环境影响的协同叠加效应，采用多个化学反应相互作用，共同交叉反应来刻画复合污染造成的大气环境的耦合作用。

9.3.2　模型的算法流程

根据以上描述的化学反应 Petri 网机理，可得用于大气复合污染损害度评价模型的算法流程如下所述。

（1）模型初始化。初始状态 $t=0$，根据以上定义初始化大气复合污染损害度评价模型，根据式（9-3）初始化各起始库所的损害度初值，并初始化各个参数（P，T，D，V，$\boldsymbol{\Delta}$，$\boldsymbol{\Lambda}$，$Token$，R）。

（2）构造化学反应 Petri 网。将部分起始污染作为起始库所，根据化学反应过程式（9-7）、式（9-9）、式（9-11），构造与之相应的 Petri 网基本形式，将具有相同起因或结果库所的基本形式（图 9-2～图 9-4）按照多化学反应 Petri 网（图 9-5、图 9-6）连接起来，构成相互交错的化学反应 Petri 网逻辑因果关系原理图。

(3) 计算损害度。让算法选取化学反应 Petri 网中每个节点库所，遍历整个污染物对大气环境造成的损害过程的逻辑因果关系原理图，其演化过程如图 9-9 所示。

```
FOR t =1 TO G  //G 为模型中评价对象的个数
FOR  ∀p_i ∈ CRPNEM  //遍历大气复合污染损害度评价模型中的每一个库所
    根据化学反应方程式中反应物和生成物的计量数，确定库所 p_i 的前弧 δ_ij 和后弧 γ_ji
    根据式（9-4）确定变迁的速率函数
    //单化学反应 Petri 表示损害度求解
    IF  ∀p_i ∈ 式（9-7）THEN
          IF  d_i =TRUE THEN  //如果变迁条件为真
              根据式（9-8）计算单化学反应生成物库所的损害度
          END IF
    ELSE IF  ∀p_i ∈ 式（9-9）THEN
          IF  d_i =TRUE THEN
              根据式（9-10）计算生成物库所的损害度
          END IF
    ELSE IF  ∀p_i ∈ 式（9-11）THEN
          IF  d_i =TRUE THEN
              根据式（9-12）计算生成物库所的损害度
          END IF
    END IF
    根据式（9-5）更新生成物的 Token_i
    //多化学反应 Petri 表示损害度求解
    IF  ∀p_i˙ = ∀p_j˙（i=1，2，···，m；i≠j）THEN //如果 p_i 和 p_j 具有相同的结果库所
        IF  d_i =TRUE THEN
            根据式（9-13）计算单化学反应生成物库所的损害度
        END IF
    ELSE IF ∀˙p_i = ∀˙p_j（i=1，2，···，m；i≠j）THEN //如果 p_i 和 p_j 具有相同的起因库所
        IF  d_i =TRUE THEN
            根据式（9-14）计算同一起因库所生成不同结果库所的损害度
        END IF
    END IF
     根据式（9-5）更新生成物的 Token_i
  NEXT
NEXT
```

图 9-9 计算损害度算法流程

9.4　实例模拟与分析

本章所建立的 CRPNEM 主要将表 9-1 中的污染物作为模型的输入，其初始输入量如表 9-2 所示。矿区煤炭开采过程产生的废气主要来源于逸出的瓦斯和煤以及煤自燃产生的废气，这些废气通过矿井排风井排入大气环境中，该废气成分复杂，与大气中一次污染物之间或与大气的正常成分之间发生化学反应，生成对环境危害更为严重的二次污染物。矿区大气环境是一个污染源固定、污染物成分复杂、对环境影响较为集中的区域。实例对某煤矿区排放的废气进行检测，并对各个污染物的浓度进行收集，通过矿区废气排放对大气环境质量损害的逻辑因果关系所构成的 Petri 网进行建模，从而估算大气环境质量损害度，评价该矿区的大气环境质量。基于化学反应 Petri 网的大气环境损害因果逻辑关系，如图 9-10 所示。

表 9-2　开采 1kg 煤矿废气中初始污染物含量[27]

污染物	排放量/mg · m^{-3}	污染物	排放量/mg · m^{-3}
SO_2	1.25	H_2S	0.6
NO_2	0.46	CO	0.028
NH_3	4.3	芳香烃 RH	1.8

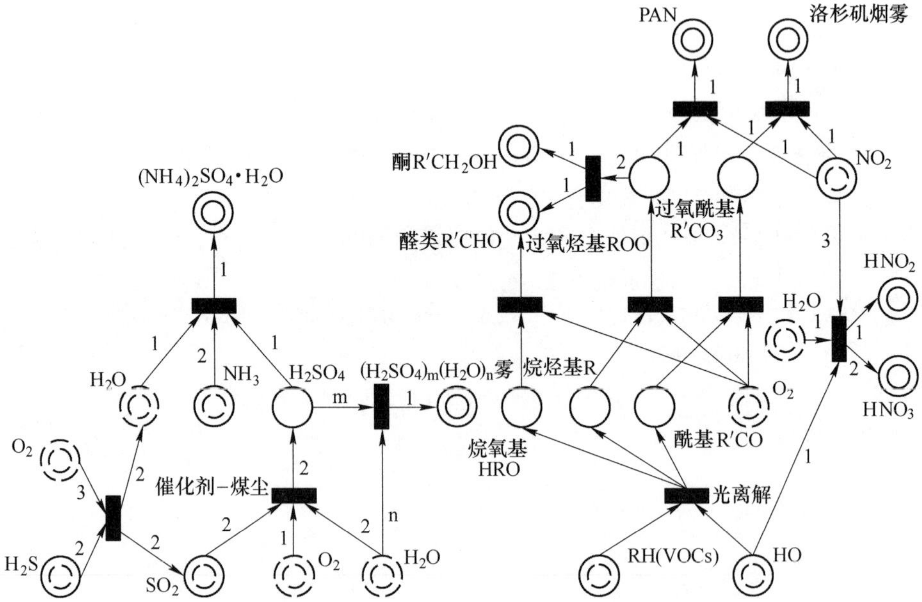

图 9-10　基于化学反应 Petri 网的废气排放致环境损害因果逻辑关系

根据式（9-3）计算一次污染物的初始损害度，其计算结果如表 9-3 所示，将该结果作为 CRPNEM 的初始输入值，根据图 9-10 所构造的化学反应 Petri 网逻辑因果关系，按照本章所给方法估算出排风口废气的二次污染对环境的损害度，其计算结果见表 9-4。

按照文献［13］方法计算的大气损害度值 0.6222，如表 9-4 所示。根据“等比赋值，等差分级”原则，应处于（0.3949，0.99］之间，故认定为该矿区环境等级为 V 级；使用本章模型计算的大气损害度值为 0.6451，同样处于（0.3949，0.99］之间，认定为该矿区环境等级亦为 V 级。虽然两者处于同一等级，但是可以看出本章模型值略高于文献［13］损害度值。这也说明了在评价中，二次污染物对大气环境造成的复合污染具有耦合叠加作用，而使用二次污染物作为评价某区域大气环境质量的指标优于一次污染物。

表 9-3 排风口废气一次污染物与二次污染物对照表

类 别	一次污染物	二 次 污 染 物
含硫化合物	SO_2，H_2S	H_2SO_4，MSO_4
含氮化合物	NO_2，NH_3	HNO_3，MNO_3
含碳化合物	芳香烃 RH	醛类，酮类，酸类，PAN，洛杉矶烟雾
碳的氧化物	CO	无

注：MSO_4、MNO_3 为硫酸盐和硝酸盐。

表 9-4 一次污染物初始损害度及排风口废气的二次污染对环境的损害度

CRPNEM 模型损害度输入									
一次污染物	SO_2	NO_2	NH_3	H_2S	CO	芳香烃			文献[13]
	0.9055	0.5781	0.1648	0.9632	0.5117	0.6104			0.6222
CRPNEM 模型损害度输出									
二次污染物	硫酸雾	硫酸盐	(亚)硝酸	酮	醛	洛杉矶烟雾	PAN	CO	CRPNEM
	0.9344	0.7328	0.5781	0.4748	0.5426	0.7923	0.5943	0.5117	0.6451

上述实验结果说明：本章提出的矿区大气复合污染损害度评价模型用于大气环境质量评价是可行的，且具有较好的普遍适用性。

9.5 本章小结

本章从化学反应视角下出发，定义了大气环境损害度，综合考虑分析了大气环境中起始污染经过系列链式反应这一化学过程，将传统 Petri 网的各个要素赋予化学意义，通过化学反应以及各个状态库所的守恒关系构造 Petri 网，挖掘出大气环境质量损害过程中化学反应 Petri 网逻辑因果关系，从而计算每个污染物库所的损害度。本章首次将其应用于评价模型中，提出一种基于化学反应 Petri 网的大气复合污染损害度评价模型（CRPNEM），并结合化学反应的 Petri 网机理，给出相应的算法，经过实例对比验证，该模型能有效表示大气复合污染对环境影响的协同叠加效应，其算法是有效的。

CRPNEM 作为一种新的复杂大气环境质量建模工具，充分地利用了 Petri 网和化学反应的优点，并将它们有力地结合起来，为大气环境质量评价提供一种全新的建模方法，丰富了评价建模的研究体系，扩展了 Petri 网的研究领域。

参考文献

[1] 朱彤，尚静，赵德峰. 大气复合污染及灰霾形成中非均相化学过程的作用 [J]. 中国科学：化学，2010，40（12）：1731~1740.

[2] 许亚宣，李小敏，于华通，等. 邯郸市大气复合污染特征的监测研究 [J]. 环境科学学报，2015，35（9）：2710~2722.

[3] 储根柏，陈军，刘付轶，等. 气相自由基反应动力学的光电离质谱研究 [J]. 化学进展，2012，11：2097~2105.

[4] 李晓倩，陆克定，魏永杰，等. 对流层大气过氧自由基实地测量的技术进展及其在化学机理研究中的应用 [J]. 化学进展，2014，26（4）：682~694.

[5] 贺泓，王新明，王跃思，等. 大气灰霾追因与控制 [J]. 中国科学院院刊，2013，28（3）：344~352.

[6] 郑健. 2001-2011 年乌鲁木齐市大气环境质量模糊数学综合评价 [J]. 环境污染与防治，2014，36（1）：28~34.

[7] 杨晓艳，鲁红英. 基于模糊综合评判的城市环境空气质量评价 [J]. 中国人口·资源与环境，2014（S2）：143~146.

[8] Miguel Ángel Olvera-García，José J Carbajal-Hernández，et al. Air quality assessment using a weighted Fuzzy Inference System [J]. Ecological Informatics，2016，33：57~74.

[9] 徐卫国，张清宇，陈英旭. 空气质量评价灰色聚类修正模型的建立与应用 [J]. 哈尔滨工业大学学报，2008（6）：989~992.

[10] 赵晓亮，齐庆杰，李瑞锋，等. 基于熵权物元可拓模型的城市大气质量评价 [J]. 地球与环境，2012，40（2）：250~254.

[11] 李祚泳，彭荔红. 基于遗传算法优化的大气质量评价的污染危害指数公式 [J]. 中国环境科学，2000，20（4）：313~317.

[12] 韩旭明，左万利，王丽敏，等. 免疫算法优化的大气质量评价模型及其应用 [J]. 计算机研究与发展，2011，48（7）：1307~1313.

[13] 于宗艳，韩连涛. 免疫粒子群算法优化的环境空气质量评价方法 [J]. 环境工程学报，

2013，7（11）：4486~4490.

[14] 徐晓斌. 我国霾和光化学污染观测研究进展 [J]. 应用气象学报，2016，27（5）：604~619.

[15] 王宏镔，王海娟，曾和平，等. 污染与恢复生态学 [M]. 北京：科学出版社，2015.

[16] Xing J, Wang S X, Jang C, et al. Nonlinear Response of Ozone to Precursor Emission Changes in China: a Modeling Study using Response Surface Methodology [J]. Atmos. Chem. Phys., 2011, 11: 5027~5044.

[17] 胡敏，尚冬杰，郭松，等. 大气复合污染条件下新粒子生成和增长机制及其环境影响 [J]. 化学学报，2016，74：385~391.

[18] Paasonen P, Olenius T, Kupiainen O, et al. On the formation of sulfuric acid - amine clusters in varying atmospheric conditions and its influence on atmospheric new particle formation [J]. Atmos. Chem. Phys., 2012, 12: 9113~9142.

[19] Wang Z B, Hu M, Mogensen D, et al. The simulations of sulfuric acid concentration and new particle formation in an urban atmosphere in China [J]. Atmos. Chem. Phys., 2013, 13: 11~57.

[20] 谢旻，王体健，江飞，等. 区域空气质量模拟中查表法的应用研究 [J]. 环境科学，2012（5）：1409~1417.

[21] 环境保护部. HJ 633—2012 环境空气质量指数（AQI）技术规定（试行）[S]. 北京：中国环境科学出版社，2012.

[22] 国家环境保护局，国家技术监督局. GB 14554—1993 恶臭污染物排放标准 [S]. 北京：中国环境科学出版社，2010.

[23] Yang Xinshe, Deb S. Cuckoo Search via Lévy Flights [C]. Proc of the World Congress on Nature & Biologically Inspired Computing, Coimbatore, India, 2009: 210~214.

[24] Xiangtao Li, Minghao Yin. Modified cuckoo search algorithm with self adaptive parameter method [J]. Information Sciences (S0020-0255), 2015, 298: 80~97.

[25] 刘培同. 环境学概论 [M]. 北京：高等教育出版社，1992.

[26] John H. Seinfeld, Spyros N. Pandis. Atmospheric Chemistry and Physics, from Air Pollution to Climate Change [J]. Journal of Atmospheric Chemistry, 2000, 37 (2): 212~214.

[27] 刘天齐，黄小林，刑连壁，等. 三废处理工程技术手册（废气卷）[M]. 北京：化学工业出版社，1999.

10 关联区域雾霾中重金属健康风险评价

大气污染物包含大量无机元素[1]，而无机元素是 $PM_{2.5}$的主要化学成分[2,3]。$PM_{2.5}$中包含大量有害元素，特别是有毒重金属元素对人体产生危害较大。由于人为污染，大气中有毒重金属含量远远高于天然本底值[4]。$PM_{2.5}$中的有毒重金属主要通过手口摄食、呼吸吸入、皮肤接触这 3 种主要的暴露途径对人体健康造成危害[5~7]。

本章以西安市为例分析了关联区域环境空气颗粒物 $PM_{2.5}$中 19 种有害元素的浓度水平、分布特征及其主要来源，计算了重金属（Mn、Cu、Zn、As、Pb、Cr、Ni、Co、Cd、Hg）的潜在生态危害以及重金属的人体暴露量，并对环境空气颗粒物 $PM_{2.5}$中重金属潜在的健康风险进行评价。

10.1 样品采集

在连续干燥无雨的天气，选取西安市三环以内区域为研究范围进行采样。共采集 168 个样品，如图 10-1 所示，涵盖了包括公园、学校、商业街、立交桥等不

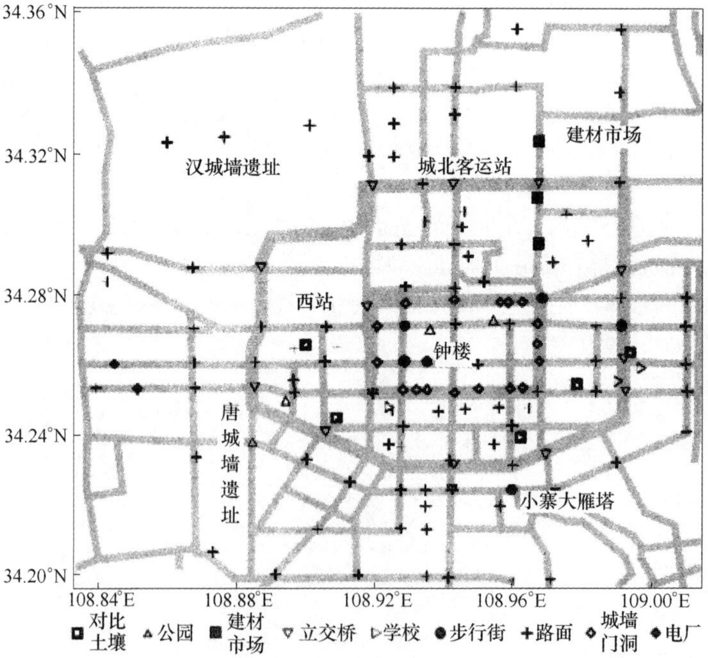

图 10-1　西安市重金属元素采样点

同环境。在渭河热电厂、西安西郊热电厂污染源区及其附近共采集样品 9 个，所有道路表面样品采集于交通干道十字路口处（含建材市场周边样品 3 个，步行街周边样品 6 个）。样品统计结果如表 10-1 所示。

表 10-1 西安市重金属元素富集因子分析

元素	平均值	标准偏差	变异系数	背景值	富集系数		
					Ti	Fe	Al
Al	5.31	0.23	0.04	6.83	0.87	0.73	1.00
Fe	3.12	0.28	0.09	2.94	710.06	1.00	815.12
Mg	1.30	0.13	0.10	1.0	1.46	1.23	1.67
Ca	7.17	1.00	0.14	2.95	2.72	2.29	3.13
Na	1.75	0.20	0.11	1.19	1.65	1.39	1.89
K	1.62	0.09	0.06	1.93	0.94	0.79	1.08
Ti	3391.40	264.67	0.08	3800.00	1.00	0.84	1.15
V	65.25	5.71	0.09	66.90	1.09	0.92	1.25
Cr	1187.72	16.50	0.17	62.50	21.29	17.91	24.44
Mn	547.84	39.24	0.07	557.00	1.10	0.93	1.27
Co	9.33	1.42	0.15	10.60	0.99	0.83	1.13
Ni	30.28	6.39	0.21	28.80	1.18	0.99	1.35
Cu	95.22	67.92	0.71	21.40	4.99	4.19	5.72
Zn	351.55	139.66	0.40	69.40	5.68	4.77	6.52
As	1734.00	5.07	0.29	11.10	175.04	147.20	200.93
Ba	839.16	171.52	0.20	516.00	1.82	1.53	2.09
Pb	294.26	33.37	0.35	21.40	15.41	12.96	17.69
Hg	2.32	1.12	0.11	0.03	86.73	72.93	99.56
Cd	8.47	2.23	0.25	0.094	100.93	84.88	115.86

10.2 富集因子分析法

富集因子法（Enrichment Factor，EF）主要用于研究环境空气中元素的富集程度，从而判断和评价元素的来源（自然来源和人为来源）的方法[8]，计算公式如下：

$$EF_i = \frac{(C_i/C_r)_{\text{环境}}}{(C_i'/C_r')_{\text{背景}}} \tag{10-1}$$

式中，EF_i为元素 i 的富集因子；C_i、C_r分别为元素 i 和参比元素的含量；C_i'、C_r'分别为元素 i 和参比元素的背景值。若 $EF_i<10$，认为元素相对于地表未富集，主

要来源为自然源，由土壤岩石风化造成；若 EF_i 在 $10 \sim 1\times10^4$ 范围，认为元素被富集，主要来源为人为源。

10.3 潜在生态危害指数法

潜在生态危害风险分析以元素丰度为基础条件，即沉积物中金属潜在生态危害指数（RI）与金属污染程度正相关，且多种金属污染的生态危害具有加和性。评价指标如下：

$$C_f^i = \frac{C^i}{C_n^i} \tag{10-2}$$

$$E_r^i = T_r^i \cdot C_f^i \tag{10-3}$$

$$RI = \sum_{i=1}^{m} E_r^i = \sum_{i=1}^{m} T_r^i \cdot C_f^i = \sum_{i=1}^{m} T_r^i \cdot \frac{C^i}{C_n^i} \tag{10-4}$$

式中，C_f^i 为第 i 种重金属的污染系数；C^i 为样品中第 i 种重金属含量的实测值，mg/kg；C_n^i 为第 i 种重金属的背景值，mg/kg；E_r^i 为第 i 种重金属的潜在生态风险系数；T_r^i 为第 i 种重金属的毒性系数（表 10-2），反映其毒性水平和生物对其污染的敏感性；RI 为多种重金属的潜在生态风险指数；潜在生态风险评价指标的分级见表 10-3[9]。

表 10-2 各重金属的毒性系数

元素	Ti	Mn	Zn	V	Cr	Cu	Pb	Ni	Co	As	Cd	Hg
毒性系数	1	1	1	2	2	5	5	5	5	10	30	40

表 10-3 潜在生态风险评价指标的分级

E_r^i	单因子生态	危害程度（RI）	总的潜在生态风险程度
<40	轻微	<150	轻微
40~80	中	150~300	中等
80~160	较强	300~600	强
160~320	强	>600	极强
>320	极强		

10.4 人体暴露评估方法

10.4.1 暴露量的计算方法

自然界的重金属主要通过食物链、呼吸吸入以及皮肤接触这 3 种暴露途径对人体产生危害。研究中考虑的环境空气重金属主要暴露途径为：经手口摄食、呼吸吸入和皮肤接触这 3 种途径。暴露计量模型采用美国环保总署推荐使用的土壤健康风险模型。式（10-5）~式（10-7）分别为经手口摄食、呼吸吸入、皮肤接触这 3 种暴露方式产生的日平均暴露剂量公式。式（10-8）为呼吸吸入途径的致癌重金属终身日均暴露量。

$$D_{\text{ingest}} = C \times \frac{IngR \times EF \times ED \times CF}{BW \times AT} \tag{10-5}$$

$$D_{\text{inh}} = C \times \frac{InhR \times EF \times ED}{PEF \times BW \times AT} \tag{10-6}$$

$$D_{\text{dermal}} = C \times \frac{SA \times AF \times ABS \times EF \times ED \times CF}{BW \times AT} \tag{10-7}$$

$$EC_{\text{inh}} = \frac{C \times EF}{PEF \times AT} \times \left(\frac{InhR_{\text{child}} \times ED_{\text{child}}}{BW_{\text{child}}} + \frac{InhR_{\text{adult}} \times ED_{\text{adult}}}{BW_{\text{adult}}}\right) \tag{10-8}$$

式中，D_{ingest}为经手口摄食暴露量，mg/(kg · d)；D_{inh}为呼吸吸入暴露量，mg/(kg · d)；D_{dermal}为皮肤接触暴露量 mg/(kg · d)；EC_{inh}模型为致癌重金属呼吸吸入的终身日均暴露量，mg/(kg · d)；模型中各参数的取值见表 10-4[10~12]。

表 10-4　模型参数取值

项目	参数	单位	参数含义	儿童取值	成人取值	文献
基础参数	C	mg/kg	$PM_{2.5}$中重金属元素的含量			本章
	ED	a	暴露年限	6	24	[10]
	EF	d/a	暴露频率	350	350	[11]
	BW	kg	人均体重	15	60	[11]
	CF	kg/mg	转换因子	10^{-6}	10^{-6}	[10]
	AT（非致癌作用）	d	平均暴露时间	365×ED	365×ED	[10]
	AT（致癌作用）	d	平均暴露时间	365×70	365×70	[10]
经手口摄入	$IngR$	m^3/d	手口的摄食量	200	100	[10]
呼吸摄入	$InhR$	m^3/d	呼吸摄入	5	20	[10]
	PEF	m^3/kg	颗粒物排放因子	1.32×10^9	1.32×10^9	[11]
皮肤接触	SA	cm^2	皮肤暴露表面积	1600	4350	[11]
	AF	mg/cm^2	皮肤附着因子	1	1	[11]
	ABS		皮肤吸收因子	0.001	0.001	[10]

10.4.2 风险值的计算方法

风险评估包含非致癌风险和致癌风险评估。非致癌风险是通过暴露风险值 HQ 进行评估；致癌风险通过人体暴露于致癌物质所造成的终身致癌风险 TR 进行评估。由于现阶段仅能获取由呼吸吸入途径的 *SF* 值，因此仅考虑由呼吸吸入导致的致癌风险。评估计算公式如下：

$$HQ = EXP_{\mathrm{total}}/RfD \tag{10-9}$$

$$HI = \sum HQ_i \tag{10-10}$$

$$TR = EC_{\mathrm{inh}} \times SF \tag{10-11}$$

$$R = \sum_i TR_i \tag{10-12}$$

式中，EXP_{total}为暴露途径所造成的人体暴露量之总和；*RfD* 为暴露途径的参考剂量，mg/(kg · d)；*SF* 为斜率系数，表示人体暴露于一定剂量某种污染物下产生致癌效应的最大概率，mg/(kg · d)。*HI*、*R* 分别为单种重金属多种暴露途径下的非致癌风险总和及致癌风险总和。当 $HI>1$ 时，认为存在非致癌风险；当 $HI<1$ 时，认为不存在非致癌风险。当 $R>10^{-6}$时，认为存在致癌风险；当 $HI<10^{-6}$时，认为不存在致癌风险[13]。

10.4.3　富集因子分析

以不同元素为参比元素所得的富集因子的值可能存在较大的差别，故分别以地球化学性质稳定的 Ti、Al、Fe 作为参比元素，以西安市土壤为背景值，对西安市 $PM_{2.5}$中 19 种元素进行分析，如表 10-5 所示。

表 10-5　西安市重金属元素富集因子分析

元　素	平均值	富 集 系 数		
		Ti	Fe	Al
Al	5. 31	0. 87	0. 73	1. 00
Fe	3. 12	710. 06	1. 00	815. 12
Mg	1. 30	1. 46	1. 23	1. 67
Ca	7. 17	2. 72	2. 29	3. 13
Na	1. 75	1. 65	1. 39	1. 89
K	1. 62	0. 94	0. 79	1. 08
Ti	3391. 40	1. 00	0. 84	1. 15
V	65. 25	1. 09	0. 92	1. 25
Cr	1187. 72	21. 29	17. 91	24. 44
Mn	547. 84	1. 10	0. 93	1. 27
Co	9. 33	0. 99	0. 83	1. 13
Ni	30. 28	1. 18	0. 99	1. 35
Cu	95. 22	4. 99	4. 19	5. 72

续表 10-5

元素	平均值	富集系数		
		Ti	Fe	Al
Zn	351.55	5.68	4.77	6.52
As	1734.00	175.04	147.20	200.93
Ba	839.16	1.82	1.53	2.09
Pb	294.26	15.41	12.96	17.69
Hg	2.32	86.73	72.93	99.56
Cd	8.47	100.93	84.88	115.86

由表 10-5 可知，所得到的 19 种元素的富集因子差别不大，表明研究西安市 $PM_{2.5}$元素的富集程度可以选用 Ti、Al、Fe 中任一种元素作为背景元素。$PM_{2.5}$中富集因子均大于 10 的元素为 Cr、As、Pb、Cd、Hg，均为重金属元素，表明这些元素的富集主要与人类活动有关。

10.5 重金属的潜在生态风险特征

由式（10-2）、式（10-3）、式（10-4）计算西安市大气环境空气颗粒物中重金属生态危害系数以及潜在生态风险指数，见表 10-6。

表 10-6 西安市大气环境空气颗粒物中重金属生态危害系数以及潜在生态风险指数

元素	平均值	背景值	毒性系数	潜在生态风险	
				污染系数	风险等级
Cr	1187.72	62.50	2	41.01	中
Mn	547.84	557.00	1	0.98	轻微
Co	9.33	10.60	5	4.40	轻微
Ni	30.28	28.80	5	5.26	轻微
Cu	95.22	21.40	5	22.25	轻微
Zn	351.55	69.40	1	5.07	轻微
As	1734.00	11.10	10	1562.16	极强
Pb	294.26	21.40	5	68.75	中
Hg	2.32	0.03	40	3096.00	极强
Cd	8.47	0.09	30	2702.23	极强
潜在生态风险指数（*RI*）				7507.95	极强

由表 10-6 知，西安市大气环境空气颗粒物中 10 种重金属生态危害程度依次为：Hg>Cd>As>Pb>Cr>Cu>Ni>Zn>Co>Mn。其中，Cu、Ni、Zn、Co、Mn 的潜在

风险系数均小于 40，生态危害程度为轻微；Hg、Cd、As 的潜在风险系数高于 320，生态危害程度为极强；Pb、Cr 的潜在风险系数介于 40~80 之间，生态危害程度为中等。由多种重金属总的潜在生态风险指数可知，西安市环境空气中重金属的潜在生态风险指数 RI 为 7507.95，远远大于 600，潜在的生态风险极强。

10.6　人体暴露评估实例

10.6.1　暴露量的计算实例

根据式（10-5）~式（10-8）以及表 10-4 列出的模型参数，计算得到不同暴露途径的暴露量，结果见表 10-7。其中数据显示，经手口摄食暴露强度最大，呼吸吸入暴露强度最小，皮肤接触暴露强度居中，表明环境空气中人体暴露的主要途径是经手口摄食暴露；各重金属非致癌风险暴露剂量强度顺序为：As>Cr>Mn>Zn>Pb>Cu>Ni>Co>Cd>Hg，致癌重金属呼吸吸入终身暴露剂量均较小，其强度顺序为：As>Hg>Cd>Pb。儿童的手口摄食暴露量和皮肤接触暴露量明显高于成人，呼吸吸入暴露暴露量与成人持平，且儿童在 3 种暴露途径的总暴露剂量为成人的 7.73 倍，表明儿童重金属暴露风险远高于成人。

表 10-7　重金属日暴露量

元素	平均值	D_{ingest}		D_{inh}		D_{dermal}		EC_{inh}
		儿童	成人	儿童	成人	儿童	成人	
Cr	1187.72	1.52E-02	1.90E-03	2.88E-07	2.88E-07	1.21E-04	8.26E-05	5.51E-10
Mn	547.84	7.00E-03	8.76E-04	1.33E-07	1.33E-07	5.60E-05	3.81E-05	3.24E-10
Co	9.33	1.19E-04	1.49E-05	2.26E-09	2.26E-09	9.54E-07	6.49E-07	1.35E-10
Ni	30.28	3.87E-04	4.84E-05	7.33E-09	7.33E-09	3.10E-06	2.11E-06	7.44E-10
Cu	95.22	1.22E-03	1.52E-04	2.31E-08	2.31E-08	9.74E-06	6.62E-06	1.82E-10
Zn	351.55	4.49E-03	5.62E-04	8.51E-08	8.51E-08	3.60E-05	2.44E-05	1.68E-10
As	1734.00	2.22E-02	2.77E-03	4.20E-07	4.20E-07	1.77E-04	1.21E-04	3.52E-07
Pb	294.26	3.76E-03	4.70E-04	7.13E-08	7.13E-08	3.01E-05	2.05E-05	6.77E-09
Hg	2.32	2.97E-05	3.71E-06	5.62E-10	5.62E-10	2.38E-07	1.61E-07	1.23E-07
Cd	8.47	1.08E-04	1.35E-05	2.05E-09	2.05E-09	8.66E-07	5.89E-07	5.69E-08
合　计		1.10E-01	1.37E-02	2.08E-06	2.08E-06	8.77E-04	5.96E-04	9.68E-10

10.6.2　风险值的计算实例

根据式（10-9）、式（10-10），以及表 10-8 列出的 10 种重金属的非致癌参考剂量 *RfD*，计算得到成人和儿童的暴露风险值 *HQ*、*HI*，结果见表 10-9。其中数据显示，各途径的非致癌风险强度顺序为：经手口摄食>皮肤接触>呼吸吸入；各重金属非致癌风险强度顺序表现为：As>Cr>Pb>Mn>Cd>Hg>Cu>Ni>Zn>Co，其中 As 的非致癌风险比其他重金属高出 1~3 个数量级；儿童非致癌风险明显高于成人。

所有重金属 3 种途径的非致癌风险叠加值大于 1，表明存在非致癌风险。根据式（10-11）、式（10-12），以及表 10-10 列出的 5 种致癌重金属的斜率系数 *SF*，计算得到的致癌风险 *TR*，结果见表 10-10。结果显示，5 种致癌重金属的呼吸吸入途径致癌风险程度为：As>Cd>Cr>Co>Ni，单种重金属的 *TR* 值以及 *RI* 值均小于 10^{-6}，低于致癌风险的量级水平，表明大气中重金属不具有致癌风险。

表 10-8 重金属非致癌暴露参考值

元素	儿童			成人		
	RfD_{ingest}	RfD_{inh}	RfD_{dermal}	RfD_{ingest}	RfD_{inh}	RfD_{dermal}
Cr	5.00E-03	2.86E-05	2.50E-04	5.00E-03	2.86E-05	2.50E-04
Mn	4.70E-02	1.40E-05	2.40E-03	4.70E-02	1.40E-05	2.40E-03
Co	2.00E-02	5.71E-06	1.60E-02	2.00E-02	5.71E-06	1.60E-02
Ni	2.00E-02	2.06E-02	1.00E-03	2.00E-02	2.06E-02	1.00E-03
Cu	3.70E-02	4.02E-02	1.90E-03	3.70E-02	4.02E-02	1.90E-03
Zn	3.00E-01	3.01E-01	6.00E-02	3.00E-01	3.01E-01	6.00E-02
As	3.00E-04	3.01E-04	1.23E-04	3.00E-04	3.01E-04	1.23E-04
Pb	3.50E-03	3.52E-03	5.25E-04	3.50E-03	3.52E-03	5.25E-04
Hg	3.00E-04	8.57E-05	2.10E-05	3.00E-04	8.57E-05	2.10E-05
Cd	1.00E-03	1.00E-03	5.00E-05	1.00E-03	1.00E-03	5.00E-05

表 10-9 重金属非致癌暴露风险值

元素	儿童			成人			*HI*	
	HQ_{ingest}	HQ_{inh}	HQ_{dermal}	HQ_{ingest}	HQ_{inh}	HQ_{dermal}	儿童	成人
Cr	3.04E+00	1.01E-02	4.84E-01	3.80E-01	1.01E-02	3.30E-01	3.53E+00	7.20E-01
Mn	1.49E-01	9.50E-03	2.33E-02	1.86E-02	9.50E-03	1.59E-02	1.82E-01	4.40E-02
Co	5.95E-03	3.96E-04	5.96E-05	7.45E-04	3.96E-04	4.06E-05	6.41E-03	1.18E-03
Ni	1.94E-02	3.56E-07	3.10E-03	2.42E-03	3.56E-07	2.11E-03	2.25E-02	4.53E-03
Cu	3.30E-02	5.75E-07	5.13E-03	4.11E-03	5.75E-07	3.48E-03	3.81E-02	7.59E-03
Zn	1.50E-02	2.83E-07	6.00E-04	1.87E-03	2.83E-07	4.07E-04	1.56E-02	2.28E-03
As	7.40E+01	1.40E-03	1.44E+00	9.23E+00	1.40E-03	9.84E-01	7.54E+01	1.02E+01
Pb	1.07E+00	2.03E-05	5.73E-02	1.34E-01	2.03E-05	3.90E-02	1.13E+00	1.73E-01
Hg	9.90E-02	6.56E-06	1.13E-02	1.24E-02	6.56E-06	7.67E-03	1.10E-01	2.00E-02

续表 10-9

元素	儿童			成人			HI	
	HQ_{ingest}	HQ_{inh}	HQ_{dermal}	HQ_{ingest}	HQ_{inh}	HQ_{dermal}	儿童	成人
Cd	1.08E-01	2.05E-06	1.73E-02	1.35E-02	2.05E-06	1.18E-02	1.25E-01	2.53E-02
合计	7.85E+01	2.14E-02	2.04E+00	9.80E+00	2.14E-02	1.39E+00	8.06E+01	1.12E+01

表 10-10　重金属呼吸吸入途径致癌风险值

元素	Cr	Co	Ni	As	Cd	合计
SF_{inh}	42	9.8	0.84	15.1	6.4	
TR	2.31E-08	1.323E-09	6.2496E-10	5.32E-06	3.64E-07	5.70E-06

10.7　本章小结

（1）西安市环境空气 $PM_{2.5}$中主要的无机元素为地壳元素，工业区多数元素高于居民交通混合区和相对清洁区。

（2）富集因子分析显示，西安市环境空气 $PM_{2.5}$中的 Cu、Zn、Pb、Cd 与人类的活动有关。

（3）西安市环境空气 $PM_{2.5}$中 10 种重金属生态危害程度依次为：Hg>Cd>As>Pb>Cr>Cu>Ni>Zn>Co>Mn。其中，Hg、Cd、As 的潜在风险系数高于 320，生态危害程度为极强；Pb、Cr 的潜在风险系数介于 40~80 之间，生态危害程度为中等。西安市环境空气中重金属的潜在生态风险指数 RI 为 7507.95，远远大于 600，潜在的生态风险极强。重金属不同途径的暴露强度为：经手口摄食暴露>皮肤接触暴露>呼吸吸入暴露；儿童重金属暴露风险高于成人；$PM_{2.5}$中重金属存在非致癌风险，但不具有致癌风险，儿童非致癌风险明显高于成人。

参考文献

[1] 谭吉华，段菁春．中国大气颗粒物重金属污染、来源及控制建议［J］．中国科学院研究生院学报，2013，30（2）：145~155.

[2] 黄鹂鸣，王格慧，王荟，等．南京市空气中颗粒物 PM_{10}、$PM_{2.5}$污染水平［J］．中国环境科学，2002，22（4）：334~337.

[3] 浦一芬，吴瑞霞．2004 年北京秋季大气颗粒物的化学组分和来源特征［J］．气候与环境研究，2006，11（6）：739~744.

[4] 黄虹，李顺诚，曹军骥，等．广州市夏、冬季室内外 $PM_{2.5}$中元素组分的特征与来源［J］．分析科学学报，2007，23（4）：383~388.

[5] 林俊，刘卫，李燕，等．上海市郊区大气细颗粒和超细颗粒物中元素粒径分布研究［J］．

环境科学，2009，30（4）：982~987.

[6] Dockery D W，Schwartz J，Spengler J D. Air pollution and daily mortality：associations with particulates and acid aerosols［J］. Environmental Research，1992，59（2）：362~373.

[7] 李丽娟，温彦平，彭林．西安市采暖季 $PM_{2.5}$中元素特征及重金属健康风险评价［J］. 环境科学，2014，35（12）：4431~4438.

[8] 牟林，彭林，任照芳，等．潞城市大气 PM_{10}中化学元素分布特征［J］. 环境工程学报，2011，5（3）：619~622.

[9] 林海鹏，武晓燕，战景明，等．兰州市某城区冬夏季大气颗粒物及重金属的污染特征［J］. 中国环境科学，2012，32（5）：810~815.

[10] Hu X，Zhang Y，Ding Z H，et al. Bioaccessibility and health risk of arsenic and heavy metals（Cd，Co，Cr，Cu，Ni，Pb，Zn and Mn）in TSP and PM2.5 in Nanjing，China［J］. Atmospheric Environment，2012，57：146~152.

[11] 唐荣莉，马克明，张育新，等．北京城市道路灰尘重金属污染的健康风险评价［J］. 环境科学学报，2012，32（8）：2006~2015.

[12] 王宗爽，武婷，段小丽，等．环境健康风险评价中我国居民呼吸速率暴露参数研究［J］. 环境科学研究，2009，22（10）：1171~1175.

[13] 黄勇，杨忠芳，张连志，等．基于重金属的区域健康风险评价——以成都经济区为例［J］. 现代地质，2008，22（6）：990~997.

11 关联区域雾霾危害性评价

11.1 引言

近几年，国内很多地方雾霾频发。雾霾除了能够沉积在人体器官中的很多部位外，空气中的细菌、病毒和含重金属的矿尘等污染物还易于附着于雾霾颗粒物上，因此，雾霾会引起急性上呼吸道感染（感冒）、急性气管支气管炎及肺炎、哮喘发作，诱发或加重慢性支气管炎等。雾霾天气对气候、环境、健康以及经济方面造成显著负面影响，由雾霾引发的健康问题日益凸显[1~3]。在雾霾频发期，呼吸道和心血管等疾病的发病率明显升高[4]，这让人们越来越重视雾霾的危害性评价问题。

由于 VOCs 是生成雾霾颗粒的关键前体物[5]，很多研究把 VOCs 所带来的健康问题作为研究重点，李雷等[4]对广州中心城区环境空气中 VOCs 进行健康风险评价，结果显示对暴露人群存在致癌风险，且苯存在较大的致癌风险；刘丹[5]等人采用低温固体吸附采样—热脱附—气相色谱—质谱联用的方法对北京冬季雾霾频发期 VOCs 进行了连续监测，利用 PMF 对 VOCs 的可能来源进行解析，并进行了健康风险评价。结果表明，VOCs 中的苯系物和卤代烃在研究区域大气环境的 VOCs 中含量占主导地位，研究区域所检出的致癌性 VOCs 的致癌风险均超过了 EPA 给出的风险限值；周裕敏等[6]对北京城乡结合地环境空气中 VOCs 进行健康风险评价。结果显示，非致癌风险值在安全范围内，但苯的致癌指数超过了致癌风险值；胡颖等[7]运用质粒 DNA 损伤评价法，在北京市 2010 年 6 月至 2011 年 6 月全年的大气 $PM_{2.5}$样品中选取了 24 个样品进行实验，分析其氧化性损伤能力的变化规律。结果表明，北京市大气颗粒物全样的氧化性损伤能力等于或略大于相应的水溶组分，说明颗粒物氧化性损伤能力多来自于水溶组分，大气颗粒物对 DNA 损伤率呈现依次递增的规律；吴伟强等[8]提出基于故障树模型的城市雾霾风险分析评估方法，通过对城市雾霾成因资料搜集与分析，建立以“城市雾霾”为顶事件的故障树。在对故障树进行定性分析基础上，得到引发城市雾霾风险发生的 12 个最小割集，确定了城市雾霾风险分析的主要模式。采用模糊综合评判分析方法对故障树进行定量分析，评估基本事件权重和顶事件发生概率；曾贤刚等[9]运用权变评价法（CVM）调查了北京市居民对 $PM_{2.5}$健康风险的认知状况、行为选择及降低健康风险的支付意愿。结果表明，居民的个体特征、经济条件、居住位置、交通方式、认知水平及风险沟通等因素，都对降低 $PM_{2.5}$健康风险的支付意愿产生显著影响；谢元博等[10]选择2013年1月发生的北京市雾霾重污染事件，采用泊松回归模型评价全市居民对10~15日高浓度 $PM_{2.5}$ 暴露的急性健康损害风险，并采用环境价值评估方法估算人群健康损害的经济损失。结果表明，短期高浓度 $PM_{2.5}$ 污染对人群健康风险较高，相关健康经济损失巨大；智翔[11]通过对数个城市健身群众和有关人员的调查解到，雾霾天气时全民健身运动绝大多数人停止了，其中一部分人对雾霾天气的危害性和所要采取的运动措施缺乏认识。2002年，Pope 等[12]报道了人长期暴露在超细颗粒空气污染环境下患肺癌和心肺疾病之间的关联关系，发现了空气中超细颗粒浓度与人的吸入量成正比；胡彬等[13]从毒理学角度针对纳米级雾霾超细颗粒物在肺部的沉积和吸收、呼吸系统急性毒性反应、清除、炎症反应等健康效应，以及心血管系统对超细颗粒物的急性毒性反应等方面进行了研究。

从上述综述可以了解到，目前关于雾霾危害性的评价研究，集中体现在雾霾对人的健康影响评价上，所采用的方法有三种：（1）首先利用仪器检测雾霾中对人体健康有害的物质的种类及其浓度，然后依据有害物质种类的性质及其浓度评价雾霾的危害性[3,5,6]；（2）利用医学实验分析雾霾中有害物质对人体分子结构的破坏特征，从而评价雾霾的危害性[7]；（3）利用已有的评价模型，如故障树模型[8]、CVM 模型[9]、泊松回归模型[10]等，从不同度评价雾霾的危害性；（4）从毒理学角度评价雾霾中的超细颗粒对人类健康的影响。

然而，目前的研究存在的问题表现在如下几个方面：（1）无法描述雾霾危害性的累积变化过程；（2）无法直观观测雾霾危害性发展过程；（3）雾霾危害性没有与被危害对象的内部结构相关联。

以文献［12］和［13］为基础，本章提出 SP_NPN 模型来解析雾霾中 $PM_{2.5}$ 浓度变化与人体致病机制之间存在的因果关联关系，将雾霾对人体的危害累积变化过程、危害发展过程与被危害对象的内部结构关联在一起，从而达到对雾霾危害性进行评价目的。

11.2 SP_NPN 建模方法

假设一个系统可以用式（11-1）来描述：

$$\boldsymbol{Y}=\boldsymbol{f}(\boldsymbol{X}) \tag{11-1}$$

式中，$\boldsymbol{X}$ 为多维输入信息；$\boldsymbol{Y}$ 为多维输出信息；$\boldsymbol{f}$ 多维复杂函数。人工神经网络（ANN）[14]首先依据已知的输入和输出信息对（$\boldsymbol{X}$，$\boldsymbol{Y}$），对选定的 ANN 模型进行训练，使该 ANN 能够适应已知的输入和输出信息对（$\boldsymbol{X}$，$\boldsymbol{Y}$）[15,16]；当该 ANN 模型训练完成后，即可用新的输入信息 $\boldsymbol{X}_{new}$ 来获得其对应的输出 $\boldsymbol{Y}_{new}$。

ANN 目前已有近40种神经网络模型，这些 ANN 模型解决问题的共同特点是[17]：特别关心输入和输出信息对（$\boldsymbol{X}$，$\boldsymbol{Y}$），而多维复杂函数 $\boldsymbol{f}$ 用特定的 ANN 模型来代替，从而既不关心多维复杂函数 $\boldsymbol{f}$ 是什么，且当 ANN 模型选定后，也不关心该 ANN 网络的内部动态。

然而，在现实世界存在一类特殊的问题，这类问题用式（11-1）描述后，可总结为 4 个问题：

问题（1）　输入信息 $\boldsymbol{X}$ 和输出信息 $\boldsymbol{Y}$ 容易获取，多维复杂函数 $\boldsymbol{f}$ 的结构也较容易确定，但其动态特性未知，需要揭示。

问题（2）　不知道输入 $\boldsymbol{X}$ 是什么，但输出信息 $\boldsymbol{Y}$ 容易获取，多维复杂函数 $\boldsymbol{f}$ 的结构也较容易确定，但其动态特性未知，需要揭示。

问题（3）　输入信息 $\boldsymbol{X}$ 和输出信息 $\boldsymbol{Y}$ 容易获取，但多维复杂函数 $\boldsymbol{f}$ 的结构未知，需要依据输入和输出信息对（$\boldsymbol{X}$，$\boldsymbol{Y}$）来揭示多维复杂函数 $\boldsymbol{f}$ 的结构及其动态特性。

问题（4）　不知道输入 $\boldsymbol{X}$ 是什么，但输出信息 $\boldsymbol{Y}$ 容易获取，但多维复杂函数 $\boldsymbol{f}$ 的结构未知，需要依据输出信息 $\boldsymbol{Y}$ 来揭示多维复杂函数 $\boldsymbol{f}$ 的结构及其动态特性。

上述 4 个问题归结为“从系统外显结果去追踪系统内部结构及其动因”。在现实世界，系统外显结果很容易观测，而造成该结果的系统内部动因却较难获得。例如，一个人出现高烧现象（该现象很容易观测），人们更感兴趣的是使该人发烧的原因是什么；城市雾霾易发（该现象很容易观测），但人们更感兴趣的是城市雾霾对人体健康带来的危害有哪些。

在本章中，把求解上述 4 个问题的技术称为结构解析。结构解析模型与 ANN 模型的区别体现在：前者可以没有输入信息，后者必有输入信息；前者不关心新输入信息下的输出，而后者特别关心新输入信息下的输出；前者需要对多维复杂函数 $\boldsymbol{f}$ 的结构进行定义或识别，而后者不需要。

Petri 网是对离散并行系统的数学表示，适合于描述和模拟异步、并发的系统。Petri 网既有严格的数学表述方式，也有直观的图形表达方式，既有丰富的系统描述手段和系统行为分析技术，又方便描述系统内部因素之间的因果关联关系[18]。本章利用 Petri 网与 ANN 的学习机制相结合，构建出一种新的结构解析型神经 Petri 网模型（Structure Parsed Neural Petri-net，SP_NPN），利用该模型来进行雾霾危害性评价将具有优势。

11.2.1　SP_NPN 的基本概念

定义 11.1　函数 Petri 网（Function Petri-net，FunPN）的结构为一个 10 元组：

$$\mathrm{FunPN} = (P,\ T,\ A,\ \boldsymbol{M}_0,\ W_I,\ W_O,\ S,\ U,\ F,\ G)$$

式中，$P = \{p_1,\ p_2,\ \cdots,\ p_n\}$ 是一个库所的有限集合；$T = \{t_1,\ t_2,\ \cdots,\ t_m\}$ 是一个变迁的有限集合；$P \cap T = \varnothing$；有向弧集 $A \subseteq (P \times T) \cup (T \times P)$，其中 $F_I \subseteq (P \times T)$ 称为输入弧集，$F_O \subseteq (T \times P)$ 称为输出弧集，且 $F_I \cup F_O = A$，$F_I \cap F_O = \varnothing$；

令标志 $\boldsymbol{M}=(a_1, a_2, \cdots, a_n)$ 表示由 n 个库所中的托肯数所组成的向量，在这里，$a_i=0$ 或 1，$i=1$、2、…、n；$\boldsymbol{M}_0$ 为标志 $\boldsymbol{M}$ 的初始值集合，即 $\boldsymbol{M}_0: P\rightarrow\{0, 1\}$。对任意标志 M 和库所 p，$M(p)$ 的值只有两种可能，即 $M(p)=0$ 或 $M(p)=1$，当 $M(p)=0$ 时表示状态不存在，当 $M(p)=1$ 时表示状态存在；映射 W_I：$F_I\rightarrow\mathbf{R}^+$ 称为输入弧的权函数，简称权系数，其中 $\mathbf{R}^+$ 表示实数集；映射 W_O：$F_O\rightarrow\mathbf{R}^+$ 称为输出弧的权函数（权系数）；$S=\{S_1, S_2, \cdots, S_n\}$ 为库所状态的集合；$U=\{T_1, T_2, \cdots, T_m\}$ 为变迁状态的集合；F 为库所状态依时间变化函数的集合，$F=\{f_1, f_2, \cdots, f_n\}$；$G$ 为变迁状态依时间变化函数的集合，$G=\{g_1, g_2, \cdots, g_n\}$。

定义 11.2 在 NPN 网络中，若存在库所 p，有 $^{\cdot}p=\varnothing \wedge p^{\cdot}\neq\varnothing \wedge M(p)=1$，则称库所 p 为初始库所，初始库所的初始状态值是从外界得到的输入值；若存在库所 p，有 $p^{\cdot}=\varnothing \wedge {}^{\cdot}p\neq\varnothing$，则称库所 p 为终止库所，终止库所的状态值一般为最终得到的计算结果。

定义 11.3 对于一个函数 Petri 网 FunPN $=(P, T, A, \boldsymbol{M}_0, W_I, W_O, S, U, F, G)$，若对任意一个库所 $p_i\in P$ 来说，库所 p_i 在时期 $t+1$ 的状态与时期 t 的状态有关联关系，即

$$S_i^{t+1}=f_i(S_i^t) \quad i=1, 2, \cdots, n \tag{11-2}$$

则称该类型的 FunPN 为 S 型 FunPN，简称 S_ FunPN。

对于 S_FunPN，托肯的移动会改变库所和变迁的状态，而库所和变迁状态的改变不会影响托肯的移动。该特征可以模拟系统的动态变化。库所或变迁的状态可以在很广泛的意义下进行定义，从而使函数 Petri 网具有强大的计算功能。

定义 11.4 对于一个函数 Petri 网 FunPN $=(P, T, A, \boldsymbol{M}_0, W_I, W_O, S, U, F, G)$，若对任意一个库所 $p_i\in P$ 来说：

（1）若 $\forall k_s\in\{1, 2, \cdots, m\}$，有 $p_{j_{k_s}}[t_{k_s}>p_i$，则库所 p_i 状态只与库所 $p_{j_{k_s}}$ 的状态有关联关系，即

$$S_i=f_i(S_{j_{k_1},1}, S_{j_{k_1},2}, \cdots, S_{j_{k_1},A_{k_1}}; \cdots; S_{j_{k_B},1}, S_{j_{k_B},2}, \cdots, S_{j_{k_B},A_{k_B}}) \quad i=1, 2, \cdots, n \tag{11-3}$$

式中，$\forall k_u\in\{k_1, k_2, \cdots, k_B\}$，满足 $^{\cdot}p_i=t_{k_u}$。

（2）若库所 p_i 为起始库所，则 S_i 为给定的输入值或者 $S_i=\varnothing$。

则称该类型的 FunPN 为 V 型 FunPN，简称 V_ FunPN。

定义 11.5 对于一个函数 Petri 网 FunPN $=(P, T, A, \boldsymbol{M}_0, W_I, W_O, S, U, F, G)$，假设 $S_{\text{in}}\subseteq S$、$S_{\text{out}}\subseteq S$、$S_{\text{in}}\cap S_{\text{out}}=\varnothing$，若 S_{in} 和 S_{out} 在 FunPN 中构成一种复杂的输入输出关系，S_{in} 和 S_{out} 的连接关系能表示成一个 ANN，其中权系数 W_{I}，W_{O} 需要通过学习而确定，则 FunPN 为 SP_ NPN 模型。

SP_NPN 模型具有如下特征：

（1）由定义 11.1 知，SP_NPN 模型本质上是一个 Petri 网，因 Petri 网的网络结构可以是任意的，故 SP_NPN 的网络结构可以是任意的；由定义 11.5 知，SP_NPN 又是一个 ANN，故 SP_NPN 是一个由具有任意结构的 Petri 网所描述的非标准 ANN，这一点与 ANN 通常所具有的标准结构完全不同。因此，SP_NPN 模型具有好的适应性。该特征方便于对大量复杂对象建立危害性评价模型。

（2）由定义 11.2 知，SP_NPN 网络可以有、也可以没有输入库所，故 SP_NPN 模型对网络输入信息没有依赖；由定义 11.3 和定义 11.4 知，SP_NPN 模型的内部节点为库所和变迁，这些节点的动态变化由状态变量进行跟踪，所以网络内部的动态是关注焦点，该特征尤其适用于复杂系统结构的解析与因果关联分析。

（3）由定义 11.1~11.4 知，SP_NPN 的网络内部节点可以具有明确的物理含义，此特征方便于构建 SP_NPN 模型。

（4）SP_NPN 模型既是一个 Petri 网（由定义 11.1 知），又是一个 ANN（由定义 11.5 知），故 SP_NPN 模型既可继承 Petri 网的优点，又可继承 ANN 的优点。该特征方便于对被评价对象的变化进展实施观测。

综上所述，特征（1）~（4）决定了 SP_NPN 模型适用于被评价对象的内部结构的因果关联结构解析，故该模型可用于揭示被评价对象的内部结构动态变化特征。

11.2.2　SP_NPN 与 ANN 的联系

SP_NPN 中的变迁实际代表着一系列复杂的变化过程，某变迁的前集库所和后集库所实际代表着与该变迁相关的且存在着因果关系的因素。在系统结构解析模型中，可能包含着多条因果链，也即存在着多个复杂的变化过程和多个因素。这些过程和因素间相互作用，从而共同构成了一个层层递进的网状体系。

图 11-1（a）是一个多输入神经网络，其对应的 SP_NPN 如图 11-1（b）所示。在该图中，库所 p_i 的状态为 x_i，库所 y 的状态值为 $f\left(\sum_{i=1}^{R} x_i w_{1i}\right)$，函数 f 在 ANN 中称为传输函数[16]。

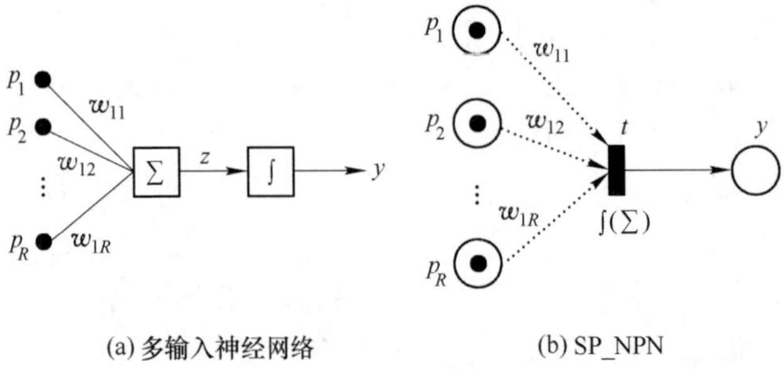

图 11-1　多输入神经网络及其对应的 SP_ NPN 模型

在图 11-1（b）中，变迁 t 激发时进行 $\sum$ 求和运算和函数 f 运算。当库所 y 中出现托肯时，若 Petri 网为 S_FunPN 网络，则库所 y 的状态会发生转移，也即按式（11-2）计算其状态值；若 Petri 网为 V_FunPN 网络，则库所 y 的状态值发生改变，也即按式（11-3）计算其状态值。图 11-2 给出了一个较复杂的 SP_NPN 网络模型。在该图中，所有变迁的输出弧上都携带有权系数 w_i，这些权系数全部未知或部分已知部分未知；起始库所有能源燃烧总量和环境投资，它们的状态变量分别为 x_1 和 x_2；终止库所有大气污染消散量和大气污染治理当量，它们的状态变量分别为 y_1 和 y_2；其他库所为中间库所；该 SP_NPN 模型中的所有库所均有明确的物理含义。

从上述分析可知，SP_NPN 可以完全继承 ANN 的关键特征，即自学习功能、联想存储功能和高速寻找优化解的能力。该特征可以用于记忆雾霾危害性的累积性特征和动态变化特征。

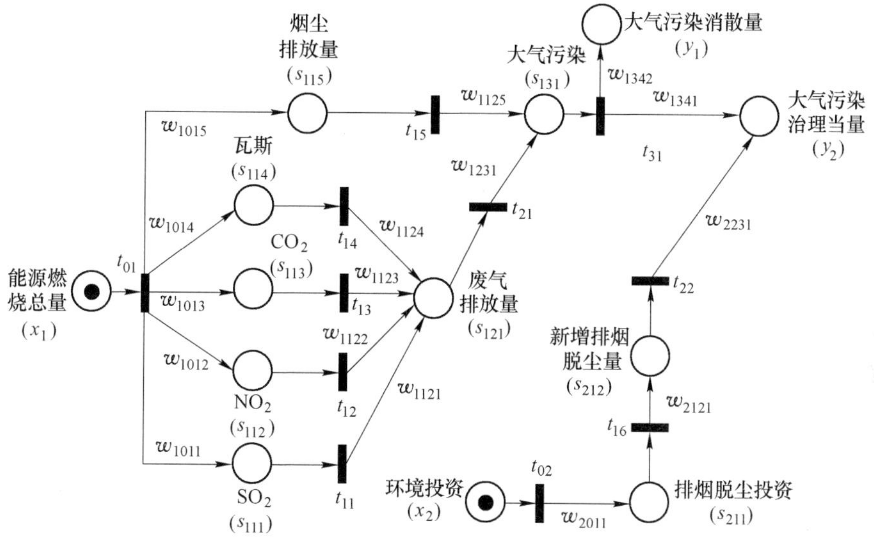

图 11-2 大气污染及治理的 SP_NPN 模型

11.2.3 SP_NPN 模型的构建方法

11.2.3.1 权系数的标识

当一个普通函数 Petri 网不存在冲突时，都可转化为一个 SP_ NPN 模型。此时，权系数 W_I、W_O 需要通过学习而确定。

定义 11.6 若 $c[t_1 > \wedge c[t_2 > \wedge \cdots \wedge c[t_s >$，但 $\neg c[\{t_1, t_2, \cdots, t_s\} >$，$1 < s \leqslant m$，则称 t_1、t_2、…、t_s 在 c 互相冲突。

当一个函数 Petri 网存在冲突时，可采用辅助库所-变迁消解法或合并变迁消解法进行改进。

定义 11.7（辅助库所-变迁消解法）　若一个函数 Petri 网的变迁 t_1、t_2、…、t_s 在库所 c 处互相冲突，则可将该函数 Petri 网在库所 c 处分解成 $c[t_a>c_1[t_1>$、$c[t_a>c_2[t_2>$、…、$c[t_a>c_s[t_s>$。其中，t_a 为辅助变迁；c_i 为辅助库所，$i=1$、2、…、s。

例如，考虑如图 11-3 所示的一个函数 Petri 模型，其中 p_1、p_2、p_3、$p_4\in P$ 为库所，t_1、t_2、$t_3\in T$ 均为变迁，设此时的标识为 $\boldsymbol{M}=(1,\ 0,\ 0,\ 0)$，则 t_1、t_2、t_3 在标识 $\boldsymbol{M}$ 下发生冲突。若想消除这一冲突，同时使得 t_1、t_2、t_3 具有并发的含义，可以在 t_1、t_2、t_3 和 p_1 之间增加一个虚变迁和三个虚库所来起到过渡和分配的作用，如图 11-4 所示。

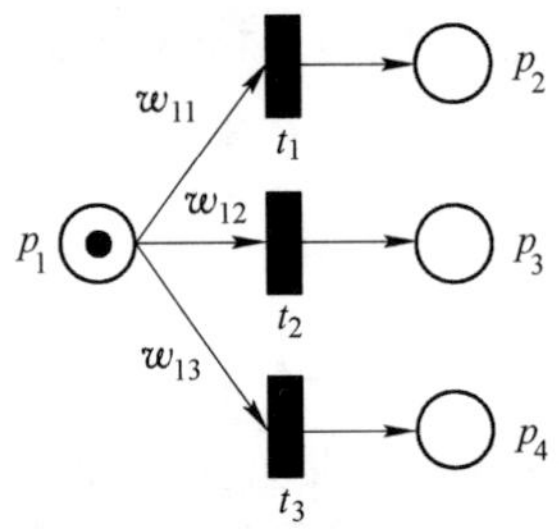

图 11-3　一个普通函数 Petri 模型示例

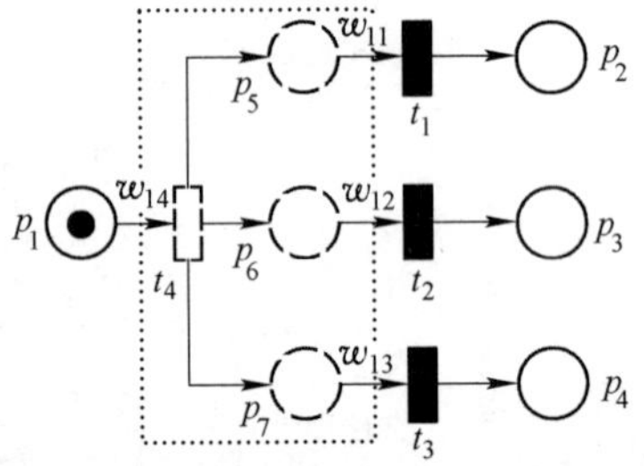

图 11-4　辅助库所-变迁消解法

定义 11.8（合并变迁消解法）　若一个函数 Petri 网的变迁 t_1、t_2、…、t_s 在库所 c 处互相冲突，则可将该函数 Petri 网在库所 c 处进行合并，即 $c[t>c_1$、$c[t>c_2$、…、$c[t>c_s$。

例如，对于图 11-3 所示的函数 Petri 模型，将变迁 t_1、t_2、t_3 合并为一个变迁，此时冲突自然消失，如图 11-5 所示。

由于普通函数 Petri 网与 SP_NPN 的差距仅在权系数及其确定方法上。SP_NPN 的权系数的标定特别重要。

(1) 当一个变迁只有一个输入库所，但有若干个输出库所，则权系数应标在输出弧上，如图 11-5 所示。此时，输入弧上权系数为 1，在图 11-5 中未标出。

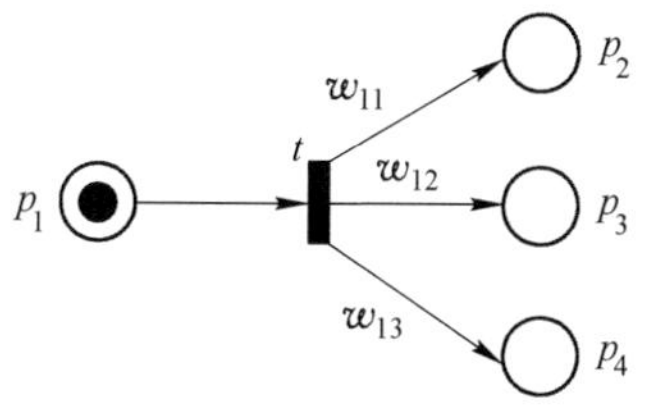

图 11-5 合并变迁消解法

（2）当一个变迁有若干个输入库所，但只有一个输出库所，则权系数应标在输入弧上，如图 11-1（b）所示。此时，输出弧上权系数为 1，在图 11-1（b）中未标出。

（3）当一个变迁既有若干个输入库所，又有若干个输出库所，则权系数在输入弧和输出弧上都应表明，如图 11-6 所示。

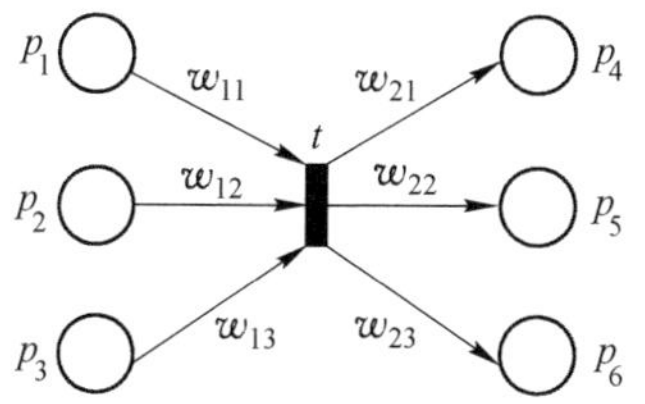

图 11-6 SP_ NPN 的权系数标识

11.2.3.2 库所状态的确定

对 SP_NPN 来说，每个库所 p 都存在一个状态变量 $S(t)$，$S(t)$ 的计算公式如下：

（1）若 p 为起始库所，则

$$S(t) = x \tag{11-4}$$

式中，x 为库所 p 对应的输入，x 通常为已知或者为空。

（2）若 p 为中间库所或终止库所时，且 $p_i[t > p$，$i = 1、2、\cdots、R$，则

$$S(t) = w_{t\to S} f\left(\sum_{i=1}^{R} x_i w_{i\to t}\right) \tag{11-5}$$

式中，x_i 为库所 p_i 的状态值；$w_{i\to t}$ 为变迁 t 的输入弧权系数；$w_{t\to S}$ 为变迁 t 的输出弧权系数。

11.2.4 权系数的确定

考虑一个 SP_NPN 网络，其起始库所有 K 个，其对应的状态变量为 $\boldsymbol{x} = (x_1, x_2, \cdots, x_K)$；输出库所有 m 个，其状态变量为$(y_1, y_2, \cdots, y_m)$。

11.2.4.1 正向传播

SP_NPN 网络的正向传播是基于初始状态 M_0，从起始库所出发，按式（11-

4）和式（11-5）逐步对每个库所进行状态更新计算，直到终止库所的状态更新完成为止。

11.2.4.2　误差反向传播

设 SP_NPN 网络的学习样本有 N 个，即 $\{\boldsymbol{x}^1, \boldsymbol{x}^2, \cdots, \boldsymbol{x}^N\}$，$\boldsymbol{x}^s = (x_1^s, x_2^s, \cdots, x_K^s)$。第 t 个样本输入后，得到神经网络的输出 $y_j(t)$，$j=1、2、\cdots、m$。采用平方型误差函数，于是得到第 t 个样本的误差 E_t，即

$$E_t = \frac{1}{2}\sum_{j=1}^{m}(o_j(t) - y_j(t))^2$$

式中，$o_j(t)$ 为期望输出。

对于第 N 个样本，全局误差为

$$E = \sum_{t=1}^{N} E_t = \frac{1}{2}\sum_{t=1}^{N}\sum_{j=1}^{m}(o_j(t) - y_j(t))^2 \tag{11-6}$$

SP_ NPN 模型输入或输出弧权值的学习训练过程可以参考 ANN 中的 BP 算法。需要注意：（1）对于 SP_NPN 模型中已经固定的输入或输出弧的权值不需要进行修正；（2）SP_NPN 模型的网络结构任意，没有固定格式的递推公式，需要依据 SP_NPN 模型的具体网络结构推导出 NPN 的输入或输出弧权值修正公式。研究发现，SP_NPN 的输入或输出弧权值修正公式的推导异常简单。下面先给出一般 SP_NPN 模型的输入弧权值的修正公式，最后给出 SP_NPN 的反向传播学习算法。

按误差的负梯度方向来修改权值，有

$$\begin{cases} w_{ij}^{(k+1)} = w_{ij}^{(k)} + \Delta w_{ij} \\ \Delta w_{ij} = -\eta \dfrac{\partial E}{\partial w_{ij}} \end{cases}$$

式中，η 为学习系数，$\eta > 0$；k 为误差修正迭代次数，$k = 0、1、\cdots$。

A　V_FunPN 型 SP_NPN 的误差反向传播

从定义 11.4 知，V_FunPN 型 SP_NPN 的库所状态由式（11-3）描述。

从终止库所开始，沿 SP_NPN 网络的反方向逐步求出所有可修改输入或输出权系数的权值，直到初始库所为止。假设 SP_NPN 网络中某个弧的权值 w_{ij} 可修改，从每个终止库所出发，确定能反向到达具有权值 w_{ij} 的弧的路径，假设这样的路有 Z 条，即

$$y_s \rightarrow w_{i_1j_1}[S_{i_1j_1}(t)] \rightarrow w_{i_2j_2}[S_{i_2j_2}(t)] \rightarrow \cdots \rightarrow w_{i_vj_v}[S_{i_vj_v}(t)] \rightarrow w_{ij}[S_{ij}(t)]$$

式中，$s \in \{k_1, k_2, \cdots, k_Z\}$，$k_j \in \{1, 2, \cdots, m\}$，$j=1、2、\cdots、Z$；$S_{ab}(t)$ 为具有权值 w_{ab} 的弧所对应变迁的输入库所的状态变量，$a \in \{i_1, i_2, \cdots, i_v, i\}$，$b \in \{j_1, j_2, \cdots, j_v, j\}$；$w_{i_1j_1}$、$w_{i_2j_2}$、$\cdots$、$w_{i_vj_v}$ 为从 y_s 所对应的输出库所出发，

到达具有权值 w_{ij} 的弧所经历输入或输出弧的权值。

利用微分链定理，不难确定 $\frac{\partial E_t}{\partial w_{ij}}$ 的计算公式，即

$$\frac{\partial E_t}{\partial w_{ij}} = \sum_{s=1}^{Z} \frac{\partial E_t}{\partial y_s} w_{i_1 j_1} f'_{i_1 j_1} w_{i_2 j_2} f'_{i_2 j_2} \cdots w_{i_v j_v} f'_{i_v j_v} f'_{ij} S_{ij}(t) \tag{11-7}$$

式中，f'_{ab} 为具有权值 w_{ab} 的弧所对应变迁的传输函数 f_{ab} 的一阶导数。

从式（11-7）可以看出，从每个终止库所出发，只要找到能反向到达具有权值 w_{ij} 的弧的所有路径，则 $\frac{\partial E_t}{\partial w_{ij}}$ 可快速确定。

B S_FunPN 型 SP_NPN 的误差反向传播

从定义 11.3 知，S_FunPN 型 SP_NPN 的库所状态由式（11-2）描述。类似地，利用微分链定理，不难确定 $\frac{\partial E}{\partial w_{ij}}$ 的计算公式，即

$$\frac{\partial E_t}{\partial w_{ij}} = \sum_{s=1}^{Z} \frac{\partial E_t}{\partial y_s(t+1)} \frac{\partial y_s(t+1)}{\partial w_{ij}} = \sum_{s=1}^{Z} \frac{\partial E_t}{\partial y_s(t+1)_{ij}} \sum_{u=1}^{t} w_{i_1 j_1} f'_{i_1 j_1}(S_{i_1 j_1}(u)) \frac{\partial S_{i_1 j_1}(u)}{\partial w_{ij}} \cdots w_{i_v j_v} f'_{i_v j_v}(S_{i_v j_v}(u)) \frac{\partial S_{i_v j_v}(u)}{\partial w_{ij}} \tag{11-8}$$

对于所有的 i_k、$j_k \in \{i_1, j_1; i_2, j_2; \cdots; i_v, j_v\}$，利用边界条件

$$\left. \frac{\partial S_{i_k j_k}(u)}{\partial w_{ij}} \right|_{u=0} = \text{常数}$$

可以确定式（11-8）的解。

11.3 雾霾危害性评价研究

当矿尘迁移到城市上空后，会提升城市雾霾的毒性。城市雾霾含有大量含矿尘的大气细颗粒物（$PM_{2.5}$），$PM_{2.5}$暴露与脑部疾病、肺癌、心血管疾病及其死亡率增加的因果关系，此结论已经长期研究中得到确认[14]。图 11-7 概述了 $PM_{2.5}$在生物体内的基本行为。由于 $PM_{2.5}$具有较大的比表面积，除了它们自身的特殊性质导致的生物效应以外，它们可能吸附更多其他有毒污染物，在呼吸系统深处的沉积更多，清除时间延长，转运到其他器官的比例更高，因此对人体的危害性可能比大颗粒物更为严重。超细颗粒表面吸附物包括挥发性有机物、重金属、多环芳烃、细菌和病毒等过自主神经系统干扰呼吸系统和心血管系统的生理功能，可以导致炎症和其他病理变化，并进一步影响其他器官和系统的功能。一个人遭受雾霾毒害与其吸入的 $PM_{2.5}$ 数量相关。一个人每天吸入 $PM_{2.5}$的计算方

法如下：

$$m_{PM_{2.5}} = c_{PM_{2.5}} T_{air} V_{air} \tag{11-9}$$

式中，$m_{PM_{2.5}}$为一个人每天吸入的 $PM_{2.5}$数量，μg；$c_{PM_{2.5}}$为空气中 $PM_{2.5}$浓度，μg/m^3；T_{air}为平均每个人暴露在露天的时间，h；V_{air}表示平均每个人每小时吸入的空气量，m^3。

因平均一个人每分钟吸入 0.008m^{3}空气，故 $V_{air}=0.008\times60\text{m}^3/\text{h}=0.48\text{m}^3/\text{h}$，而 $T_{air}=8\text{h}$，故由式（11-9）可得

$$m_{PM_{2.5}} = 3.84c_{PM_{2.5}} \tag{11-10}$$

图 11-8 是图 11-7 所示的 $PM_{2.5}$对人体的作用机制的 V_FunPN 型 SP_NPN 模型，该模型中的每个变迁的传递函数均为 $f(x)=x$。$PM_{2.5}$对人体危害的正向传播计算公式如表 11-1 所示。

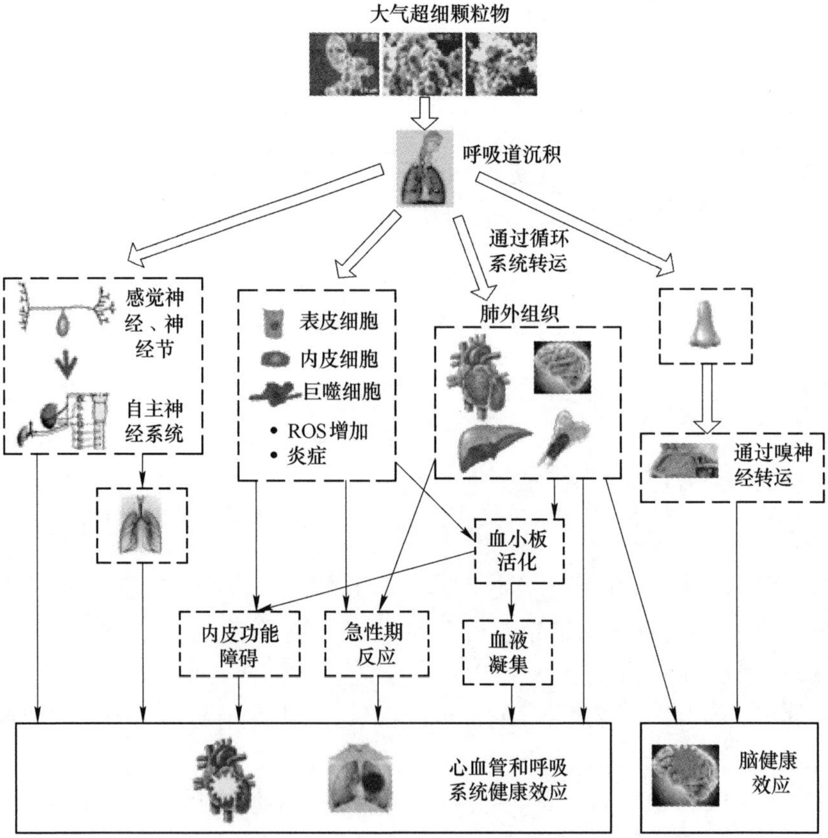

图 11-7　$PM_{2.5}$对人体的作用机制

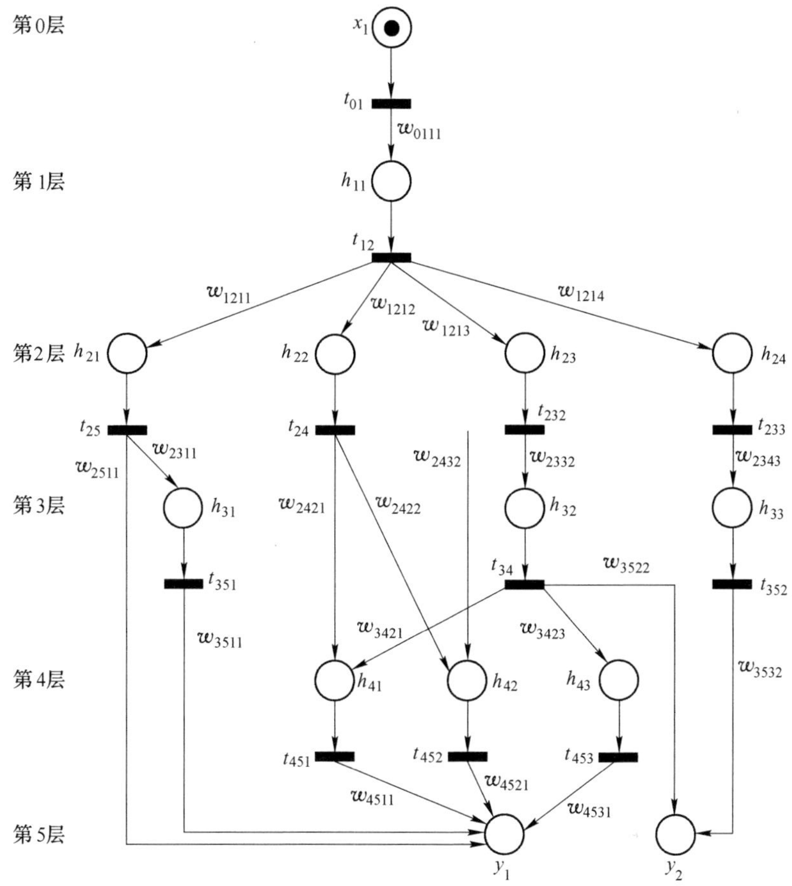

图 11-8 描述 $PM_{2.5}$对人体作用机制的 V_FunPN 型 SP_NPN 模型

表 11-1 图 11-8 中各库所的含义

节点变量名	节点名称	单位	计算公式
x_1	超细粒颗粒物吸入量	μg/m³	$x_1(t)$：按式（11-10）计算
h_{11}	呼吸道沉积量	μg	$h_{11}(t) = w_{0111}f(x_1(t))$
h_{21}	神经系统蓄积量	μg	$h_{21}(t) = w_{1211}f(h_{11}(t))$
h_{22}	细胞系统蓄积量	μg	$h_{22}(t) = w_{1212}f(h_{11}(t))$
h_{23}	肺外组织蓄积量	μg	$h_{23}(t) = w_{1213}f(h_{11}(t))$
h_{24}	鼻孔吸入量	μg	$h_{24}(t) = w_{1214}f(h_{11}(t))$
h_{31}	肺组织蓄积量	μg	$h_{31}(t) = w_{2311}f(h_{21}(t))$
h_{32}	血小板活化转运量	μg	$h_{32}(t) = w_{2332}f(h_{23}(t))$
h_{33}	嗅觉神经转运量	μg	$h_{33}(t) = w_{2343}f(h_{24}(t))$

续表 11-1

节点变量名	节点名称	单位	计算公式
h_{41}	内皮功能障碍	指数	$h_{41}(t)=w_{2421}f(h_{22}(t))+w_{3421}f(h_{32}(t))$
h_{42}	急性期反应	指数	$h_{42}(t)=w_{2422}f(h_{22}(t))+w_{2432}f(h_{23}(t))$
h_{43}	血液凝聚	指数	$h_{43}(t)=w_{3423}f(h_{32}(t))$
y_1	心血和呼吸系统健康效应	指数	$y_1(t)=w_{2511}f(h_{21}(t))+w_{3511}f(h_{31}(t))+$ $w_{4511}f(h_{41}(t))+w_{4521}f(h_{42}(t))+w_{4531}f(h_{43}(t))$
y_2	脑健康效应	指数	$y_2(t)=w_{3522}f(h_{32}(t))+w_{3532}f(h_{33}(t))$

表 11-1 中，时间单位为 1d。由式（11-7）可得

$$\frac{\partial E_t}{\partial w_{abjk}}=\frac{\partial}{\partial w_{abjk}}\left[\frac{1}{2}\sum_{j=1}^{2}(o_j(t)-y_j(t))^2\right]=-\sum_{j=1}^{2}(o_j(t)-y_j(t))\frac{\partial y_j(t)}{\partial w_{abjk}} \tag{11-11}$$

式中，a 表示起始层号；b 表示终止层号；j 表示起始节点号；k 表示终止节点号。依据图 11-8，由式（11-11）和表 11-1 可快速计算出 $\frac{\partial E_t}{\partial w_{abjk}}$，计算公式如表 11-2 所示。

表 11-2 中，$Y_1=-(o_1(t)-y_1(t))$，$Y_2=-(o_2(t)-y_2(t))$。2016 年 6 月 1 日至 6 月 30 日西安市小寨检测站获得的 $PM_{2.5}$ 浓度如表 11-3 第 1 列所示。对该数据序列按公式

$$x'(t)=\frac{x(t)-x_{\min}}{x_{\max}-x_{\min}}$$

进行无量纲处理后，数据变为表 11-3 的第 2 列。经过图 11-8 所示的 V_FunPN 型 SP_NPN 模型的结构解析分析，获得的权系数如表 11-4 所示。期望输出如表 11-3 所示，拟合误差为 10^{-9}。

表 11-2　图 11-8 所示的 V_FunPN 型 SP_NPN 模型误差逆向传播时的 $\frac{\partial E_t}{\partial w_{abjk}}$ 求法

层号	权系数变量	到达路径	$\frac{\partial E_t}{\partial w_{abjk}}$
第 5 层	w_{2511}	$y_1\to w_{2511}\to h_{21}$	$Y_1f(h_{21}(t))$
第 5 层	w_{3511}	$y_1\to w_{3511}\to h_{31}$	$Y_1f(h_{31}(t))$
第 5 层	w_{4511}	$y_1\to w_{4511}\to h_{41}$	$Y_1f(h_{41}(t))$
第 5 层	w_{4521}	$y_1\to w_{4521}\to h_{42}$	$Y_1f(h_{42}(t))$
第 5 层	w_{4531}	$y_1\to w_{4531}\to h_{43}$	$Y_1f(h_{43}(t))$
第 5 层	w_{3522}	$y_2\to w_{3522}\to h_{32}$	$Y_2f(h_{32}(t))$
第 5 层	w_{3532}	$y_2\to w_{3532}\to h_{33}$	$Y_2f(h_{33}(t))$
第 4 层	w_{2421}	$y_1\to w_{4511}\to w_{2421}\to h_{22}$	$Y_1w_{4511}f'(h_{41}(t))h_{22}(t)$

续表 11-2

层号	权系数变量	到达路径	$\frac{\partial E_t}{\partial w_{abjk}}$
第 4 层	w_{2422}	$y_1 \to w_{4521} \to w_{2422} \to h_{22}$	$Y_1 w_{4521} f'(h_{42}(t))h_{22}(t)$
第 4 层	w_{3421}	$y_1 \to w_{4511} \to w_{3421} \to h_{32}$	$Y_1 w_{4511} f'(h_{41}(t))h_{32}(t)$
第 4 层	w_{3423}	$y_1 \to w_{4531} \to w_{3423} \to h_{32}$	$Y_1 w_{4531} f'(h_{43}(t))h_{32}(t)$
第 4 层	w_{2432}	$y_1 \to w_{4521} \to w_{2432} \to h_{23}$	$Y_1 w_{4521} f'(h_{42}(t))h_{23}(t)$
第 3 层	w_{2311}	$y_1 \to w_{3511} \to w_{2311} \to h_{21}$	$Y_1 w_{3511} f'(h_{31}(t))h_{21}(t)$
第 3 层	w_{2332}	$y_1 \to w_{4511} \to w_{3421} \to w_{2332} \to h_{23}$；$y_1 \to w_{4531} \to w_{3423} \to w_{2332} \to h_{23}$；$y_2 \to w_{3522} \to w_{2332} \to h_{23}$	$(Y_1 w_{4511} f'(h_{41}(t))w_{3421} f'(h_{32}(t)) + Y_1 w_{4531} f'(h_{43}(t))w_{3423} f'(h_{32}(t)) + Y_2 w_{3522} f'(h_{32}(t)))h_{23}(t)$
第 3 层	w_{2343}	$y_2 \to w_{3532} \to w_{2343} \to h_{24}$	$Y_2 w_{3532} f'(h_{33}(t))h_{24}(t)$
第 2 层	w_{1211}	$y_1 \to w_{2511} \to w_{1211} \to h_{11}$；$y_1 \to w_{3511} \to w_{2311} \to w_{1211} \to h_{11}$	$(Y_1 w_{3511} f'(h_{31}(t)) + Y_1 w_{3511} f'(h_{31}(t))w_{2311} f'(h_{21}(t)))h_{11}(t)$
第 2 层	w_{1212}	$y_1 \to w_{4511} \to w_{2421} \to w_{1212} \to h_{11}$；$y_1 \to w_{4521} \to w_{2422} \to w_{1212} \to h_{11}$	$(Y_1 w_{4511} f'(h_{41}(t))w_{2421} + Y_1 w_{4521} f'(h_{42}(t))w_{2422}) f'(h_{22}(t))h_{11}(t)$
第 2 层	w_{1213}	$y_1 \to w_{4511} \to w_{3421} \to w_{2332} \to w_{1213} \to h_{11}$；$y_1 \to w_{4521} \to w_{2432} \to w_{1213} \to h_{11}$；$y_1 \to w_{4531} \to w_{3423} \to w_{2332} \to w_{1213} \to h_{11}$；$y_2 \to w_{3522} \to w_{2332} \to w_{1213} \to h_{11}$	$(Y_1 w_{4511} f'(h_{41}(t))w_{3421} f'(h_{32}(t)) w_{2332} f'(h_{22}(t)) + Y_1 w_{4521} f'(h_{42}(t)) w_{2432} f'(h_{23}(t)) + Y_1 w_{4531} f'(h_{43}(t)) w_{3423} f'(h_{32}(t))w_{2332} f'(h_{22}(t)) + Y_2 w_{3522} f'(h_{32}(t))w_{2332} f'(h_{22}(t)))h_{11}(t)$
第 2 层	w_{1214}	$y_2 \to w_{3532} \to w_{2342} \to w_{1214} \to h_{11}$	$Y_2 w_{3532} f'(h_{33}(t))w_{2343} f'(h_{24}(t))h_{11}(t)$
第 1 层	w_{0111}	$y_1 \to w_{2511} \to w_{1211} \to w_{0111} \to x_1$；$y_1 \to w_{3511} \to w_{2311} \to w_{1211} \to w_{0111} \to x_1$；$y_1 \to w_{4511} \to w_{2421} \to w_{1212} \to w_{0111} \to x_1$；$y_1 \to w_{4521} \to w_{2422} \to w_{1212} \to w_{0111} \to x_1$；$y_1 \to w_{4511} \to w_{3421} \to w_{2332} \to w_{1213} \to w_{0111} \to x_1$；$y_1 \to w_{4521} \to w_{2432} \to w_{1213} \to w_{0111} \to x_1$；$y_1 \to w_{4531} \to w_{3423} \to w_{2332} \to w_{1213} \to w_{0111} \to x_1$；$y_2 \to w_{3522} \to w_{2332} \to w_{1213} \to w_{0111} \to x_1$；$y_2 \to w_{3532} \to w_{2342} \to w_{1214} \to w_{0111} \to x_1$	$[(Y_1 w_{3511} f'(h_{31}(t)) + Y_1 w_{3511} f'(h_{31}(t))w_{2311} f'(h_{21}(t)))w_{1211} f'(h_{11}(t)) + (Y_1 w_{4511} f'(h_{41}(t))w_{2421} f'(h_{22}(t)) + Y_1 w_{4521} f'(h_{42}(t))w_{2422} f'(h_{22}(t)))w_{1212} f'(h_{11}(t)) + (Y_1 w_{4511} f'(h_{41}(t))w_{3421} f'(h_{32}(t))w_{2332} f'(h_{23}(t)) + Y_1 w_{4521} f'(h_{42}(t))w_{2432} f'(h_{23}(t)) + Y_1 w_{4531} f'(h_{43}(t))w_{3423} f'(h_{32}(t))w_{2332} f'(h_{23}(t)) + Y_2 w_{3522} f'(h_{32}(t))w_{2332} f'(h_{23}(t)))w_{1213} f'(h_{11}(t)) + Y_2 w_{3532} f'(h_{33}(t))w_{2343} f'(h_{24}(t))w_{1214} f'(h_{11}(t))]x_1$

表 11-3　$PM_{2.5}$对人体的作用机制揭示信息

$PM_{2.5}$ /μg · m^{-3}	规格化的 $PM_{2.5}$	期望输出（o_1）	计算输出（y_1）	期望输出（o_2）	计算输出（y_2）
39	0.294	0.8311	0.8311	0.1427	0.1427
38	0.279	0.7896	0.7896	0.1355	0.1355
36	0.250	0.7065	0.7065	0.1213	0.1213
42	0.338	0.9558	0.9558	0.1641	0.1641
32	0.191	0.5402	0.5402	0.0927	0.0927
40	0.309	0.8727	0.8727	0.1498	0.1498
30	0.162	0.4571	0.4571	0.0785	0.0785
19	0.000	0.0000	0.0000	0.0000	0.0000
58	0.574	1.6207	1.6207	0.2782	0.2782
45	0.382	1.0805	1.0805	0.1855	0.1855
55	0.529	1.4961	1.4961	0.2568	0.2568
54	0.515	1.4545	1.4545	0.2497	0.2497
39	0.294	0.8311	0.8311	0.1427	0.1427
30	0.162	0.4571	0.4571	0.0785	0.0785
25	0.088	0.2493	0.2493	0.0428	0.0428
22	0.044	0.1247	0.1247	0.0214	0.0214
30	0.162	0.4571	0.4571	0.0785	0.0785
39	0.294	0.8311	0.8311	0.1427	0.1427
39	0.294	0.8311	0.8311	0.1427	0.1427
45	0.382	1.0805	1.0805	0.1855	0.1855
23	0.059	0.1662	0.1662	0.0285	0.0285
58	0.574	1.6207	1.6207	0.2782	0.2782
59	0.588	1.6623	1.6623	0.2854	0.2854
33	0.206	0.5818	0.5818	0.0999	0.0999
87	1.000	2.8259	2.8259	0.4851	0.4851
38	0.279	0.7896	0.7896	0.1355	0.1355
42	0.338	0.9558	0.9558	0.1641	0.1641
30	0.162	0.4571	0.4571	0.0785	0.0785
33	0.206	0.5818	0.5818	0.0999	0.0999
54	0.515	1.4545	1.4545	0.2497	0.2497

表 11-4 SP_NPN 模型的权系数

权系数	$\eta=$ 1.8	$\eta=$ 1.75	$\eta=$ 1.7	$\eta=$ 1.6	$\eta=$ 1.4	$\eta=$ 1.2	$\eta=$ 0.8	$\eta=$ 0.6	$\eta=$ 0.5	$\eta=$ 0.4	$\eta=$ 0.3	$\eta=$ 0.1	$\eta=$ 0.01	$\eta=$ 0.001
w_{0111}	1.223	1.101	1.263	1.289	1.289	1.297	1.299	1.299	1.302	1.301	1.302	1.306	1.308	1.308
w_{1211}	−0.935	0.702	0.975	1.013	1.020	1.029	1.032	1.030	1.035	1.033	1.035	1.041	1.043	1.043
w_{1212}	0.011	0.713	0.300	0.287	0.285	0.279	0.275	0.276	0.273	0.274	0.272	0.268	0.266	0.266
w_{1213}	0.474	0.702	0.730	0.724	0.724	0.722	0.722	0.722	0.721	0.722	0.722	0.721	0.720	0.720
w_{1214}	0.658	0.499	0.245	0.251	0.253	0.254	0.253	0.252	0.253	0.251	0.252	0.253	0.253	0.253
w_{2311}	−0.047	0.298	0.287	0.404	0.452	0.480	0.485	0.484	0.496	0.487	0.492	0.507	0.512	0.513
w_{2332}	0.485	0.798	0.712	0.706	0.706	0.704	0.704	0.704	0.703	0.704	0.704	0.703	0.702	0.702
w_{2343}	0.658	0.298	0.245	0.251	0.253	0.254	0.253	0.252	0.253	0.251	0.252	0.253	0.253	0.253
w_{2421}	0.044	0.499	0.209	0.202	0.201	0.197	0.195	0.195	0.194	0.194	0.193	0.191	0.190	0.190
w_{2422}	−0.027	0.898	0.227	0.221	0.223	0.220	0.217	0.217	0.216	0.216	0.215	0.212	0.211	0.211
w_{2432}	0.027	0.579	0.201	0.198	0.199	0.196	0.194	0.194	0.192	0.192	0.191	0.189	0.188	0.188
w_{2511}	−2.472	0.597	2.118	1.915	1.860	1.806	1.794	1.798	1.773	1.789	1.778	1.747	1.736	1.735
w_{3421}	0.090	1.192	0.102	0.104	0.106	0.105	0.105	0.105	0.105	0.105	0.105	0.105	0.105	0.105
w_{3423}	0.097	0.798	0.104	0.105	0.105	0.105	0.105	0.105	0.104	0.104	0.104	0.104	0.104	0.104
w_{3511}	−0.047	0.601	0.287	0.404	0.452	0.480	0.485	0.484	0.496	0.487	0.492	0.507	0.512	0.513
w_{3522}	0.487	0.599	0.711	0.705	0.705	0.703	0.703	0.703	0.702	0.703	0.702	0.701	0.701	0.701
w_{3532}	0.658	0.689	0.245	0.251	0.253	0.254	0.253	0.252	0.253	0.251	0.252	0.253	0.253	0.253
w_{4511}	0.044	0.495	0.211	0.205	0.204	0.200	0.198	0.198	0.196	0.197	0.196	0.194	0.192	0.192
w_{4521}	−0.007	0.796	0.295	0.285	0.284	0.278	0.274	0.274	0.271	0.272	0.271	0.266	0.265	0.264
w_{4531}	0.097	1.496	0.104	0.105	0.105	0.105	0.105	0.105	0.104	0.104	0.104	0.104	0.104	0.104

从表 11-4 可以看出，能满足期望输出的权系数存在多个解，如表 11-5 所示。这 3 个解分别对应因吸入大气细颗粒物所表现出来的三大类病状，即病状 1（肺癌）、病状 2（心血管疾病）和病状 3（脑部疾病），该结论与医学观测相同。

基于表 11-5，可以对病状 1 与病状 2 和病状 3 进行进一步区分，其策略如下：

（1）从表 11-5 可以看出，病状 1 与病状 2、3 的权系数有较大差别，表明病状 1 容易与其他病状区分开。于是，只要补充检测 w_{2511} 或 w_{1211} 或 w_{2311} 或 w_{2422} 或 w_{3511} 或 w_{4521}，若发现这些弧的权系数为负，则可表明是病状 1 出现了。此外，若我们预设 $w_{2511}=-2.472$，对图 11-8 重新计算，则发现此时只能获得一种权系数，即表 11-5 病状 1 所对应的列。

（2）从表 11-5 还可以看出，病状 2 和病状 3 的很多弧的权系数有较大差别，病状 2 和病状 3 也较容易区分，即只要对权系数差别较大的弧进行补充检测，即可将病状 2 和病状 3 区分开。例如，病状 2 和病状 3 的 w_{1212}系数差别较大，故只要对弧 w_{1212}进行补充观测，即可区分病状 2 和病状 3。

从上面讨论可知，利用 SP_NPN 模型进行结构解析时，一组观测输入和输出会获得多种结构解析结果，该结论具有重要的意义：

（1）可以据此发现系统内部结构中存在的所有潜在因果关联关系，从而为相关精确诊断方案的科学制定指明方向。

（2）通过固定某些弧的权系数值，可以使结构解析结果达到唯一，从而发现导致结构解析唯一时的关键因果关联关系，依据这些关键因果关联关系设置观测方案，从而为精确诊断指明方向。

表 11-5　SP_NPN 模型的权系数存在的多个解

权系数	病状 1（$\eta \geq 1.800$）	病状 2（$1.7<\eta<1.8$）	病状 3（$0<\eta \leq 1.7$）
w_{0111}	1. 223	1. 101	1. 297
w_{1211}	−0. 935	0. 702	1. 027
w_{1212}	0. 011	0. 713	0. 277
w_{1213}	0. 474	0. 702	0. 723
w_{1214}	0. 658	0. 499	0. 252
w_{2311}	−0. 047	0. 298	0. 466
w_{2332}	0. 485	0. 798	0. 705
w_{2343}	0. 658	0. 298	0. 252
w_{2421}	0. 044	0. 499	0. 196
w_{2422}	−0. 027	0. 898	0. 217
w_{2432}	0. 027	0. 579	0. 194
w_{2511}	−2. 472	0. 597	1. 821
w_{3421}	0. 090	1. 192	0. 105
w_{3423}	0. 097	0. 798	0. 105
w_{3511}	−0. 047	0. 601	0. 466
w_{3522}	0. 487	0. 599	0. 703
w_{3532}	0. 658	0. 689	0. 252
w_{4511}	0. 044	0. 495	0. 199
w_{4521}	−0. 007	0. 796	0. 275
w_{4531}	0. 097	1. 496	0. 105

为了让因果关联关系明确下来，需要添加补充监测或检测，在本章相当于固定某些弧的权系数值。利用本章提出的 SP_NPN 模型，这些工作可以在计算机上提前实施。因此，SP_NPN 模型可以为复杂系统的结构解析提供科学依据。

11.4 本章小结

函数 Petri 网与 ANN 具有某种天然的联系，本章利用该联系提出了结构解析型神经 Petri 网模型，该模型在函数 Petri 网模型中嵌入 ANN 学习机制，为复杂系统动态变化时的因果关联结构解析提供了科学依据。该模型具有如下特点：

（1）可以完全继承 ANN 的关键特征，即自学习功能、联想存储功能和高速寻找优化解的能力。该特征可以用于记忆雾霾危害性的累积性特征和动态变化特征。

（2）SP_NPN 模型的网络结构是任意的，这一点与 ANN 通常所具有的标准结构完全不同，因此，SP_NPN 模型具有好的适应性。该特征方便于对大量复杂对象建立危害性评价模型。

（3）SP_NPN 模型对网络输入信息没有依赖，把网络内部的动态作为关注焦点，该模型尤其适用于复杂系统结构的解析与因果关联分析。该特征用于揭示被危害对象的内部结构动态变化特征。

（4）SP_NPN 的网络内部节点可以具有明确的物理含义，此特征方便于构建 SP_NPN 模型。

（5）SP_NPN 模型适用于被评价对象的内部结构的因果关联结构解析。

（6）SP_NPN 模型继承了 Petri 网的全部特征。该特征方便于对被评价对象的变化进展实施观测。

总之，SP_NPN 是 Petri 网模型和 ANN 模型的一种有意义的扩展，是从不同角度分析问题，适合于系统结构解析和因果关联分析。用 SP_NPN 模型对雾霾危害性进行评价时，具有特殊的优势，即它可以准确发现被危害系统内部结构中存在的所有潜在因果关联关系，从而为相关精确诊断方案的科学制定指明方向。下一步研究工作是将 ANN 的其他学习机制融入到 SP_NPN 模型中，以便形成分析能力更好的被评价对象的内部结构解析模型。

参考文献

[1] Afroz R, Hassan M N, Ibranim N A. Review of air pollution and health impacts in Malaysia

[J]. Environmental Research, 2003, 92 (2): 71~77.

[2] Li M, Zhang L. Haze in China: current and future challenges [J]. Environmental Pollution, 2014, 189: 85~86.

[3] Bigazzi A Y, Figliozzi M A, Luo W T, et al. Breath biomarkers to measure uptake of volatile organic compounds by bicyclists [J]. Environmental Science & technology, 2016, 50 (10): 5357~5363.

[4] Li Lei, Li Hong, Wang Xuezhong, et al. Pollution characteristics and health risk assessment of atmospheric: VOCs in the downtown area of Guangzhou, China [J]. Environmental Science, 2013, 34 (12): 4558~4564.

[5] Liu Dan, Xie Qiang, Zhang Xin, et al. Source Apportionment and Health Risk Assessment of VOCs During the Haze Period in the Winter in Bejing [J]. Environmental Science, 2016, 37 (10): 3693~3701.

[6] Zhou Yumin, Hao Zhengping, Wang Hailin. Health risk assessment of atmospheric volatile organic compounds in urban-rural junctures belt area [J]. Environmental Science, 2011, 32 (12): 3566~3570.

[7] Hu Ying, Shao Longyi, Shen Rongrong, et al. Analysis of oxidative capacity of $PM_{2.5}$ in Beijing [J]. China Environmental Science, 2013, 33 (10): 1863~1868.

[8] Wu Weiqiang, Wang Xin. The risk analysis of urban fog-haze based on Fault Tree [J]. Journal of Guangzhou University (Natural Science Edition), 2015, 14 (5): 76~82.

[9] Zeng Xiangang, Xie Fang, Zong Quan. Behavior Selection and Willingness to Pay of Reducing $PM_{2.5}$ Health Risk: Taking Residents in Beijing as an Example [J]. China Population, Resources and Environment, 2015, 25 (1): 127~133.

[10] Xie Yuanbo, Chen Juan, Li We. An Assessment of $PM_{2.5}$ Related Health Risks and Impaired Values of Beijing Residents in a Consecutive High-Level Exposure During Heavy Haze Days [J]. Environmental Science, 2014, 35 (1): 1~8.

[11] Zhi Xiang. An Investigation of the Situation of Public Exercise in Hazy Weather [J]. Bulletion of Sport Science and Technology, 2015, 23 (2): 86~88.

[12] Pope C A, Burnett R T, Thun M J, et al. Lung cancer, cardiopulmonary mortality, and long-term exposure air to fine particulate air pollution [J]. JAMA, 2002, 287: 1132~1141.

[13] Hu Bin, Chen Rui, Xu Jianxun, et al. Health effects of ambient ultrafine (nano) particles in haze [J]. China Science Bulletin, 2015, 60 (30): 2808~2823.

[14] Jiao Licheng, Yang Shuyuan, Liu Fang, et al. Seventy years beyond neural networks: Retrospect and Prospect [J]. Chinese Journal of Computers, 2016, 39 (5): 1~20.

[15] Farabet C, Couprie C, Najman L, et al. Learning hierarchical features for scene labeling [J]. IEEE Transactions on Pattern Analysis and Machine Intelligence, 2013, 35 (8): 1915~1929.

[16] Li G B, Yu Y Z. Visual saliency based on multi-scale deep features: Proceedings of the IEEE Conference on Computer Vision and Pattern Recognition. Boston, USA, 2015 [C]. Boston:

Curran Associates Inc. : 5455~5463.

[17] Zhao R, Ouyang W L, Li H S, et al. Saliency detection by multi-context deep learning: Proceedings of the IEEE Conference on Computer Vision and Pattern Recognition, Boston, USA, 2015 [C]. Boston: Curran Associates Inc. : 1265~1274.

[18] Zhao Yanyan, Wang Yan. Research progress of intelligent Petri net [J]. Computer Engineering and Applications, 2014 (2): 52~55.

12 致霾污染物排放跨时空协同最佳减排方案生成方法

12.1 引言

目前，通过实施以浓度排放标准为核心的污染物浓度控制政策，我国已初步遏制了环境恶化趋势，但随着经济建设的发展，仅依靠原有浓度控制已不能完全保证环境质量。因此，必须采取相应的减排措施，将排入某一区域的污染物总量控制在一定数量内，以满足该区域的环境质量要求。目前，国内对主要污染物总量的控制研究已有许多结果，刘子刚等[1]给出了不同区域环境承载力及排污总量消减分配模型的分析与评价方法；王宝民等[2]提出了大气污染物总量控制模型，为大气环境容量测算提供了理论求解思路；李庄等[3]提出了基于“3+1”减排模式的区域主要污染物总量控制优化模型；毛春梅等[4]以长三角区域为例提出了大气污染的跨域协同优化治理思路；郭炜煜等[5]提出了基于区间-机会约束的区域电力一体化环境协同治理不确定优化模型；王会芝[6]提出了基于大气污染治理视角的京津冀产业结构优化；秦怡雯、刘潘炜等等[7,8]提出了基于大气特征污染物的监测布点选址优化方法；薛俭等[9]提出了我国大气污染治理全局优化省际合作模型；梁志宏[10]开发出了基于我国新大气污染排放标准下的燃煤锅炉高效低 NO_x 协调优化系统，并进行了工程应用；朱云等[11]提出了大气汞污染模拟研究进展及控制策略优化方法；赵杰颖等[12]提出了基于粒子群优化的多指标组合算子的大气污染预报模型；王锷一等[13]提出了济南市大气污染治理优先级与优化控制研究；李亚威[14]提出了呼和浩特市能源结构优化与大气污染防治方法；罗宜平等[15]对北京大气污染治理优化措施进行了研究；陈红岩等[16]提出了大气环境污染优化控制的实际问题，并给出了解决方案；王勤耕等[17]提出了城市大气污染源排污负荷优化分配模型。

综上所述，目前研究主要存在如下问题：

（1）致霾污染物排放减排方案优化问题是一个多目标优化问题，目前研究还未涉及到。

（2）致霾污染物具有跨区域迁移特征，但目前优化模型对该特征未进行考虑。

（3）致霾污染物具有顺时间历程迁移特征，但目前优化模型对该特征未进行考虑。

（4）在联防联控视角下，致霾污染物跨区域协同减排具有优势，但目前优化模型对该特征未进行充分考虑。

为了解决上述问题，本章提出了致霾污染物排放跨时空协同最佳减排方案生成方法，为关联区域内致霾污染物联防联控减排提出科学的解决方案。

12.2 致霾污染物跨时空协调减排优化模型的构建

设当前时期为 t，减排工作已进行了 $t-1$ 期；需要减排的网格区域有 n 个，每个区域当前致霾污染物物种 A（如 VOCs，$PM_{2.5}$，PM_{10}等）的排放总量分别为 $Q_1(t)$、$Q_2(t)$、…、$Q_n(t)$；设 β^t 为时期 t 多级减排总量约束等级。多级减排总量约束是指将致霾污染物减排总量由少到多分成若干等级。例如，6 级制排放总量约束的含义是：减排总量的 20%为Ⅰ级、35%为Ⅱ级、50%为Ⅲ级、65%为Ⅳ级、80%为Ⅴ级、95%为Ⅵ级；时期 t，n 个减排区域的减排量分别为 $x_1(t)$、$x_2(t)$、…、$x_n(t)$，它们是待求的变量。多级减排总量约束下的区域致霾污染物联防联控最优减排模型构建方法如下所述。

（1）目标函数构造方法。

1）减排总成本最低，即

$$\min f_1(\boldsymbol{X}(t)) = \sum_{i=1}^{n} c_i(t) x_i(t) \tag{12-1}$$

式中，$\boldsymbol{X}(t) = (x_1(t),\ x_2(t),\ \cdots,\ x_n(t))$；$c_i(t)$ 为区域 i 的单位致霾污染物减排成本，$i = 1$、2、…、n。

2）减排总量最大，即

$$\max f_2(\boldsymbol{X}(t)) = \sum_{i=1}^{n} x_i(t) \tag{12-2}$$

3）前 t 期，每个网格中心所涵盖的区域未完成的减排量越大，在时期 t 的被安排的减排任务将越大，即

$$\max f_3(\boldsymbol{X}(t)) = \sum_{i=1}^{n} x_i(t) \sum_{s=1}^{t-1} (Q_i(s) - P_i(s)) \tag{12-3}$$

式中，$P_i(s)$ 为时期 s 区域 i 的实际致霾污染物减排量。

4）时期 t，致霾污染物剩余量越多，对其他区域所造成的负面影响越大，应将该影响降低最低，即

$$\min f_4(\boldsymbol{X}(t)) = \sum_{i=1}^{n} \sum_{j \in E_i} [(Q_i(s) - x_i(t)) x_j(t)] \tag{12-4}$$

式中，E_i为受区域 i 影响的区域集合。

5）时期 t，致霾污染物剩余量越多，得到的减排补贴效用将越低，即

$$\max f_5(\boldsymbol{X}(t)) = \sum_{i=1}^{n} w_i \mathrm{e}^{x_i(t) - Q_i(s)} \tag{12-5}$$

式中，w_i为区域 i 的补贴系数，区域越重要，补贴系数越大。

（2）约束条件构造方法。

1）时期 t，每个网格中心所涵盖的区域的减排量不会超过致霾污染物排放量，且减排量为非负，即

$$0 \leqslant x_i(t) \leqslant Q_i(t) \quad i = 1, 2, \cdots, n \tag{12-6}$$

2）前 t 期，每个网格中心所涵盖的区域未完成的减排量越大，在时期 t 面临的减排压力也越大，即

$$x_i(t) \geqslant q_t \sum_{s=1}^{t-1} (Q_i(s) - P_i(s)) \quad i = 1, 2, \cdots, n \tag{12-7}$$

式中，q_t 为前 t 期未完成的减排量在时期 t 所分摊的比例。

3）时期 t，区域间的相互影响应在允许范围内，即

$$\left| \sum_{j \in E_i} (Q_j(s) - x_j(t)) x_i(t) - \sum_{i \in E_j} (Q_i(s) - x_i(t)) x_j(t) \right| \leqslant E_0$$
$$i, j = 1, 2, \cdots, n;\ i \neq j \tag{12-8}$$

式中，E_0为受区域间相互影响的最大允许值。

综合式（12-1）~式（12-8），可得区域致霾污染物联防联控最优减排模型：

$$\min\{O_1 f_1(X),\ -O_2 f_2(X),\ -O_3 f_3(X),\ O_4 f_4(X),\ -O_5 f_5(X)\}$$

$$\text{s.t.} \begin{cases} 0 \leqslant x_i(t) \leqslant Q_i(t) \quad i = 1, 2, \cdots, n \\ \left| \sum_{j \in E_i} (Q_j(s) - x_j(t)) x_i(t) - \sum_{i \in E_j} (Q_i(s) - x_i(t)) x_j(t) \right| \leqslant E_0 \\ i, j = 1, 2, \cdots, n;\ i \neq j \\ x_i(t) \geqslant q_t \sum_{s=1}^{t-1} (Q_i(s) - P_i(s)) \quad i = 1, 2, \cdots, n \end{cases} \tag{12-9}$$

式中，$f_1(\boldsymbol{X})$、$f_2(\boldsymbol{X})$、…、$f_M(\boldsymbol{X})$ 为 M 个目标函数，用来表示 M 个控制目标要求，在这里 $M = 5$；O_1、O_2、…、O_M 为 M 个目标函数的优先级，优先级次序要求满足 $O_1 > O_2 > \cdots > O_M$，即目标函数 $f_1(\boldsymbol{X})$ 首先要求达到最小，其次是 $f_2(\boldsymbol{X})$，再其次是$f_3(\boldsymbol{X})$，依次类推，最后要求达到最小的是目标函数$f_M(\boldsymbol{X})$；计算时，决策向量 $\boldsymbol{X}$ 也称为试探解；若试探解 $\boldsymbol{X}$ 不满足约束条件，则令 $f(\boldsymbol{X}) = +\infty$，$f(\boldsymbol{X}) \in \{f_1(\boldsymbol{X}), f_2(\boldsymbol{X}), \cdots, f_M(\boldsymbol{X})\}$。

优化模型式（12-9）是一个非线性大规模优化问题，传统的基于函数连续性和可导性的数学优化方法无法解决该问题。

上述优化问题（12-9）的求解方法是群体智能优化算法，这类算法具有较广泛的适用性。

本章介绍了一种求解优化问题（12-9）的群体智能优化方法，即基于毒素脉冲投入多种群捕食-被食系统动力学的多目标组合结构优化方法，简称 MOSLO_4PI 方法。在 MOSLO_4PI 方法中，采用与现有群智能算法完全不同的设计思路，提出了将基于毒素脉冲投入多种群捕食-被食系统动力学模型转化为能求解多目标组合结构优化问题的一般方法；构造出的算子可以充分反映环境毒素对生物种群的毒害、不同种群之间捕食-被食关系以及同类种群间的相互竞争关系，从而体现出毒素脉冲投入多种群捕食-被食系统动力学理论的基本思想；该方法具有全局收敛性。

12.3 MOSLO_4PI 方法的原理设计

将多目标优化模型式（12-9）转换成如下单目标优化模型：

$$\min\{F(X)=\sum_{k=1}^{M}O_k f_k(\boldsymbol{X})\}$$

$$\text{s.t.}\begin{cases}0\leqslant x_i(t)\leqslant Q_i(t) \quad i=1,2,\cdots,n\\ \left|\sum_{j\in E_i}(Q_j(s)-x_j(t))x_i(t)-\sum_{i\in E_j}(Q_i(s)-x_i(t))x_j(t)\right|\leqslant E_0\\ i,j=1,2,\cdots,n;\ i\neq j\\ x_i(t)\geqslant q_t\sum_{s=1}^{t-1}(Q_i(s)-P_i(s)) \quad i=1,2,\cdots,n\end{cases} \tag{12-10}$$

式中，$O_k=10^{M-k}$。

为了解决上述现有技术存在的问题，MOSLO_4PI 的目的在于提供一种基于毒素脉冲投入多种群捕食-被食系统动力学的多目标组合结构优化方法，该方法可使优化问题（12-10）得到快速求解。

12.3.1 算法场景

假设在一个生态环境系统 E 中有 N 个捕食者种群和 N 个食饵种群，N 个捕食者种群是 P_1、P_2、…、P_N；N 个食饵种群是 Q_1、Q_2、…、Q_N；每个捕食者种群总是以 N 个食饵种群中的任意 K 个食饵种群为食，两者构成捕食-被食关系；每个捕食者种群和每个食饵种群都由 n 个特征来表征，即对捕食者种群 P_i 来说，用其特征表示就是 $P_i=(f_{i,1}^{A},f_{i,2}^{A},\cdots,f_{i,n}^{A})$；对食饵种群 Q_i来说，用其特征表示就是 $Q_i=(f_{i,1}^{B},f_{i,2}^{B},\cdots,f_{i,n}^{B})$；每隔一段时间都会有大量含有毒素的污染物注入到该生态环境系统 E 中，污染物释放的毒素会被捕食者种群和食饵种群吸收；吸入到捕食者种群和食饵种群体体内的毒素，一部分被生物种群自身消化掉，另一部分被排泄到环境中；毒素吸入到捕食者种群和食饵种群体内后，会对其生长造成影响，从而影响到这些生物种群的数量及其密度。

捕食者种群和食饵种群的自我繁衍过程一般看成是一个连续的过程，食饵种群数量的增减会导致捕食者种群数量的增减；定期注入到生态环境系统 E 中的污染物会突然增加生态环境系统 E 中的毒害浓度，从而会突然加大对捕食者种群和食饵种群的毒害，进而会突然降低捕食者种群和食饵种群的数量。

下面将以上论述与多目标组合结构优化模型式（12-10）全局最优解的求解过程关联起来。

优化问题的搜索空间 H 与该生态环境系统 E 相对应，任何时期 t，该生态系统 E 中的 N 种捕食者种群对应于搜索空间 H 中的 N 个试探解，即 $\{\boldsymbol{X}_1^{\mathrm{A}}(t),\ \boldsymbol{X}_2^{\mathrm{A}}(t),\ \cdots,\ \boldsymbol{X}_N^{\mathrm{A}}(t)\}$，其中，$\boldsymbol{X}_i^{\mathrm{A}}(t)=(x_{i,1}^{\mathrm{A}}(t),\ x_{i,2}^{\mathrm{A}}(t),\ \cdots,\ x_{i,n}^{\mathrm{A}}(t))$，$i=1$、2、…、$N$。$N$ 种食饵种群也对应于搜索空间 H 中的另外 N 个试探解，即 $\{\boldsymbol{X}_1^{\mathrm{B}}(t),\ \boldsymbol{X}_2^{\mathrm{B}}(t),\ \cdots,\ \boldsymbol{X}_N^{\mathrm{B}}(t)\}$，其中，$\boldsymbol{X}_i^{\mathrm{B}}(t)=(x_{i,1}^{\mathrm{B}}(t),\ x_{i,2}^{\mathrm{B}}(t),\ \cdots,\ x_{i,n}^{\mathrm{B}}(t))$，$i=1$、2、…、$N$。捕食者种群 P_i 的一个特征 $f_{i,j}^{\mathrm{A}}$ 对应于试探解 $\boldsymbol{X}_i^{\mathrm{A}}(t)$ 中的一个变量 $x_{i,j}^{\mathrm{A}}(t)$；食饵种群 Q_i 的一个特征 $f_{i,j}^{\mathrm{B}}$ 对应于试探解 $\boldsymbol{X}_i^{\mathrm{B}}(t)$ 中的一个变量 $x_{i,j}^{\mathrm{B}}(t)$，$j=1$、2、…、n。

综上可知，捕食者种群、食饵种群与试探解在概念上完全等价，以后不再加以区分。该生态环境系统 E 中的每个捕食者种群和每个食饵种群在生存期间受到投放到生态环境系统 E 中的污染物释放的毒素毒害后，其生长状态会不断发生变化，将这种变化影射到多目标组合结构优化问题式（12-10）的搜索空间 H，就相当于试探解从一个空间位置转移到另外一个空间位置；污染物释放毒素的浓度的脉冲增加会导致捕食者种群和食饵种群的数量的突然变化，此相当于搜索空间的试探解从一个位置猛烈跳到另外一个位置，这种性质有利于使搜索跳出局部最优解陷阱。

为简单起见，将一个空间位置称为一个状态，并用其下标表示。

假设捕食者种群 P_i 当前状态为 a，即相当于在搜索空间 H 中所处的位置为 $\boldsymbol{X}_a$。若捕食者种群 P_i 遭到毒害后，从当前状态 a 变化到新状态 b，即相当于在搜索空间 H 中从当前所处的位置 $\boldsymbol{X}_a$ 转移到新位置 $\boldsymbol{X}_b$。按多目标组合结构优化模型式（12-10）计算，对于目标函数 $F(\boldsymbol{X})$，若 $F(\boldsymbol{X}_a)>F(\boldsymbol{X}_b)$，表明新位置 $\boldsymbol{X}_b$ 比原位置 $\boldsymbol{X}_a$ 更优，则认为捕食者种群 P_i 的生长能力强。反之，若 $F(\boldsymbol{X}_a)\leqslant F(\boldsymbol{X}_b)$，表明新位置 $\boldsymbol{X}_b$ 比原位置 $\boldsymbol{X}_a$ 更差，或没有什么差别（因新位置 $\boldsymbol{X}_b$ 与原位置 $\boldsymbol{X}_a$ 的目标函数值相等，即 $F(\boldsymbol{X}_a)=F(\boldsymbol{X}_b)$），则认为捕食者种群 P_i 生长能力弱。生长能力强的捕食者种群，可以得到更高的概率继续生长；而生长能力弱的捕食者种群，则可能停止生长。

类似地，假设食饵种群 Q_i 当前状态为 c，即相当于在搜索空间 H 中所处的位置为 $\boldsymbol{X}_c$。若食饵种群 Q_i 遭到毒害后，从当前状态 c 变化到新状态 d，即相当于在搜索空间 H 中从当前所处的位置 $\boldsymbol{X}_c$ 转移到新位置 $\boldsymbol{X}_d$。按多目标组合结构优化模型式（12-10）计算，对于目标函数 $F(\boldsymbol{X})$，若 $F(\boldsymbol{X}_c)>F(\boldsymbol{X}_d)$，表明新位置 $\boldsymbol{X}_d$ 比原位置 $\boldsymbol{X}_c$ 更优，则认为食饵种群 Q_i 生长能力强。反之，若 $F(\boldsymbol{X}_c)\leqslant F(\boldsymbol{X}_d)$，表明新位置 $\boldsymbol{X}_d$ 比原位置 $\boldsymbol{X}_c$ 更差，或没有什么差别（因新位置 $\boldsymbol{X}_c$ 与原位置 $\boldsymbol{X}_d$ 的目标函数值相等，即 $F(\boldsymbol{X}_c)=F(\boldsymbol{X}_d)$），则认为食饵种群 Q_i 生长能力弱。生长能力强的食饵种群，可以得到更高的概率继续生长；而生长能力弱的食饵种群，则可能停止生长。

捕食者种群 P_i 和食饵种群 Q_i 的生长能力强弱用种群生长指数 PGI（Population Growth Index）来表示，捕食者种群 P_i 和食饵种群 Q_i 的 PGI 指数计算方法为：

$$PGI(X_i^u(t))=\begin{cases}\dfrac{1}{1+F(\boldsymbol{X}_i^u(t))}, & 若\ F(\boldsymbol{X}_i^u(t))>0\\ 1+|F(\boldsymbol{X}_i^u(t))|, & 若\ F(\boldsymbol{X}_i^u(t))\leqslant 0\end{cases},\quad u\in\{\mathrm{A},\mathrm{B}\};\ i=1,2,\cdots,N \tag{12-11}$$

式中，u 表示种群类型；A 表示捕食者种群；B 表示食饵种群。

基于上述场景，可以构造出用于求解多目标组合结构优化问题（12-10）的 MOSLO_4PI 方法。

12.3.2　毒素脉冲投入多种群捕食-被食系统动力学模型

污染环境内毒素脉冲投入的多种群捕食-被食系统动力学模型为：

$$\begin{cases}\left.\begin{aligned}&\frac{\mathrm{d}z_i(t)}{\mathrm{d}t}=z_i(t)\Big(c_{0i}-r_{0i}C_{0i}(t)-\sum_{l=1}^{N}a_{0l}z_l(t)-\sum_{l=1}^{N}b_{0l}y_l(t)\Big)\\&\frac{\mathrm{d}y_i(t)}{\mathrm{d}t}=y_i(t)\Big(-c_i-r_iC_i(t)+\sum_{l\in Z_i(K)}a_{il}z_l(t)-\sum_{l=1}^{N}b_{1l}y_l(t)\Big)\\&\frac{\mathrm{d}C_{0i}(t)}{\mathrm{d}t}=e_{0i}C_e(t)-g_{0i}C_{0i}(t)-m_{0i}C_{0i}(t)\\&\frac{\mathrm{d}C_i(t)}{\mathrm{d}t}=e_iC_e(t)-g_iC_i(t)-m_iC_i(t)\\&\frac{\mathrm{d}C_e(t)}{\mathrm{d}t}=-hC_e(t)\end{aligned}\right\}i=1,2,\cdots,N;t\neq kT\\ \left.\begin{aligned}&\Delta y_i(t)=0\\&\Delta z_i(t)=0\\&\Delta C_{0i}(t)=0\\&\Delta C_i(t)=0\\&\Delta C_e(t)=W\end{aligned}\right\}i=1,2,\cdots,N;t=kT\end{cases} \tag{12-12}$$

式中，$y_i(t)$ 表示时期 t 捕食者种群 P_i 的密度，$y_i(t) \geqslant 0$，$i = 1$、2、…、N；$z_i(t)$ 表示时期 t 食饵种群 Q_i 的密度，$z_i(t) \geqslant 0$；$C_{0i}(t)$ 表示时期 t 食饵种群 Q_i 体内的毒素浓度，$C_{0i}(t) \geqslant 0$；$C_i(t)$ 表示时期 t 捕食者种群 P_i 体内的毒素浓度，$1 \geqslant C_i(t) \geqslant 0$；$C_e(t)$ 表示时期 t 生态环境系统 E 中的毒素浓度，$1 \geqslant C_e(t) \geqslant 0$；$c_{0i}$ 表示生态环境系统 E 中没有毒素时食饵种群 Q_i 的内禀增长率，$c_{0i} > 0$；c_i 表示生态环境系统 E 中没有毒素时捕食者种群 P_i 的内禀增长率，$c_i > 0$；r_{0i} 表示生态环境系统 E 中有毒素时食饵种群 Q_i 的内禀减少率，$r_{0i} > 0$；r_i 表示生态环境系统 E 中有毒素时捕食者种群 P_i 的内禀减长率，$r_i > 0$；a_{0l} 表示生态环境系统 E 中有毒素时食饵种群 Q_l 的竞争参数，$a_{0l} > 0$；a_{il} 表示生态环境系统 E 中有毒素时捕食者种群 P_i 捕食食饵种群 Q_l 后的转化率，$a_{il} > 0$；b_{0l} 表示捕食者种群 P_l 的食饵捕获率，$b_{0l} > 0$；b_{1l} 表示捕食者种群 P_l 的竞争系数，$b_{1l} > 0$；g_{0i} 表示食饵种群 Q_i 的毒素排泄率，$g_{0i} > 0$；g_i 表示捕食者种群 P_i 的毒素排泄率，$g_i > 0$；m_{0i} 表示食饵种群 Q_i 的毒素净化率，$m_{0i} > 0$；m_i 表示捕食者种群 P_i 的毒素净化率，$m_i > 0$；e_{0i} 表示食饵种群 Q_i 的毒素吸收率，$e_{0i} > 0$，$g_{0i} \leqslant e_{0i} \leqslant g_{0i} + m_{0i}$；$e_i$ 表示捕食者种群 P_i 的毒素吸收率，$e_i > 0$，$g_i \leqslant e_i \leqslant g_i + m_i$；$h$ 为生态环境系统 E 中毒素的自净率，$h > 0$；T 表示毒素投入周期；k 为正整数，$k = 1$、2、3、…；W 为毒素投放量，$W > 0$；$Z_i(K)$ 表示捕食者种群 P_i 捕食 K 个食饵种群的集合，即 $K = |Z_i|$。

在时期 t，捕食者种群 P_i 在所有捕食者种群中所占的比例为 $R_i^{\mathrm{A}}(t)$，$i = 1$、2、…、N，即

$$R_i^{\mathrm{A}}(t) = \frac{y_i(t)}{\sum_{s=1}^{N} y_s(t)} \quad i = 1,\ 2,\ \cdots,\ N \tag{12-13}$$

在时期 t，食饵种群 Q_i 在所有食饵种群中所占的比例为 $R_i^{\mathrm{B}}(t)$　$i = 1$，2，…，N，即

$$R_i^{\mathrm{B}}(t) = \frac{z_i(t)}{\sum_{s=1}^{N} z_s(t)} \quad i = 1,\ 2,\ \cdots,\ N \tag{12-14}$$

$R_i^{\mathrm{A}}(t)$ 和 $R_i^{\mathrm{B}}(t)$ 又分别称为捕食者种群 P_i 和食饵种群 Q_i 的占比。记时期 t 参数 c_{0i}、c_i、r_{0i}、r_i、a_{0l}、a_i、b_{0l}、b_{1l}、e_{0i}、e_i、g_{0i}、g_i、m_{0i}、m_i、h 的取值分别为 c_{0i}^t、c_i^t、r_{0i}^t、r_i^t、a_{0l}^t、a_i^t、b_{0l}^t、b_{1l}^t、e_{0i}^t、e_i^t、g_{0i}^t、g_i^t、m_{0i}^t、m_i^t、h^t；为方便计算，将式（12-12）改为离散递推形式，即

若 $t \neq kT$，则

$$
\begin{cases}
z_i(t+1)=z_i(t)+z_i(t)\left(c_{0i}^t-r_{0i}^tC_{0i}(t)-\sum_{l=1}^{N}a_{0l}^tz_l(t)-\sum_{l=1}^{N}b_{0l}^ty_l(t)\right)\\
y_i(t+1)=y_i(t)+y_i(t)\left(-c_i^t-r_i^tC_i(t)+\sum_{l\in Z_i(K)}a_{il}^tz_l(t)-\sum_{l=1}^{N}b_{1l}^ty_l(t)\right)\\
C_{0i}(t+1)=C_{0i}(t)+e_{0i}^tC_e(t)-g_{0i}^tC_{0i}(t)-m_{0i}^tC_{0i}(t)\\
C_i(t+1)=C_i(t)+e_i^tC_e(t)-g_i^tC_i(t)-m_i^tC_i(t)\\
C_e(t+1)=C_e(t)-h^tC_e(t)
\end{cases}
\quad i=1,2,\cdots,N
\tag{12-15}
$$

若 $t=kT$，则

$$
\begin{cases}
y_i(t+1)=y_i(t)\\
z_i(t+1)=z_i(t)\\
C_{0i}(t+1)=C_{0i}(t)\\
C_i(t+1)=C_i(t)\\
C_e(t+1)=C_e(t)+Q
\end{cases}
\quad i=1,\ 2,\ \cdots,\ N
\tag{12-16}
$$

式中，参数 c_{0i}^t、c_i^t、r_{0i}^t、r_i^t、a_{0l}^t、a_{il}^t、b_{0l}^t、b_{1l}^t、e_{0i}^t、e_i^t、g_{0i}^t、g_i^t、m_{0i}^t、m_i^t、h^t 的取值方法为 $c_{0i}^t=\text{Rand}(c_{00},\ c_{01})$，$c_{00}>0$，$c_{01}>0$，$c_{00}\leqslant c_{01}$；$c_i^t=\text{Rand}(c_{10},\ c_{11})$，$c_{10}>0$，$c_{11}>0$，$c_{10}\leqslant c_{11}$；$r_{0i}^t=\text{Rand}(r_{00},\ r_{01})$，$r_{00}>0$，$r_{01}>0$，$r_{00}\leqslant r_{01}$；$r_i^t=\text{Rand}(r_{10},\ r_{11})$，$r_{10}>0$，$r_{11}>0$，$r_{10}\leqslant r_{11}$；$a_{0l}^t=\text{Rand}(a_{00},\ a_{01})$，$a_{00}>0$，$a_{01}>0$，$a_{00}\leqslant a_{01}$；$a_{il}^t=\text{Rand}(a_{10},\ a_{11})$，$a_{10}>0$，$a_{11}>0$，$a_{10}\leqslant a_{11}$；$b_{0l}^t=\text{Rand}(b_{00},\ b_{01})$，$b_{00}>0$，$b_{01}>0$，$b_{00}\leqslant b_{01}$；$b_{1l}^t=\text{Rand}(b_{10},\ b_{11})$，$b_{10}>0$，$b_{11}>0$，$b_{10}\leqslant b_{11}$；$g_{0i}^t=\text{Rand}(g_{00},\ g_{01})$，$g_{00}>0$，$g_{01}>0$，$g_{00}\leqslant g_{01}$；$g_i^t=\text{Rand}(g_{10},\ g_{11})$，$g_{10}>0$，$g_{11}>0$，$g_{10}\leqslant g_{11}$；$m_{0i}^t=\text{Rand}(m_{00},\ m_{01})$，$m_{00}>0$，$m_{01}>0$，$m_{00}\leqslant m_{01}$；$m_i^t=\text{Rand}(m_{10},\ m_{11})$，$m_{10}>0$，$m_{11}>0$，$m_{10}\leqslant m_{11}$；$e_{0i}^t=\text{Rand}(g_{0i}^t,\ g_{0i}^t+m_{0i}^t)$；$e_i^t=\text{Rand}(g_i^t,\ g_i^t+m_i^t)$；$h^t=\text{Rand}(h_0,\ h_1)$，$h_0>0$，$h_1>0$，$h_0\leqslant h_1$；Rand$(A,\ B)$ 表示在$[A,\ B]$ 区间产生一个均匀分布随机数，A 和 B 为给定的常数，要求 $A\leqslant B$。

12.3.3 特征种群集合生成方法

时期 t，当前捕食者种群为 P_i，食饵种群为 Q_i，特征种群集合生成方法如下：

（1）产生高密度捕食者种群集合 AS^{A}：从 N 个捕食者种群中随机挑选出 L 个捕食者种群，其编号形成集合 $AS^{\text{A}}=\{P_{n_1},\ P_{n_2},\ \cdots,\ P_{n_L}\}$，使得对于所得的 $s\in\{n_1,\ n_2,\ \cdots,\ n_L\}$，满足 $R_s^{\text{A}}(t)>R_i^{\text{A}}(t)$。

（2）产生高密度食饵种群集合 AS^{B}：从食饵种群集合 $Z_i(K)$ 中随机挑选出 L 个食饵种群，其编号形成集合 $AS^{\mathrm{B}}=\{Q_{k_1}, Q_{k_2}, \cdots, Q_{k_L}\}$，使得对于所得的 $s\in\{k_1, k_2, \cdots, k_L\}$，满足 $R_s^{\mathrm{B}}(t)>R_i^{\mathrm{B}}(t)$。

（3）产生优势捕食者种群集合 PM^{A}：先从 N 个捕食者种群中随机挑选出 L 个种群，这些捕食者种群的 PGI 指数比当前捕食者种群 P_i 的 PGI 指数高，形成集合 $PM^{\mathrm{A}}=\{P_{g_1}, P_{g_2}, \cdots, P_{g_L}\}$，其中 g_1、g_2、…、g_L 是这些捕食者种群的编号；

（4）产生优势食饵种群集合 PM^{B}：从食饵种群集合 $Z_i(K)$ 中随机挑选出 L 个种群，这些食饵种群的 PGI 指数比当前食饵种群 Q_i 的 PGI 指数高，形成集合 $PM^{\mathrm{B}}=\{Q_{h_1}, Q_{h_2}, \cdots, Q_{h_L}\}$，其中 h_1、h_2、…、h_L 是这些食饵种群的编号。

（5）产生强势捕食者种群集合 PS^{A}：从 N 个捕食者种群中随机挑选出 L 个种群，这些捕食者种群的 PGI 指数和所占比例比当前捕食者种群 P_i 的 PGI 指数和所占比例要高，形成强势种群集合 $PS^{\mathrm{A}}=\{P_{i_1}, P_{i_2}, \cdots, P_{i_L}\}$，其中 i_1、i_2、…、i_L 是这些捕食者种群的编号；即对于所有 $s\in\{i_1, i_2, \cdots, i_L\}$，有 $PGI(X_s^{\mathrm{A}}(t))>PGI(X_i^{\mathrm{A}}(t))$，且所占比例 $R_s^{\mathrm{A}}(t)>R_i^{\mathrm{A}}(t)$。

（6）产生强势食饵种群集合 PS^{B}：从食饵种群集合 $Z_i(K)$ 中随机挑选出 L 个种群，这些食饵种群的 PGI 指数和所占比例比当前食饵种群 Q_i 的 PGI 指数和所占比例要高，形成强势种群集合 $PS^{\mathrm{B}}=\{Q_{j_1}, Q_{j_2}, \cdots, Q_{j_L}\}$，其中 j_1、j_2、…、j_L 是这些捕食者种群的编号；即对于所有 $s\in\{j_1, j_2, \cdots, j_L\}$，有 $PGI(X_s^{\mathrm{B}}(t))>PGI(X_i^{\mathrm{B}}(t))$，且所占比例 $R_s^{\mathrm{B}}(t)>R_i^{\mathrm{B}}(t)$。

12.3.4　演化算子设计方法

（1）捕食算子。该算子是从捕食者种群角度描述食饵种群与捕食者种群之间的相互作用，最终导致食饵种群和捕食者种群的生长特征发生变化。对于当前捕食者种群 P_i 和食饵种群 Q_i 来说，有

$$v_{i,j}^{\mathrm{A}}(t+1)=\begin{cases}\sum\limits_{s\in AS^{\mathrm{B}}}R_s^{\mathrm{B}}(t)x_{s,j}^{\mathrm{B}}(t) & j\leqslant m\\ \mathrm{Most}(AS^{\mathrm{B}}, j) & j>m\end{cases}\tag{12-17}$$

$$v_{i,j}^{\mathrm{B}}(t+1)=\begin{cases}R_{m_1}^{\mathrm{A}}(t)x_{m_1,j}^{\mathrm{A}}(t)+R_{m_2}^{\mathrm{A}}(t)x_{m_2,j}^{\mathrm{A}}(t)-R_{m_3}^{\mathrm{A}}(t)x_{m_3,j}^{\mathrm{A}}(t) & j\leqslant m\\ \mathrm{Most}(AS^{\mathrm{A}}, j) \quad j>m\end{cases}\tag{12-18}$$

式中，$v_{i,j}^{\mathrm{A}}(t+1)$ 和 $v_{i,j}^{\mathrm{B}}(t+1)$ 分别为时期 $t+1$ 当前捕食者种群 P_i 和食饵种群 Q_i 的特征 j 状态值；$x_{m_1,j}^{\mathrm{B}}(t)$、$x_{m_2,j}^{\mathrm{B}}(t)$、$x_{m_3,j}^{\mathrm{B}}(t)$、$x_{s,j}^{\mathrm{B}}(t)$ 分别为时期 t 食饵种群 Q_{m_1}、Q_{m_2}、Q_{m_3}、Q_s 的特征 j 的状态值；m_1、m_2、m_3 是从 $\{n_1, n_2, \cdots, n_L\}$ 中随

机选取出来的，且满足 $m_1 \neq m_2 \neq m_3$； Most(Q, j) 的含义是：当集合 Q 中的第 j 个特征的状态值为 1 的种群的个数大于第 j 个特征的状态值为 0 的种群的个数时，Most(Q, j) = 1；当集合 Q 中的第 j 个特征的状态值为 1 的种群的个数小于第 j 个特征的状态值为 0 的种群的个数时，Most(Q, j) = 0；当集合 Q 中的第 j 个特征的状态值为 1 的种群的个数等于第 j 个特征的状态值为 0 的种群的个数时，Most(Q, j) 的值在 0 或 1 两者之中随机选取。

（2）食饵算子。该算子是从食饵种群角度描述食饵种群与捕食者种群之间的相互作用，最终导致食饵种群和捕食者种群的生长特征发生变化。对于当前捕食者种群 P_i 和食饵种群 Q_i 来说，有

$$v_{i,j}^{A}(t+1)=\begin{cases}R_{e_1}^{B}(t)x_{e_1,j}^{B}(t)+R_{e_2}^{B}(t)x_{e_2,j}^{B}(t)-R_{e_3}^{B}(t)x_{e_3,j}^{B}(t) & j\leqslant m\\ \mathrm{Most}(AS^{B},\ j) & j>m\end{cases} \tag{12-19}$$

$$v_{i,j}^{B}(t+1)=\begin{cases}\sum\limits_{s\in AS^{A}}R_{s}^{A}(t)x_{s,j}^{A}(t) & j\leqslant m\\ \mathrm{Most}(AS^{A},\ j) & j>m\end{cases} \tag{12-20}$$

式中，e_1、e_2、e_3 是从 $\{k_1,\ k_2,\ \cdots,\ k_L\}$ 中随机选取出来的，且满足 $e_1 \neq e_2 \neq e_3$；p_1、p_2、p_3 是从 $\{s_1,\ s_2,\ \cdots,\ s_L\}$ 中随机选取出来的，且满足 $p_1 \neq p_2 \neq p_3$。

（3）内毒素算子。该算子是食饵种群与捕食者种群体内毒素对其生长特征影响。对于当前捕食者种群 P_i 和食饵种群 Q_i 来说，有

$$v_{i,j}^{A}(t+1)=\begin{cases}C_{f_1}(t)x_{f_1,j}^{A}(t)+C_{f_2}(t)x_{f_2,j}^{A}(t)-C_{f_3}(t)x_{f_3,j}^{A}(t) & j\leqslant m\\ \mathrm{Great}(\mathrm{A},\ i,\ j) & j>m\end{cases} \tag{12-21}$$

$$v_{i,j}^{B}(t+1)=\begin{cases}C_{0q_1}(t)x_{q_1,j}^{B}(t)+C_{0q_2}(t)x_{q_2,j}^{B}(t)-C_{0q_3}(t)x_{q_3,j}^{B}(t) & j\leqslant m\\ \mathrm{Great}(\mathrm{B},\ i,\ j) & j>m\end{cases} \tag{12-22}$$

式中，f_1、f_2、f_3 是从 $\{s_1,\ s_2,\ \cdots,\ s_L\}$ 中随机选取出来的，且满足 $f_1 \neq f_2 \neq f_3$；q_1、q_2、q_3 是从 $\{k_1,\ k_2,\ \cdots,\ k_L\}$ 中随机选取出来的，且满足 $q_1 \neq q_2 \neq q_3$；Great（u, i, j）的含义是：

若 u=A，则

$$\mathrm{Great}(\mathrm{A},\ i,\ j)=\begin{cases}1 & \text{若 } C_i(t)x_{i,j}^{A}(t)>C_a(t)x_{a,j}^{A}(t)+C_b(t)x_{b,j}^{A}(t)-C_c(t)x_{c,j}^{A}(t)\\ 0 & \text{否则}\end{cases}$$

若 u=B，则

$$\mathrm{Great}(\mathrm{B},\ i,\ j)=\begin{cases}1 & \text{若 } C_{0i}(t)x_{i,j}^{B}(t)>C_{0a}(t)x_{a,j}^{B}(t)+C_{0b}(t)x_{b,j}^{B}(t)-C_{0c}(t)x_{c,j}^{B}(t)\\ 0 & \text{否则}\end{cases}$$

式中，若 $u=\mathrm{A}$，则 a、b、c 是从集合 AS^{A} 中随机选取的三个不同种群的编号，即满足 $a \neq b \neq c$；若 $u=\mathrm{B}$，则 a、b、c 是从集合 AS^{B} 中随机选取的三个不同种群的编号，即满足 $a \neq b \neq c$。

（4）外毒素算子。该算子是从污染物释放的外部毒素对食饵种群与捕食者种群的毒害作用，这种毒害作用通过生物种群相互传递。对于当前捕食者种群 P_i 和食饵种群 Q_i 来说，有

$$v_{i,j}^{\mathrm{A}}(t+1)=\begin{cases}C_{0g_1}(t)x_{g_1,j}^{\mathrm{B}}(t)+C_{0g_2}(t)x_{g_2,j}^{\mathrm{B}}(t)-C_{0g_3}(t)x_{g_3,j}^{\mathrm{B}}(t) & j\leqslant m\\ \mathrm{Great}(\mathrm{B},i,j) & j>m\end{cases} \tag{12-23}$$

$$v_{i,j}^{\mathrm{B}}(t+1)=\begin{cases}C_{t_1}(t)x_{t_1,j}^{\mathrm{A}}(t)+C_{t_2}(t)x_{t_2,j}^{\mathrm{A}}(t)-C_{t_3}(t)x_{t_3,j}^{\mathrm{A}}(t) & j\leqslant m\\ \mathrm{Great}(\mathrm{A},i,j) & j>m\end{cases} \tag{12-24}$$

式中，g_1、g_2、g_3 是从 $\{k_1, k_2, \cdots, k_L\}$ 中随机选取出来的，且满足 $g_1 \neq g_2 \neq g_3$；t_1、t_2、t_3 是从 $\{s_1, s_2, \cdots, s_L\}$ 中随机选取出来的，且满足 $t_1 \neq t_2 \neq t_3$。

（5）优势外溢算子。该算子描述的是优势种群会向对其他同类种群产生影响，即

若 $j\leqslant m$，则

$$v_{i,j}^{u}(t+1)=\begin{cases}\sum\limits_{s\in PM^u} R_s^u(t)x_{s,j}^u(t) & |PM^u|>0\\ x_{s,j}^u(t) & |PM^u|=0\end{cases},\quad u\in\{\mathrm{A},\mathrm{B}\} \tag{12-25}$$

若 $j>m$，则

$$v_{i,j}^{u}(t+1)=\begin{cases}\mathrm{Most}(PM^u,j) & |PM^u|\geqslant 1\\ x_{i,j}^u(t) & |PM^u|=0\end{cases},\quad u\in\{\mathrm{A},\mathrm{B}\} \tag{12-26}$$

（6）强势扩散算子。该算子描述的是强势种群会向其他同类种群扩散其影响，即

若 $j\leqslant m$，则

$$v_{i,j}^{u}(t+1)=\begin{cases}\sum\limits_{s\in PS^u} R_s^u(t)x_{s,j}^u(t) & |PS^u|>0\\ x_{s,j}^u(t) & |PS^u|=0\end{cases},\quad u\in\{\mathrm{A},\mathrm{B}\} \tag{12-27}$$

若 $j>m$，则

$$v_{i,j}^{u}(t+1)=\begin{cases}\mathrm{Most}(PS^u,j) & |PS^u|\geqslant 1\\ x_{i,j}^u(t) & |PS^u|=0\end{cases},\quad u\in\{\mathrm{A},\mathrm{B}\} \tag{12-28}$$

（7）生长算子。该算子描述的是种群的生长，即

$$\boldsymbol{X}_i^u(t+1)=\begin{cases}\boldsymbol{V}_i^u(t+1) & 若\ PGI(\boldsymbol{V}_i^u(t+1))>PGI(\boldsymbol{X}_i^u(t))\\ \boldsymbol{X}_i^u(t) & 其他\end{cases},$$

$$i = 1、2、\cdots、N,\ u \in \{A,\ B\} \tag{12-29}$$

式中，$\boldsymbol{X}_i^u(t) = (x_{i,\ 1}^u(t),\ x_{i,\ 2}^u(t),\ \cdots,\ x_{i,\ n}^u(t))$；$\boldsymbol{V}_i^u(t+1) = (v_{i,\ 1}^u(t+1),\ v_{i,\ 2}^u(t+1),\ \cdots,\ v_{i,\ n}^u(t+1))$；函数 PGI( ) 由式（12-11）计算。

12.3.5 MOSLO_ 4PI 方法的构造

所述 MOSLO_ 4PI 方法包括如下步骤：

（1）初始化：

1）令 $t=0$；按表 12-1 初始化本算法中涉及的所有参数；

2）在［0，1］范围内随机确定 N 个捕食者种群的初始密度 $y_1(0)$，$y_2(0)$，$\cdots$，$y_N(0)$；

3）在［0，1］范围内随机确定食饵种群的初始密度 $z_1(0)$，$z_2(0)$，$\cdots$，$z_N(0)$；

4）在［0，1］范围内随机确定 N 个食饵种群的体内毒素初始浓度 $C_{01}(0)$，$C_{02}(0)$，$\cdots$，$C_{0N}(0)$；

5）在［0，1］范围内随机确定 N 个捕食者种群的体内毒素初始浓度 $C_1(0)$，$C_2(0)$，$\cdots$，$C_N(0)$；

6）在［0，1］范围内随机确定环境系统内毒素的初始浓度 $C_e(0)$；

7）在搜索空间 H 内随机确定 N 个捕食者种群对应的试探解 $\boldsymbol{X}_1^A(0)$，$\boldsymbol{X}_2^A(0)$，$\cdots$，$\boldsymbol{X}_N^A(0)$；

8）在搜索空间 H 内随机确定 N 个食饵种群对应的试探解 $\boldsymbol{X}_1^B(0)$，$\boldsymbol{X}_2^B(0)$，$\cdots$，$\boldsymbol{X}_N^B(0)$。

表 12-1 参数的取值方法

参数名	取值方法
演化时期数 G	演化时期数 G 其取值依据是为了防止迭代过程不满足收敛条件时出现无限迭代；取值范围为 $G=8000\sim300000$
最优解的最低误差要求 ε	$\varepsilon>0$，ε 越小，所获得的最优解的精度越高，但计算时间越长；取值范围为 $\varepsilon=10^{-5}\sim10^{-10}$ 即可
变量总数 n	由实际优化问题确定
连续实数型变量个数 m 或节点数 $n-m$	由实际优化问题确定
目标函数个数 M	由实际优化问题确定
c_{00}，c_{01}	$c_{00}=0.1\sim0.4$，$c_{01}=0.5\sim0.9$
c_{10}，c_{11}	$c_{10}=0.1\sim0.4$，$c_{11}=0.5\sim0.9$
r_{00}，r_{01}	$r_{00}=0.1\sim0.4$，$r_{01}=0.5\sim0.9$

续表 12-1

参数名	取值方法
r_{10}，r_{11}	$r_{10}=0.1\sim0.4$，$r_{11}=0.5\sim0.9$
a_{00}，a_{01}	$a_{00}=0.1\sim0.4$，$a_{01}=0.5\sim0.9$
a_{10}，a_{11}	$a_{10}=0.1\sim0.4$，$a_{11}=0.5\sim0.9$
b_{00}，b_{01}	$b_{00}=0.1\sim0.4$，$b_{01}=0.5\sim0.9$
b_{10}，b_{11}	$b_{10}=0.1\sim0.4$，$b_{11}=0.5\sim0.9$
g_{00}，g_{01}	$g_{00}=0.1\sim0.4$，$g_{01}=0.5\sim0.9$
g_{10}，g_{11}	$g_{10}=0.1\sim0.4$，$g_{11}=0.5\sim0.9$
m_{00}，m_{01}	$m_{00}=0.1\sim0.4$，$m_{01}=0.5\sim0.9$
m_{10}，m_{11}	$m_{10}=0.1\sim0.4$，$m_{11}=0.5\sim0.9$
h_0，h_1	$h_0=0.1\sim0.4$，$h_1=0.5\sim0.9$
L	$L\geqslant3$
E_0	$E_0=1/1000\sim1/100$
T	$T\geqslant1$
W	$W>0$
K	$K>L$
其他所有未列出的参数	均已按算法的取值要求自动随机取值

（2）执行操作步骤（3）~（27），以获得最优解。

（3）令时期 t 从 0 到 G，循环执行下述步骤（4）~步骤（26），其中 G 为演化最大时期数，又称演化代数或次数。

（4）计算：$c_{0i}^t=\text{Rand}(c_{00},c_{01})$，$c_i^t=\text{Rand}(c_{10},c_{11})$，$r_{0i}^t=\text{Rand}(r_{00},r_{01})$，$r_i^t=\text{Rand}(r_{10},r_{11})$，$a_{0i}^t=\text{Rand}(a_{00},a_{01})$，$a_i^t=\text{Rand}(a_{10},a_{11})$，$b_{0i}^t=\text{Rand}(b_{00},b_{01})$，$b_{1i}^t=\text{Rand}(b_{10},b_{11})$，$g_{0i}^t=\text{Rand}(g_{00},g_{01})$，$g_i^t=\text{Rand}(g_{10},g_{11})$，$m_{0i}^t=\text{Rand}(m_{00},m_{01})$，$m_i^t=\text{Rand}(m_{10},m_{11})$；$e_{0i}^t=\text{Rand}(g_{0i}^t,g_{0i}^t+m_{0i}^t)$；$e_i^t=\text{Rand}(g_i^t,g_i^t+m_i^t)$，$i=1,2,\cdots,N$；$h^t=\text{Rand}(h_0,h_1)$。

（5）按式（12-13）、式（12-14）计算 $R_i^u(t)$，$i=1、2、\cdots、N$；$u\in\{A,B\}$。

（6）令 i 从 1 到 N，循环执行下述步骤（7）~步骤（23）。

（7）以 R_1^B、R_2^B、…、R_N^B 为概率分布，在 N 个食饵种群中随机选择 K 个食饵种群，形成集合 $Z_i(K)=\{Q_{o_1},Q_{o_2},\cdots,Q_{o_K}\}$，$\{o_1,o_2,\cdots,o_N\}$ 是这些食饵种群的编号。

（8）生成特征种群集合 AS^u、PM^u、PS^u，$u \in \{A, B\}$。

（9）若 t 不能被 T 整除，则按式（12-15）计算 $y_i(t+1)$ 和 $z_i(t+1)$；否则，若 t 能被 T 整除，则按式(12-16) 计算 $y_i(t+1)$ 和 $z_i(t+1)$。

（10）令 j 从 1 到 n，循环执行下述步骤（11）~步骤（21）。

（11）计算：p=Rand（0，1），其中 p 为捕食者种群 P_i 与集合 $Z_i(K)$ 中的食饵种群相互作用时，其生长特征受到影响的实际概率。

（12）若 $p \leqslant E_0$，则执行步骤（13）~（19），其中 E_0 为捕食者种群和食饵种群相互作用时，其生长特征受到影响的最大概率；否则，转步骤（20）。

（13）计算：q_0=Rand（0，1），其中 q_0 为捕食算子、食饵算子、优势外溢算子、强势扩散算子被执行的实际概率。

（14）若 $q_0 \leqslant 1/6$，则按式（12-17）、式（12-18）执行捕食算子，得到 $v_{i,j}^{A}(t+1)$ 和 $v_{i,j}^{B}(t+1)$。

（15）若 $1/6<q_0 \leqslant 2/6$，则按式（12-19）、式（12-20）执行食饵算子，得到 $v_{i,j}^{A}(t+1)$ 和 $v_{i,j}^{B}(t+1)$。

（16）若 $2/6<q_0 \leqslant 3/6$，则按式（12-21）、式（12-22）执行内毒素算子，得到 $v_{i,j}^{A}(t+1)$ 和 $v_{i,j}^{B}(t+1)$。

（17）若 $3/6<q_0 \leqslant 4/6$，则按式（12-23）、式（12-24）执行外毒素算子，得到 $v_{i,j}^{A}(t+1)$ 和 $v_{i,j}^{B}(t+1)$。

（18）若 $4/6<q_0 \leqslant 5/6$，则当 $j \leqslant m$ 时按式（12-25）执行优势外溢算子，得到 $v_{i,j}^{u}(t+1)$，$u \in \{A, B\}$；当 $j > m$ 时按式（12-26）执行优势外溢算子，得到 $v_{i,j}^{u}(t+1)$，$u \in \{A, B\}$。

（19）若 $5/6<q_0 \leqslant 1$，则当 $j \leqslant m$ 时按式（12-27）强势扩散算子，得到 $v_{i,j}^{u}(t+1)$，$u \in \{A, B\}$；当 $j > m$ 时按式（12-28）执行强势扩散算子，得到 $v_{i,j}^{u}(t+1)$，$u \in \{A, B\}$。

（20）若 $p>E_0$，则令 $v_{i,j}^{u}(t+1) = x_{i,j}^{u}(t)$，$u \in \{A, B\}$。

（21）令 $j=j+1$，若 $j \leqslant n$，则转步骤（11），否则转步骤（22）。

（22）按式（12.29）执行生长算子，得到 $\boldsymbol{X}_i^u(t+1)$，$u \in \{A, B\}$。

（23）令 $i=i+1$，若 $i \leqslant N$，则转步骤（7），否则转步骤（24）。

（24）若新得到的全局最优解 $\boldsymbol{X}^{*t+1}$ 与最近一次获得的全局最优解之间的误差满足最低要求 ε，则转步骤（27），否则转步骤（25）。

（25）保存新得到的全局最优解 $\boldsymbol{X}^{*t+1}$。

（26）令 $t=t+1$，若 $t \leqslant G$，则转上述步骤（4），否则转步骤（27）。

（27）结束。

12.3.6　算法优点

MOSLO_ 4PI 和现有技术相比，具有如下优点：

（1）MOSLO_ 4PI 方法是一种基于毒素脉冲投入多种群捕食-被食系统动力学的多目标组合结构优化方法。在该方法中，采用毒素脉冲投入多种群捕食-被食系统动力学理论，假设在一个生态环境系统中有若干个捕食者种群和若干个食饵种群；每个捕食者种群总是以一些食饵种群为食，两者构成捕食-被食关系；每隔一段时间会有大量含有毒素的污染物注入到该生态环境系统中，污染物释放的毒素会被捕食者种群和食饵种群吸收；吸入到捕食者种群和食饵种群体体内的毒素，一部分被这些生物种群自身消化掉，另一部分被它们排泄到该生态环境系统中；捕食者种群和食饵种群的自我繁衍过程一般看成是一个连续的过程，食饵种群数量的增减会导致捕食者种群数量的增减；定期注入到该生态环境系统中的污染物会突然增加环境系统中的毒害浓度，从而会突然加大对捕食者种群和食饵种群的毒害，进而会突然降低捕食者种群和食饵种群的数量；该生态环境系统中的每个捕食者种群和每个食饵种群在生存期间遭受到投放到该生态环境系统中的污染物释放的毒素毒害后，其生长状态会不断发生变化，将这种变化影射到多目标组合结构优化问题式（12-10）的搜索空间 H，就相当于试探解从一个空间位置转移到另外一个空间位置；污染物释放毒素的浓度的脉冲增加会导致捕食者种群和食饵种群的数量的突然变化，此相当于搜索空间的试探解从一个位置猛烈跳到另外一个位置；生长能力强的种群，可以得到更高的概率继续生长；而生长能力弱的种群，则可能停止生长；一个种群的强壮程度采用 PGI 指数进行描述。本方法具有搜索能力强和全局收敛性的特点，为多目标组合结构优化问题的求解提供了一种解决方案。

（2）MOSLO_4PI 方法的搜索能力很强。MOSLO_4PI 方法包括有捕食算子、食饵算子、内毒素算子、外毒素算子、优势外溢算子和强势扩散算子，这些算子大幅增加了其搜索能力。

（3）模型参数取值简单。采用随机方法确定毒素脉冲投入多种群捕食-被食系统动力学模型中的相关参数和捕食算子、食饵算子、内毒素算子、外毒素算子、优势外溢算子和强势扩散算子的相关参数，既大幅减少了参数输入个数，又使模型更能表达实际情况。

（4）生态环境系统中的毒素数量的脉冲增加会导致搜索空间的试探解从一个位置猛烈跳到另外一个位置，这种性质有利于使搜索跳出局部最优解陷阱。

（5）MOSLO_4PI 方法考虑到了多种群捕食-被食链条中外界因素的不连续间断介入的现象。

（6）MOSLO_4PI 方法所涉及的种群之间的相互作用丰富多彩，体现出了生态环境系统中常见的种群间的复杂捕食-被食关系和同类种群间的竞争关系。

（7）MOSLO_4PI 方法充分体现了捕食者种群和食饵种群的密度、体内的毒素浓度、生态环境系统中没有毒素时的内禀增长率和减少率、竞争参数、毒素排泄率、毒素净化率和毒素吸收率；生态环境系统中有毒素时捕食者种群的食饵转化率、食饵捕获率；生态环境系统中的毒素浓度、生态环境系统中的毒素的自净率；毒素投入周期和毒素投放量等参数的复杂变化情况。

（8）MOSLO_4PI 方法的特点如下：

1）时间复杂度较低。MOSLO_4PI 方法的时间复杂度计算过程如表 12-2 所示，其时间复杂度与演化时期数 G、捕食者种群的规模 N 和食饵种群的规模 N、变量个数 n 以及各算子的时间复杂度以及其他辅助操作相关。

表 12-2　MOSLO_4PI 方法的时间复杂度计算表

操　　作	时间复杂度	最多循环次数
初始化	$O(3n+2nN+n(8+3N)+N(n^2+5n+6))$	1
捕食算子	$O((19+21n+3n^2)E_0)$	GN
食饵算子	$O((19+18n+3n^2)KE_0)$	GN
优势外溢算子	$O((23+12n+n^2)E_0)$	GN
强势扩散算子	$O((23+12n+n^2)E_0)$	GN
状态保持	$3+2n$	GN
目标函数计算	$O(n^2M)$	GN
生长算子	$O(3n)$	GN
结果输出	$O(nM)$	1

2）MOSLO_4PI 方法具有全局收敛性。从捕食算子、食饵算子、内毒素算子、外毒素算子、优势外溢算子和强势扩散算子的定义知，任何一新试探解的生成只与该试探解的当前状态有关，而与该试探解以前是如何演变到当前状态的历程无关，表明 MOSLO_4PI 方法的演化过程具有 Markov 特性；从生长算子的定义知，MOSLO_4PI 方法的演化过程具有“步步不差”特性；此两点可确保 MOSLO_4PI 方法具有全局收敛性，其相关证明见文献［18］。

12.4　例子研究

以下结合西安市各区县 2017 年总烟尘减排方案优化为例来说明算法 MOSLO_4PI 的使用方法，相关数据见表 12-3~表 12-7。

表 12-3　2010～2016 年西安市各区县总烟尘排放情况　(t)

区县	2010 年	2011 年	2012 年	2013 年	2014 年	2015 年	2016 年
新城区	1863.75	1684.83	1532.0025	1427.6325	1207.71	1092.1575	905.7825
碑林区	138.3	125.0232	113.6826	105.9378	89.6184	81.0438	67.2138
莲湖区	2035.8	1840.3632	1673.4276	1559.4228	1319.1984	1192.9788	989.3988
灞桥区	1503.65	1359.2996	1236.0003	1151.7959	974.3652	881.1389	730.7739
未央区	4292	3879.968	3528.024	3287.672	2781.216	2515.112	2085.912
雁塔区	3471.7	3138.4168	2853.7374	2659.3222	2249.6616	2034.4162	1687.2462
阎良区	1501.25	1357.13	1234.0275	1149.9575	972.81	879.7325	729.6075
临潼区	2093.75	1892.75	1721.0625	1603.8125	1356.75	1226.9375	1017.5625
长安区	2731.75	2469.502	2245.4985	2092.5205	1770.174	1600.8055	1327.6305
蓝田县	231.1	208.9144	189.9642	177.0226	149.7528	135.4246	112.3146
周至县	145.5	131.532	119.601	111.453	94.284	85.263	70.713
户县	523.4	473.1536	430.2348	400.9244	339.1632	306.7124	254.3724
高陵县	4273.65	3863.3796	3512.9403	3273.6159	2769.3252	2504.3589	2076.9939

表 12-4　2010～2016 年西安市各区县总烟尘实际减排情况　(t)

区县	2010 年	2011 年	2012 年	2013 年	2014 年	2015 年	2016 年
新城区	1347.491	1218.132	1107.638	1032.178	873.1743	789.6299	654.8807
碑林区	100.959	91.26694	82.9883	77.33459	65.42143	59.16197	49.06607
莲湖区	1516.671	1371.071	1246.704	1161.77	982.8028	888.7692	737.1021
灞桥区	1147.285	1037.146	943.0682	878.8203	743.4406	672.309	557.5805
未央区	3489.396	3154.414	2868.284	2672.877	2261.129	2044.786	1695.846
雁塔区	2895.398	2617.44	2380.017	2217.875	1876.218	1696.703	1407.163
阎良区	1070.391	967.6337	879.8616	819.9197	693.6135	627.2493	520.2101
临潼区	1534.719	1387.386	1261.539	1175.595	994.4978	899.3452	745.8733
长安区	1854.858	1676.792	1524.693	1420.821	1201.948	1086.947	901.4611
蓝田县	157.8413	142.6885	129.7455	120.9064	102.2812	92.495	76.71087
周至县	103.887	93.91385	85.39511	79.57744	67.31878	60.87778	50.48908
户县	363.763	328.8418	299.0132	278.6425	235.7184	213.1651	176.7888
高陵县	2923.177	2642.552	2402.851	2239.153	1894.218	1712.981	1420.664

表 12-5　西安市各区县总烟尘减排成本　(万元/t)

新城区	碑林区	莲湖区	灞桥区	未央区	雁塔区	阎良区	临潼区	长安区	蓝田县	周至县	户县	高陵县
0.634	0.712	0.729	0.683	0.695	0.735	0.823	0.794	0.668	0.732	0.629	0.627	0.732

表 12-6 西安市各区县的减排补贴系数 (万元/t)

新城区	碑林区	莲湖区	灞桥区	未央区	雁塔区	阎良区	临潼区	长安区	蓝田县	周至县	户县	高陵县
1.5	1.5	1.5	1.2	1.5	1.5	1.2	1.2	0.668	1.1	1.1	1.1	1.1

表 12-7 2017 年西安市各区县间的主要受影响区域

区 县	主要受影响区域
新城区	碑林区，莲湖区，未央区
碑林区	雁塔区，莲湖区
莲湖区	碑林区，未央区
灞桥区	—
未央区	莲湖区，新城区
雁塔区	碑林区，长安区
阎良区	—
临潼区	—
长安区	雁塔区，户县
蓝田县	—
周至县	户县，高陵县
户 县	周至县，长安区
高陵县	户县

前期未完成的减排量在当前时期所分摊的比例均为 0.6，区域间相互影响的最大允许值 $E_0=10$。按表 12-2 所描述的方法确定 MOSLO_4PI 方法的参数，如表 12-8 所示。

表 12-8 MOSLO_ 4PI 方法相关参数的取值方法

参数名	取值方法
G	$G = 8000$
ε	$\varepsilon = 10^{-7}$
n	$n = 100, 200, 400, 600, 800, 1000, 1200$
$n-m$	$n-m=3$
M	$M=2$
$a_{00}, a_{01}; a_{10}, a_{11}; b_{00}, b_{01}; b_{10}, b_{11}; c_{00}, c_{01}; c_{10}, c_{11}; r_{00}, r_{01}; r_{10}, r_{11}; g_{00}, g_{01}; g_{10}, g_{11}; m_{00}, m_{01}; m_{10}, m_{11}; h_0, h_1$	$a_{00}=0.2$, $a_{01}=0.6$; $a_{10}=0.2$, $a_{11}=0.6$; $b_{00}=0.2$, $b_{01}=0.6$; $b_{10}=0.2$, $b_{11}=0.6$; $c_{00}=0.2$, $c_{01}=0.6$; $c_{10}=0.2$, $c_{11}=0.6$; $r_{00}=0.2$, $r_{01}=0.6$; $r_{10}=0.2$, $r_{11}=0.6$; $g_{00}=0.2$, $g_{01}=0.6$; $g_{10}=0.2$, $g_{11}=0.6$; $m_{00}=0.2$, $m_{01}=0.6$; $m_{10}=0.2$, $m_{11}=0.6$; $h_0=0.2$, $h_1=0.6$

续表 12-8

参数名	取值方法
N	$N = 100$
E_0	$E_0 = 0.01$
L	$L = 3$
T	$T = 4$
W	$W = 7$
K	$K = 50$

采用 MOSLO_ 4PI 方法进行求解，得到西安市各区县 2017 年总烟尘最佳减排方案如表 12-9 所示。

表 12-9　2017 年西安市各区县最佳减排方案　　(t)

新城区	碑林区	莲湖区	灞桥区	未央区	雁塔区	阎良区	临潼区	长安区	蓝田县	周至县	户县	高陵县
613.46	42.73	713.29	545.47	1537.24	1329.27	482.39	723.29	868.57	68.12	45.49	164.19	1372.64

12.5　本章小结

本章提出的致霾污染物排放跨时空协同最佳减排方案对关联区域的致霾污染物联防联控具有重要作用，其特点如下：

(1) 将致霾污染物排放减排方案优化问题看成是一个多目标优化问题，可以照顾到各方要求。

(2) 所获得的最佳减排方案考虑到了致霾污染物跨区域、跨时间的迁移特征，具有较高的精度。

(3) 所获得的最佳减排方案是在联防联控视角下获得的，具有跨区域协同减排的具有优势。

参考文献

[1] 刘子刚，尚金城，姜建祥．区域环境总量控制模型研究 [J]. 东北师大学报：自然科学版，1997 (2)：116~121.

[2] 王宝民，刘辉志，王新生，等．基于单纯形优化方法的大气污染物总量控制模型 [J]. 气候与环境研究，2004，9 (3)：520~526.

[3] 李庄，胡艳，温静雅，等. 基于“3+1”减排模式的区域主要污染物总量控制优化模型研究 [C] //第三届中国能源科学家论坛论文集：我国能源未来发展战略及对策. 北京：中国环境科学出版社，2011：774~779.

[4] 毛春梅，曹新富．大气污染的跨域协同治理研究——以长三角区域为例［J］．河海大学学报（哲学社会科学版），2016，18（5）：46~51.

[5] 郭炜煜，李超慈．基于区间-机会约束的区域电力一体化环境协同治理不确定优化模型研究［J］．华北电力大学学报（自然科学版），2016，43（3）：102~110.

[6] 王会芝．基于大气污染治理视角的京津冀产业结构优化研究［J］．城市，2015（11）：57~60.

[7] 秦怡雯，钱瑜，荣婷婷．基于大气特征污染物的监测布点选址优化研究［J］．中国环境科学，2015，35（4）：1056~1064.

[8] 刘潘炜，郑君瑜，李志成，等．区域空气质量监测网络优化布点方法研究［J］．中国环境科学，2010，30（7）：907~913.

[9] 薛俭，李常敏．我国大气污染治理全局优化省际合作模型［J］．生态经济，2015，31（4）：150~155.

[10] 梁志宏．基于我国新大气污染排放标准下的燃煤锅炉高效低 NO_x 协调优化系统研究及工程应用［J］．中国电机工程学报，2014，34（S1）：122~129.

[11] 朱云，王书肖，Lin CheJen，等．大气汞污染模拟研究进展及控制策略优化方法［J］．环境科学，2011，32（6）：1851~1856.

[12] 赵杰颖，周国飞，李祚泳．基于粒子群优化的多指标组合算子的大气污染预报模型［J］．气象与减灾研究，2009，32（2）：55~58.

[13] 王锷一，杜世勇，雷孝恩．济南市大气污染治理优先级与优化控制研究［J］．中国科学院研究生院学报，2003（1）：44~49.

[14] 李亚威，杨英莳，郭媛芹，等．呼和浩特市能源结构优化与大气污染防治［J］．内蒙古环境保护，2000（4）：6~11.

[15] 罗宜平．北京大气污染治理措施优化研究［J］．环境保护，1999（9）：26~28.

[16] 陈红岩，胡非，曾庆存，等．大气环境污染优化控制的实际问题［J］．气候与环境研究，1998（2）：68~77.

[17] 王勤耕，李宗恺．城市大气污染源排污负荷优化分配模型［J］．环境科学学报，1996（4）：444~449.

[18] Huang Guangqiu. SIS epidemic model-based optimization［J］. Journal of Computational Science，2014，5：32~50.

13 致霾污染物排放型企业对标考核方法

标杆管理是20世纪70年代末兴起的一种新型管理方法，是摆脱传统封闭式管理的有效工具[1]，它通过计划、分析、整合、行动、完成5个阶段的学习流程，将企业的产品、服务、工作流程与管理模式等同行业内或行业外的标杆企业做比较，不仅能识别潜在风险，建立风险预警机制，增强规避风险的能力，而且通过不断提高经营业绩和管理水平，实现管理全过程的实时监控，逐步进入赶超一流公司、创造优秀业绩的良性循环过程[2]。此后，对标管理被认定为企业的一种学习机制，成为一个相当活跃的研究领域，出现了大量的研究成果。国内外的专家学者主要从对标管理的形式、对标管理的战略、对标管理的实施等方面，围绕对标管理进行大量的理论和实践研究，却忽视了对标管理过程中对标关键域及其指标评价的研究。由于对标评价在很大程度上影响着对标管理的有效实施，对评价指标和评价方法的选择就显得尤为重要[2]。

13.1 致霾污染物排放型企业对标考核指标体系

致霾污染物排放型企业对标考核指标体系由致霾污染物排放控制指标、致霾污染物技术处理效果指标、致霾污染物技术适应性指标、致霾污染物技术成熟度指标、经济性指标、社会指标、其他污染指标、能源消耗指标和其他指标等指标类组成，每类指标的具体指标如表13-1所示，其中，S_1、S_2、…、S_{24}为各指标对应的变量名；表13-2是各指标的取值方法。

表13-1 致霾污染物排放型企业对标考核指标

指标类别	指标名称	变量名	指标特征
致霾污染物排放控制指标	总致霾污染物排放量/$mg \cdot m^{-3}$	S_1	越小越好型
	臭氧排放量/$\mu g \cdot m^{-3}$	S_2	越小越好型
致霾污染物技术处理效果指标	致霾污染物物种去除率/%	S_3	越大越好型
	致霾污染物物种去除速率/$mg \cdot (h \cdot m^3)^{-1}$	S_4	越大越好型
	致霾污染物物种去除达标率/%	S_5	越大越好型
致霾污染物技术适应性指标	除去的致霾污染物物种范围	S_6	越大越好型
	除去的致霾污染物物种浓度范围	S_7	越大越好型

续表 13-1

指标类别	指标名称	变量名	指标特征
致霾污染物技术成熟度指标	管理复杂度	S_8	越小越好型
	技术先进水平	S_9	越大越好型
经济性指标	单位控制气量投资/万元 · m^{-3}	S_{10}	越小越好型
	单位控制气量运行成本/元 · m^{-3}	S_{11}	越小越好型
	单位控制气量回收成本/元 · m^{-3}	S_{12}	越小越好型
社会指标	社会接受程度	S_{13}	越大越好型
	提升企业形象程度	S_{14}	越大越好型
	符合可持续发展理念程度	S_{15}	越大越好型
其他污染指标	有毒尾气排放量/m^3 · (万元产值)$^{-1}$	S_{16}	越小越好型
	有毒废水排放量/t · (万元产值)$^{-1}$	S_{17}	越小越好型
	工业粉尘排放量/kg · (万元产值)$^{-1}$	S_{18}	越小越好型
	噪声水平/分贝	S_{19}	越小越好型
能源消耗指标	煤炭消耗率/t · (万元产值)$^{-1}$	S_{20}	越小越好型
	油料消耗率/t · (万元产值)$^{-1}$	S_{21}	越小越好型
	燃气消耗率/m^3 · (万元产值)$^{-1}$	S_{22}	越小越好型
	电力消耗率/度 · (万元产值)$^{-1}$	S_{23}	越小越好型
其他指标	耗水率/t · (万元产值)$^{-1}$	S_{24}	越小越好型

表 13-2 对标考核指标量化方法

指标名称	量 化 方 法
总致霾污染物排放量/mg · m^{-3}	取实际值
臭氧排放量/μg · m^{-3}	取实际值
致霾污染物物种去除率/%	取实际值：[0，100]
致霾污染物物种去除速率/mg · (h · m^3)$^{-1}$	取实际值
致霾污染物物种去除达标率/%	取实际值：[0，100]
除去的致霾污染物物种范围	在［0，100］取值，适用范围越广，取值越大
除去的致霾污染物物种浓度范围	在［0，100］取值，适用范围越宽，取值越大
管理复杂度	在［0，100］取值，管理复杂度越高，取值越大
技术先进水平	在［0，100］取值，技术先进水平越高，取值越大
单位控制气量投资/万元 · m^{-3}	取实际值
单位控制气量运行成本/元 · m^{-3}	取实际值
单位控制气量回收成本/元 · m^{-3}	取实际值

续表 13-2

指标名称	量 化 方 法
社会接受程度	在［0，100］取值，社会接受程度越高，取值越大
提升企业形象程度	在［0，100］取值，提升企业形象程度越高，取值越大
符合可持续发展理念程度	在［0，100］取值，符合可持续发展理念程度越高，取值越大
有毒尾气排放量/m^3·(万元产值)$^{-1}$	取实际值
有毒废水排放量/t·(万元产值)$^{-1}$	取实际值
工业粉尘排放量/kg·(万元产值)$^{-1}$	取实际值
噪声水平/分贝	取实际值
煤炭消耗率/t·（万元产值)$^{-1}$	取实际值
油料消耗率/t·（万元产值)$^{-1}$	取实际值
燃气消耗率/m^3·（万元产值)$^{-1}$	取实际值
电力消耗率/度·（万元产值)$^{-1}$	取实际值
耗水率/t·（万元产值)$^{-1}$	取实际值

13.2 基于改进密切值法的对标评价模型

熵权法是依据信息论中的熵来确定评价指标权重的一种方法[2]，熵权是根据评价指标传递给决策者信息量的大小来决定[3]。当某个评价指标的值与其他评价指标的值相差较大时，表明该评价指标发出的有效信息量较大，其熵值越大，权重也越大[2]；反之，熵值越小，权重也越小。但如果将熵权法用于系统评价，则需要引入理想值，而该理想值需要主观设定，从而导致评价结果的可信度下降[3]。

密切值法是一种综合质量评价方法[4,5]，其基本思想是将一组评价指标转化成一个能综合反映总体质量的单一指标，以单一指标的最小值或最大值为最劣基准点或最优基准点，求出评价对象距离基准点的距离，对其进行排序或是界定范围。但是该评价法默认为各指标的权重相等，导致评价结果误差较大[3~5]。

将这两种方法相结合，用密切值法的最劣基准点或最优基准点代替熵权法中的期望值，用熵权法确定各指标的权重，可以很好地弥补两种方法的不足之处[3]。

（1）建立评价指标样本矩阵。设有 m 个致霾污染物排放企业，分别为 C_1、C_2、…、C_m，每个企业有 n 个致霾污染物控制效果评价指标，分别为 S_1、S_2、…、S_n。令企业 C_i 在评价指标 S_j 下的取值为 s_{ij}，建立 $m \times n$ 阶指标样本矩阵 $\boldsymbol{S}$ 为：

$$S=\begin{bmatrix} s_{11} & s_{12} & \cdots & s_{1n} \\ s_{21} & s_{22} & \cdots & s_{2n} \\ \vdots & \vdots & \vdots & \vdots \\ s_{m1} & s_{m1} & \cdots & s_{mm} \end{bmatrix}=[s_{ij}]_{m\times n} \tag{13-1}$$

由于样本矩阵 **S** 中各评价指标的量纲和数量级等方面存在差异，需要进行规范化处理，使其具有可比性。令 $F_j=\min\{s_{1j},\ s_{2j},\ \cdots,\ s_{mj}\}$，$G_j=\max\{s_{1j},\ s_{2j},\ \cdots,\ s_{mj}\}$，$j=1、2、\cdots、n$，建立规范化无量纲指标如下：

$$r_{ij}=\frac{s_{ij}-F_j}{G_j-F_j} \quad i=1,\ 2,\ \cdots,\ m;\ j=1,\ 2,\ \cdots,\ n \tag{13-2}$$

由此得到无量纲矩阵 $\boldsymbol{R}=[r_{ij}]_{m\times n}$。

（2）确定各指标权重。根据熵的定义，评价指标的熵为：

$$H_j=-k\sum_{i=1}^{m}f_{ij}\ln f_{ij} \quad j=1,\ 2,\ \cdots,\ n \tag{13-3}$$

式中，$f_{ij}=\dfrac{1+r_{ij}}{m+\sum\limits_{i=1}^{m}r_{ij}}$，$k=\dfrac{1}{\ln n}$。

则有第 j 个指标的熵权为：

$$w_j=\frac{1-H_j}{n-\sum\limits_{k=1}^{n}H_k} \quad j=1,\ 2,\ \cdots,\ n \tag{13-4}$$

权重列向量为：

$$\boldsymbol{W}=(w_1,\ w_2,\ \cdots,\ w_n)^{\mathrm{T}} \tag{13-5}$$

（3）确定虚拟的最优点和最劣点。根据各指标的最高值和最低值确定虚拟的致霾污染物控制效果最好的企业和致霾污染物控制效果最差的企业，即最优点和最劣点，具体步骤如下：

1）令正向指标（越大越好型指标）的最优值和最劣值分别为：

$$(r'_j)^{+}_{\mathrm{M}}=\max(r_{1j},\ r_{2j},\ \cdots,\ r_{nj}),\ j\in\{1,\ 2,\ \cdots,\ n\} \tag{13-6}$$

$$(r'_j)^{-}_{\mathrm{M}}=\min(r_{1j},\ r_{2j},\ \cdots,\ r_{nj}),\ j\in\{1,\ 2,\ \cdots,\ n\} \tag{13-7}$$

2）令负向指标（越小越好型指标）的最优值和最劣值分别为：

$$(r'_j)^{+}_{\mathrm{m}}=\min(r_{1j},\ r_{2j},\ \cdots,\ r_{nj}),\ j\in\{1,\ 2,\ \cdots,\ n\} \tag{13-8}$$

$$(r'_j)^{-}_{\mathrm{m}}=\max(r_{1j},\ r_{2j},\ \cdots,\ r_{nj}),\ j\in\{1,\ 2,\ \cdots,\ n\} \tag{13-9}$$

3）虚拟的最优点和最劣点分别为：

$$(R')^{+} = \{(r_1')_{\mathrm{M}}^{+}, (r_2')_{\mathrm{M}}^{+}, \cdots, (r_k')_{\mathrm{m}}^{+} \cdots, (r_n')_{\mathrm{m}}^{+}\} \tag{13-10}$$

$$(R')^{-} = \{(r_1')_{\mathrm{M}}^{-}, (r_2')_{\mathrm{M}}^{-}, \cdots, (r_k')_{\mathrm{m}}^{-} \cdots, (r_n')_{\mathrm{m}}^{-}\} \tag{13-11}$$

(4) 计算各样本点与虚拟点的距离。计算出各样本点与虚拟点的距离可为企业的致霾污染物控制效果提供一个定量依据。

第 i 个样本点与虚拟的最优点的距离为：

$$D_i^{+} = \left\{\sum_{j=1}^{n} (w_i r_{ij} - w_i (R')_j^{+})^2\right\}^{1/2} \quad i = 1, 2, \cdots, m \tag{13-12}$$

第 i 个样本点与虚拟的最劣点的距离为：

$$D_i^{-} = \left\{\sum_{j=1}^{n} (w_i r_{ij} - w_j (R')_j^{-})^2\right\}^{1/2} \quad i = 1, 2, \cdots, m \tag{13-13}$$

(5) 计算密切值。对上述距离值进行无量纲处理，即得到各样本点的密切值。

$$K_i^{+} = \frac{D_i^{+}}{\min(|D_1^{+}|, |D_2^{+}|, \cdots, |D_m^{+}|)} - \frac{D_i^{-}}{\max(|D_1^{-}|, |D_2^{-}|, \cdots, |D_m^{-}|)} \quad i = 1, 2, \cdots, m \tag{13-14}$$

$$K_i^{-} = \frac{D_i^{-}}{\min(|D_1^{+}|, |D_2^{+}|, \cdots, |D_m^{+}|)} - \frac{D_i^{+}}{\max(|D_1^{-}|, |D_2^{-}|, \cdots, |D_m^{-}|)} \quad i = 1, 2, \cdots, m \tag{13-15}$$

对各样本而言，K_i^{+} 越小，K_i^{-} 越大，说明该样本越接近虚拟的最好的致霾污染物排放控制效果，即该样本的致霾污染物控制效果越好。按 K_i^{+} 或 K_i^{-} 排序，就能得到致霾污染物控制效果的综合排序。

13.3 非标杆企业努力方向辨识

采用熵权-密切值法可以确定出标杆企业，并确定出非标杆企业离标杆企业的距离。但该方法无法发确定非标杆企业如何努力，才能达到标杆企业的水平。采用 DEA 方法[6~8]，可以帮助非标杆企业确定提供致霾污染物排放控制水平的努力方向。

DEA 的基本原理如图 13-1 所示。图中各字母定义如下：x_{ij} 为第 j 个决策单元对第 i 种类型输入的投入总量，$x_{ij} > 0$；y_{rj} 为第 j 个决策单元对第 r 种类型输出的产出总量，$y_{rj} > 0$；v_i 为对第 i 种类型输入的一种度量，权系数；u_r 为对第 r 种类型输出的一种度量，权系数；$i = 1、2、\cdots、m$，$r = 1、2、\cdots、s$，j 为 1、2、…、n。

采用超效率 Supper-CCR-I 模型对投入导向视角下的各企业提高致霾污染物排放控制水平的努力方向进行计算。该计算结果的特征是：

(1) 规模收益不变：产出与投入的比值为常数。

			决策单元								
			1	2	⋯	j	⋯	n			
权系数	v_1	1	x_{11}	x_{11}	⋯	x_{1j}	⋯	x_{1n}			
	v_2	2	x_{21}	x_{22}	⋯	x_{2j}	⋯	x_{2n}			
	⋮	⋮	⋮	⋮	⋮	⋮	⋮	⋮			
	v_i	I	x_{i1}	x_{i2}	⋯	x_{ij}	⋯	x_{in}			
	⋮	⋮	⋮	⋮	⋮	⋮	⋮	⋮			
	v_m	m	x_{m1}	x_{m2}	⋯	x_{mj}	⋯	x_{mn}			
		m 种输入									
			y_{11}	y_{11}	⋯	y_{1j}	⋯	y_{1n}	1	u_1	权系数
			y_{21}	y_{22}	⋯	y_{2j}	⋯	y_{2n}	2	u_2	
			⋮	⋮	⋮	⋮	⋮	⋮	⋮	⋮	
			y_{r1}	x_{r2}	⋯	y_{rj}	⋯	y_{rn}	r	u_r	
			⋮	⋮	⋮	⋮	⋮	⋮	⋮	⋮	
			y_{s1}	x_{s2}	⋯	y_{sj}	⋯	y_{sn}	s	u_s	
										s 种输出	

图 13-1 DEA 基本原理

（2）对于被评价为 DEA 有效的企业来说，在保持其他企业投入和产出不变的条件下，当该企业等比例增加投入后（增加比例为 θ^*-1），仍将是 DEA 有效。

（3）对于被评价为 DEA 无效率的企业来说，在保持其他企业投入和产出不变的条件下，当该企业等比例增加投入后（增加比例为 θ^*），达到 DEA 有效。

Supper-CCR-I 模型的结构如式（13-16）所示：

$$\begin{cases}\min\theta \\ \text{s. t.} \\ \sum\limits_{j=1,\ j\neq k}^{n}\boldsymbol{\lambda}_j\boldsymbol{x}_j+\boldsymbol{s}^+=\theta\boldsymbol{x}_{0k} \\ \sum\limits_{j=1,\ j\neq k}^{n}\boldsymbol{\lambda}_j\boldsymbol{y}_j-s^-=\boldsymbol{y}_{0k} \\ \lambda_j\geqslant 0,\ j=1,\ 2,\ \cdots,\ n;\ j\neq k \\ \theta\text{ 无约束},\ \boldsymbol{s}^+\geqslant 0,\ \boldsymbol{s}^-\leqslant 0\end{cases} \tag{13-16}$$

式中，$\boldsymbol{x}_{0k}=(x_{1k},\ x_{2k},\ \cdots,\ x_{mk})^{\mathrm{T}}$，$k=j_0$；$\boldsymbol{\lambda}_j$ 为待求变量；$\boldsymbol{x}_j=(x_{1j},\ x_{2j},\ \cdots,$

$x_{mj})^{\mathrm{T}}$，$\boldsymbol{y}_j=(y_{1j}, y_{2j}, \cdots, y_{sj})^{\mathrm{T}}$，$\boldsymbol{y}_{0k}=(y_{1k}, y_{2k}, \cdots, y_{sk})^{\mathrm{T}}$；$\boldsymbol{s}^+$为松弛变量，$\boldsymbol{s}^-$为剩余变量；$\theta$为被评价企业的运行效率。

利用 DEA 有效性的定义，能够利用 Supper-CCR-I 模型判定是否同时技术有效和规模有效：

（1）$\theta^* \geqslant 1$，且$\boldsymbol{s}^{*+}=0$，$\boldsymbol{s}^{*-}=0$。则被评价企业k为 DEA 有效，被评价企业的运营活动同时为技术有效和规模有效。

（2）$\theta^* \geqslant 1$，但至少某个投入或者产出大于 0，则被评价企业为弱 DEA 有效，被评价企业k的运营活动不是同时为技术效率最佳和规模最佳。

（3）$\theta^* <1$，被评价企业还可以用 CCR 模型中的λ_j判断被评价企业k的规模收益情况：

1）如果存在$\lambda_j^*(j=1, 2, \cdots, n)$使得$\sum\limits_{j=1}^{n}\lambda_j^* \geqslant 1$，则被评价企业$k$为规模收益不变；

2）如果不存在$\lambda_j^*(j=1, 2, \cdots, n)$使得$\sum\limits_{j=1}^{n}\lambda_j^* \geqslant 1$，若$\sum\limits_{j=1}^{n}\lambda_j^* < 1$，则被评价企业$k$为规模收益递增；

3）如果不存在$\lambda_j^*(j=1, 2, \cdots, n)$使得$\sum\limits_{j=1}^{n}\lambda_j^* \geqslant 1$，若$\sum\limits_{j=1}^{n}\lambda_j^* > 1$，则被评价企业$k$为规模收益递减。

Supper-CCR-I 模型中变量的含义：

（1）λ_j使各个有效点连接起来，形成有效前沿面；非零的$\boldsymbol{s}^+$、$\boldsymbol{s}^-$使有效前沿面可以沿水平和垂直方向延伸，形成包络面。

（2）在实际运用中，对松弛变量的研究是有意义的，因为它是一种纯的过剩量（$\boldsymbol{s}^-$）或不足量（$\boldsymbol{s}^+$），θ则表示被评价企业k离有效前沿面或包络面的一种径向优化量或“距离”。

（3）设$\hat{x}_{ik}=\theta^0 x_{ik}-s_i^{-0}$，$\hat{y}_{rk}=y_{rk}+s_r^{+0}$，其中$s_i^{-0}$、$s_r^{+0}$、$\theta^0$是被评价企业$k$对应的线性规划（13-16）的最优解，则（$\hat{x}_{ik}$，$\hat{y}_{rk}$）为被评价企业$k$对应的($x_{0k}$，$y_{0k}$)在 DEA 的相对有效面上的投影，它是 DEA 有效的。

采用超效率 Supper-CCR-O 模型对产出导向视角下的各企业提高致霾污染物排放控制水平的努力方向进行计算。该评价的特征是：

（1）能源消费结构的规模收益不变：产出与投入的比值为常数。

（2）对于被评价为 DEA 有效的企业来说，在保持其他企业投入和产出不变的条件下，该在企业等比例降低投入后（降低比例为θ^*-1），仍将是 DEA 有效。

（3）对于被评价为 DEA 无效率的企业来说，在保持其他企业投入和产出不变的条件下，在该企业等比例降低投入后（增加比例为θ^*），达到 DEA 有效。

Supper-CCR-O 模型的结构如式（13-17）所示：

$$
\begin{cases}
\max\theta \\
\text{s. t.} \\
\sum_{j=1,\ j\neq k}^{n} \lambda_j \boldsymbol{x}_j + \boldsymbol{s}^+ = \theta \boldsymbol{x}_{0k} \\
\sum_{j=1,\ j\neq k}^{n} \lambda_j \boldsymbol{y}_j - \boldsymbol{s}^- = \boldsymbol{y}_{0k} \\
\sum_{j=1}^{n} \lambda_j = 1 \\
\lambda_j \geqslant 0;\ j = 1,\ 2,\ \cdots,\ n;\ j \neq k \\
\theta \text{ 无约束；} \boldsymbol{s}^+ \geqslant 0,\ \boldsymbol{s}^- \leqslant 0
\end{cases}
\tag{13-17}
$$

13.4 例子研究

13.4.1 化工企业对标考核过程分析

以陕西省 5 个化工企业为例，其 2017 年的对标考核指标如表 13-3 所示。

表 13-3 2017 年陕西省 5 个化工企业对标考核指标

指标名称	企业 A	企业 B	企业 C	企业 D	企业 E
总致霾污染物排放量/mg · m^{-3}	2900	3100	2850	3250	3010
臭氧排放量/μg · m^{-3}	230	250	270	260	200
致霾污染物物种去除率/%	87. 3	85. 7	84. 3	93. 4	92. 3
致霾污染物物种去除速率/mg ·（h · m^3）$^{-1}$	105. 49	110. 70	100. 12	126. 48	117. 76
致霾污染物物种去除达标率/%	85	83	81	90	89
除去的致霾污染物物种范围	80	85	85	90	92
除去的致霾污染物物种浓度范围	75	83	87	92	93
管理复杂度	78	85	82	80	80
技术先进水平	72	85	90	94	95
单位控制气量投资/万元 · m^{-3}	21	25	30	27	28
单位控制气量运行成本/元 · m^{-3}	93	158	143	120	110
单位控制气量回收成本/元 · m^{-3}	45	65	76	85	90
社会接受程度	75	75	80	80	80
提升企业形象程度	70	70	80	85	85
符合可持续发展理念程度	75	76	84	86	88

续表 13-3

指 标 名 称	企业 A	企业 B	企业 C	企业 D	企业 E
有毒尾气排放量/m^3 · (万元产值)$^{-1}$	68. 73	72. 56	68. 56	60. 34	50. 78
有毒废水排放量/t · (万元产值)$^{-1}$	1. 43	1. 53	1. 12	1. 02	0. 95
工业粉尘排放量/kg · (万元产值)$^{-1}$	0. 13	0. 15	0. 12	0. 08	0. 07
噪声水平/分贝	74	76	68	50	45
煤炭消耗率/t · (万元产值)$^{-1}$	2. 76	2. 93	2. 34	1. 46	1. 32
油料消耗率/t · (万元产值)$^{-1}$	0. 54	0. 48	0. 78	0. 48	0. 45
燃气消耗率/m^3 · (万元产值)$^{-1}$	8. 45	10. 21	9. 59	11. 23	12. 53
电力消耗率/度 · (万元产值)$^{-1}$	6. 4	7. 8	9. 3	12. 2	13. 5
耗水率/t · (万元产值)$^{-1}$	0. 45	0. 40	0. 38	0. 35	0. 31

(1) 建立评价矩阵。由式 (13-1)、式 (13-2) 得到无量纲矩阵 $\boldsymbol{R}^{\mathrm{T}}$，如表 13-4 所示。

表 13-4 无量纲矩阵 $\boldsymbol{R}^{\mathrm{T}}$

评价指标	企业 A	企业 B	企业 C	企业 D	企业 E
S_1	0. 1250	0. 6250	0. 0000	1. 0000	0. 4000
S_2	0. 0000	0. 1333	0. 2667	0. 2000	1. 0000
S_3	0. 3297	0. 1538	0. 0000	1. 0000	0. 8791
S_4	0. 2037	0. 4014	0. 0000	1. 0000	0. 6692
S_5	0. 4444	0. 2222	0. 0000	1. 0000	0. 8889
S_6	0. 0000	0. 4167	0. 4167	0. 8333	1. 0000
S_7	0. 0000	0. 4444	0. 6667	0. 9444	1. 0000
S_8	0. 0000	1. 0000	0. 5714	0. 2857	0. 2857
S_9	0. 0000	0. 5652	0. 7826	0. 9565	1. 0000
S_{10}	0. 0000	0. 4444	1. 0000	0. 6667	0. 7778
S_{11}	0. 0000	1. 0000	0. 7692	0. 4154	0. 2615
S_{12}	0. 0000	0. 4444	0. 6889	0. 8889	1. 0000
S_{13}	0. 0000	0. 0000	1. 0000	1. 0000	1. 0000
S_{14}	0. 0000	0. 0000	0. 6667	1. 0000	1. 0000
S_{15}	0. 0000	0. 0769	0. 6923	0. 8462	1. 0000
S_{16}	0. 8242	1. 0000	0. 8163	0. 4389	0. 0000
S_{17}	0. 8276	1. 0000	0. 2931	0. 1207	0. 0000
S_{18}	0. 7500	1. 0000	0. 6250	0. 1250	0. 0000
S_{19}	0. 9355	1. 0000	0. 7419	0. 1613	0. 0000

续表 13-4

评价指标	企业 A	企业 B	企业 C	企业 D	企业 E
S_{20}	0.8944	1.0000	0.6335	0.0870	0.0000
S_{21}	0.2727	0.0909	1.0000	0.0909	0.0000
S_{22}	0.0000	0.4314	0.2794	0.6814	1.0000
S_{23}	0.0000	0.1972	0.4085	0.8169	1.0000
S_{24}	1.0000	0.6429	0.5000	0.2857	0.0000

（2）计算权重。依据式（13-3）、式（13-4）的权重公式，计算得到权重 W：

$W=(0.0416, 0.0417, 0.0418, 0.0416, 0.0417, 0.0415, 0.0415, 0.0415, 0.0415, 0.0415, 0.0416, 0.0415, 0.0421, 0.0420, 0.0418, 0.0415, 0.0418, 0.0417, 0.0418, 0.0418, 0.0418, 0.0415, 0.0417, 0.0415)^{T}$

（3）确定虚拟的最优点和最劣点。由式（13-6）~式（13-11）得

$$(R')^{+}=\{0, 0, 1, 1, 1, 1, 1, 0, 1, 0, 0, 0, 1, 1, 1, 0, 0, 0, 0, 0, 0, 0, 0, 0\}$$

$$(R')^{-}=\{1, 1, 0, 0, 0, 0, 0, 1, 0, 1, 1, 1, 0, 0, 0, 1, 1, 1, 1, 1, 1, 1, 1, 1\}$$

（4）各企业的致霾污染物排放控制效果与最优点和最劣点的距离。由式（13-12）和式（13-13）得

$$D^{+}=\{0.1450, 0.1551, 0.1301, 0.0838, 0.0935\}$$

$$D^{-}=\{0.1232, 0.0869, 0.1106, 0.1599, 0.1693\}$$

（5）计算各企业致霾污染物排放控制效果的密切值并排序。由式（13-14）和式（13-15）得

$$K^{+}=\{1.0021, 1.3370, 0.8990, 0.0553, 0.1151\}$$

$$K^{-}=\{1.3395, 0.9162, 1.2015, 1.7943, 1.8969\}$$

按 K^{+} 进行排序，K^{+}越小，离最优点越近，即该企业致霾污染物排放控制效果越好，故排序结果为：

企业 D>企业 E>企业 C>企业 A>企业 B

按 K^{-}进行排序，K^{-}越大，离最劣点越远，即该企业致霾污染物排放控制效果越好，故排序结果为：

企业 E>企业 D>企业 A>企业 C>企业 B

企业 D 和企业 E 的密切值比较接近，均优于其他三个企业，企业 D 和企业 E 可以作为其他企业的标杆企业。

13.4.2 化工企业提升致霾污染物排放控制效果的努力方向辨识

为了能够采用 DEA 模型来确定企业 A、企业 B、企业 C、企业 D 和企业 E 的

致霾污染物排放控制改进方向，需要将表 13-3 所示的评价指标按投入产出进行分类，分类结果如表 13-5 所示。

表 13-5 2017 年陕西省 5 个化工企业投入产生指标

指标分类	指 标 名 称	企业 A	企业 B	企业 C	企业 D	企业 E
投入指标	单位控制气量投资/万元 · m^{-3}	21	25	30	27	28
	煤炭消耗率/t ·（万元产值）$^{-1}$	2.76	2.93	2.34	1.46	1.32
	油料消耗率/t ·（万元产值）$^{-1}$	0.54	0.48	0.78	0.48	0.45
	燃气消耗率/m^3 ·（万元产值）$^{-1}$	8.45	10.21	9.59	11.23	12.53
	电力消耗率/度 ·（万元产值）$^{-1}$	6.4	7.8	9.3	12.2	13.5
	耗水率/t ·（万元产值）$^{-1}$	0.45	0.40	0.38	0.35	0.31
	单位控制气量运行成本/元 · m^{-3}	93	158	143	120	110
	单位控制气量回收成本/元 · m^{-3}	45	65	76	85	90
	技术先进水平	72	85	90	94	95
	管理复杂度	78	85	82	80	80
产出指标	总致霾污染物排放量/mg · m^{-3}	2900	3100	2850	3250	3010
	臭氧排放量/μg · m^{-3}	230	250	270	260	200
	致霾污染物物种去除率/%	87.3	85.7	84.3	93.4	92.3
	致霾污染物物种去除速率/mg ·（h · m^3）$^{-1}$	105.49	110.70	100.12	126.48	117.76
	致霾污染物物种去除达标率/%	85	83	81	90	89
	除去的致霾污染物物种范围	80	85	85	90	92
	除去的致霾污染物物种浓度范围	75	83	87	92	93
	社会接受程度	75	75	80	80	80
	提升企业形象程度	70	70	80	85	85
	符合可持续发展理念程度	75	76	84	86	88
	有毒尾气排放量/m^3 ·（万元产值）$^{-1}$	68.73	72.56	68.56	60.34	50.78
	有毒废水排放量/t ·（万元产值）$^{-1}$	1.43	1.53	1.12	1.02	0.95
	工业粉尘排放量/kg ·（万元产值）$^{-1}$	0.13	0.15	0.12	0.08	0.07
	噪声水平/分贝	74	76	68	50	45

由于投入指标是越小越好，而产出指标应该是越大越好，因此，必须对表 13-5 中不满足此要求的指标进行改造。改造后数据如表 13-6 所示。

采用式（13-16）和式（13-17），可分别得出投入导向视角和产出导向视角下的各企业的参考标杆和努力方向，如表 13-7~表 13-10 所示。

表 13-6 2017 年陕西省 5 个化工企业投入产生指标

指标分类	指标名称	企业 A	企业 B	企业 C	企业 D	企业 E
投入指标	单位控制气量投资/万元 · m^{-3}	21	25	30	27	28
	煤炭消耗率/t · (万元产值)$^{-1}$	2.76	2.93	2.34	1.46	1.32
	油料消耗率/t · (万元产值)$^{-1}$	0.54	0.48	0.78	0.48	0.45
	燃气消耗率/m^3 · (万元产值)$^{-1}$	8.45	10.21	9.59	11.23	12.53
	电力消耗率/度 · (万元产值)$^{-1}$	6.4	7.8	9.3	12.2	13.5
	耗水率/t · (万元产值)$^{-1}$	0.45	0.40	0.38	0.35	0.31
	单位控制气量运行成本/元 · m^{-3}	93	158	143	120	110
	单位控制气量回收成本/元 · m^{-3}	45	65	76	85	90
	技术先进水平（100-）	28	15	10	6	5
	管理复杂度（100-）	22	15	18	20	20
产出指标	总致霾污染物排放量/mg · m^{-3}（3300-）	400	200	550	50	290
	臭氧排放量/μg · m^{-3}（400-）	170	150	130	140	200
	致霾污染物物种去除率/%	87.3	85.7	84.3	93.4	92.3
	致霾污染物物种去除速率/mg · (h · m^3)$^{-1}$	105.49	110.70	100.12	126.48	117.76
	致霾污染物物种去除达标率/%	85	83	81	90	89
	除去的致霾污染物物种范围	80	85	85	90	92
	除去的致霾污染物物种浓度范围	75	83	87	92	93
	社会接受程度	75	75	80	80	80
	提升企业形象程度	70	70	80	85	85
	符合可持续发展理念程度	75	76	84	86	88
	有毒尾气排放量/m^3 · (万元产值)$^{-1}$（80-）	11.27	7.44	11.44	19.66	29.22
	有毒废水排放量/t · (万元产值)$^{-1}$（2-）	0.57	0.47	0.88	0.98	1.05
	工业粉尘排放量/kg · (万元产值)$^{-1}$（0.5-）	0.37	0.35	0.38	0.42	0.43
	噪声水平/分贝（80-）	6	4	12	30	35

表 13-7 各企业的参考标杆（投入导向视角）

企业	效率	排名	标杆
企业 A	1.843016036	3	企业 B（0.602069668）；企业 C（0.453765475）；企业 E（0.10350019）
企业 B	1.296909041	4	企业 A（0.210052453）；企业 C（0.284701547）；企业 D（0.329977602）；企业 E（0.155415088）
企业 C	2.060505002	2	企业 A（0.527036684）；企业 E（1.169604574）
企业 D	1.173494205	5	企业 A（1.38E-02）；企业 B（0.022805048）；企业 C（0.193156929）；企业 E（0.875996164）
企业 E	2.322515379	1	企业 C（0.414061127）；企业 D（1.245327605）

表 13-8　各企业的努力方向（投入导向视角）

项　目	调整前数据	调整后数据	差值	调整百分比/%
企业 A	1.84			
单位控制气量投资/万元 · m^{-3}	21.00	31.56	10.56	50.30
煤炭消耗率/t · (万元产值)$^{-1}$	2.76	2.96	0.20	7.34
油料消耗率/t · (万元产值)$^{-1}$	0.54	0.69	0.15	27.69
燃气消耗率/m^3 · (万元产值)$^{-1}$	8.45	11.80	3.35	39.59
电力消耗率/度 · (万元产值)$^{-1}$	6.40	10.31	3.91	61.15
耗水率/t · (万元产值)$^{-1}$	0.45	0.45	0.00	-1.03
单位控制气量运行成本/元 · m^{-3}	93.00	171.40	78.40	84.30
单位控制气量回收成本/元 · m^{-3}	45.00	82.94	37.94	84.30
技术先进水平	28.00	14.09	-13.91	-49.69
管理复杂度	22.00	19.27	-2.73	-12.41
总致霾污染物排放量/mg · m^{-3}	400.00	400.00	0.00	0.00
臭氧排放量/μg · m^{-3}	170.00	170.00	0.00	0.00
致霾污染物物种去除率/%	87.30	99.40	12.10	13.86
致霾污染物物种去除速率/mg · (h · m^3)$^{-1}$	105.49	124.27	18.78	17.80
致霾污染物物种去除达标率/%	85.00	95.94	10.94	12.87
除去的致霾污染物物种范围	80.00	99.27	19.27	24.09
除去的致霾污染物物种浓度范围	75.00	99.07	24.07	32.10
社会接受程度	75.00	89.74	14.74	19.65
提升企业形象程度	70.00	87.24	17.24	24.63
符合可持续发展理念程度	75.00	92.98	17.98	23.98
有毒尾气排放量/m^3 · (万元产值)$^{-1}$	11.27	12.69	1.42	12.64
有毒废水排放量/t · (万元产值)$^{-1}$	0.57	0.79	0.22	38.77
工业粉尘排放量/kg · (万元产值)$^{-1}$	0.37	0.43	0.06	15.58
噪声水平/分贝	6.00	11.48	5.48	91.27
企业 B	1.30			
单位控制气量投资/万元 · m^{-3}	25.00	26.21	1.21	4.85
煤炭消耗率/t · (万元产值)$^{-1}$	2.93	1.93	-1.00	-34.03
油料消耗率/t · (万元产值)$^{-1}$	0.48	0.56	0.08	17.46
燃气消耗率/m^3 · (万元产值)$^{-1}$	10.21	10.16	-0.05	-0.51
电力消耗率/度 · (万元产值)$^{-1}$	7.80	10.12	2.32	29.69
耗水率/t · (万元产值)$^{-1}$	0.40	0.37	-0.03	-8.40

续表 13-8

项　目	调整前数据	调整后数据	差值	调整百分比/%
单位控制气量运行成本/元 · m^{-3}	158.00	116.94	-41.06	-25.99
单位控制气量回收成本/元 · m^{-3}	65.00	73.13	8.13	12.50
技术先进水平	15.00	11.49	-3.51	-23.43
管理复杂度	15.00	19.45	4.45	29.69
总致霾污染物排放量/mg · m^{-3}	200.00	302.18	102.18	51.09
臭氧排放量/μg · m^{-3}	150.00	150.00	0.00	0.00
致霾污染物物种去除率/%	85.70	87.50	1.80	2.10
致霾污染物物种去除速率/mg · $(h \cdot m^3)^{-1}$	110.70	110.70	0.00	0.00
致霾污染物物种去除达标率/%	83.00	84.45	1.45	1.74
除去的致霾污染物物种范围	85.00	85.00	0.00	0.00
除去的致霾污染物物种浓度范围	83.00	85.33	2.33	2.81
社会接受程度	75.00	77.36	2.36	3.15
提升企业形象程度	70.00	78.74	8.74	12.48
符合可持续发展理念程度	76.00	81.72	5.72	7.53
有毒尾气排放量/m^3 · (万元产值)$^{-1}$	7.44	16.65	9.21	123.83
有毒废水排放量/t · (万元产值)$^{-1}$	0.47	0.86	0.39	82.30
工业粉尘排放量/kg · (万元产值)$^{-1}$	0.35	0.39	0.04	11.81
噪声水平/分贝	4.00	20.02	16.02	400.39
企业 C	2.06			
单位控制气量投资/万元 · m^{-3}	30.00	43.82	13.82	46.06
煤炭消耗率/t · (万元产值)$^{-1}$	2.34	3.00	0.66	28.14
油料消耗率/t · (万元产值)$^{-1}$	0.78	0.81	0.03	3.96
燃气消耗率/m^3 · (万元产值)$^{-1}$	9.59	19.11	9.52	99.26
电力消耗率/度 · (万元产值)$^{-1}$	9.30	19.16	9.86	106.05
耗水率/t · (万元产值)$^{-1}$	0.38	0.60	0.22	57.83
单位控制气量运行成本/元 · m^{-3}	143.00	177.67	34.67	24.25
单位控制气量回收成本/元 · m^{-3}	76.00	128.98	52.98	69.71
技术先进水平	10.00	20.61	10.61	106.05
管理复杂度	18.00	34.99	16.99	94.37
总致霾污染物排放量/mg · m^{-3}	550.00	550.00	0.00	0.00
臭氧排放量/μg · m^{-3}	130.00	323.52	193.52	148.86

续表 13-8

项　目	调整前数据	调整后数据	差值	调整百分比/%
致霾污染物物种去除率/%	84.30	153.96	69.66	82.64
致霾污染物物种去除速率/mg·(h·m^3)$^{-1}$	100.12	193.33	93.21	93.10
致霾污染物物种去除达标率/%	81.00	148.89	67.89	83.82
除去的致霾污染物物种范围	85.00	149.77	64.77	76.20
除去的致霾污染物物种浓度范围	87.00	148.30	61.30	70.46
社会接受程度	80.00	133.10	53.10	66.37
提升企业形象程度	80.00	136.31	56.31	70.39
符合可持续发展理念程度	84.00	142.45	58.45	69.59
有毒尾气排放量/m^3·(万元产值)$^{-1}$	11.44	40.12	28.68	250.66
有毒废水排放量/t·(万元产值)$^{-1}$	0.88	1.53	0.65	73.69
工业粉尘排放量/kg·(万元产值)$^{-1}$	0.38	0.70	0.32	83.67
噪声水平/分贝	12.00	44.10	32.10	267.49
企业 D	1.17			
单位控制气量投资/万元·m^{-3}	27.00	31.18	4.18	15.49
煤炭消耗率/t·(万元产值)$^{-1}$	1.46	1.71	0.25	17.35
油料消耗率/t·(万元产值)$^{-1}$	0.48	0.56	0.08	17.35
燃气消耗率/m^3·(万元产值)$^{-1}$	11.23	13.18	1.95	17.35
电力消耗率/度·(万元产值)$^{-1}$	12.20	13.89	1.69	13.84
耗水率/t·(万元产值)$^{-1}$	0.35	0.36	0.01	2.94
单位控制气量运行成本/元·m^{-3}	120.00	128.87	8.87	7.39
单位控制气量回收成本/元·m^{-3}	85.00	95.62	10.62	12.50
技术先进水平	6.00	7.04	1.04	17.35
管理复杂度	20.00	21.64	1.64	8.22
总致霾污染物排放量/mg·m^{-3}	50.00	370.37	320.37	640.74
臭氧排放量/μg·m^{-3}	140.00	206.08	66.08	47.20
致霾污染物物种去除率/%	93.40	100.30	6.90	7.39
致霾污染物物种去除速率/mg·(h·m^3)$^{-1}$	126.48	126.48	0.00	0.00
致霾污染物物种去除达标率/%	90.00	96.68	6.68	7.42
除去的致霾污染物物种范围	90.00	100.06	10.06	11.17
除去的致霾污染物物种浓度范围	92.00	101.20	9.20	10.00
社会接受程度	80.00	88.28	8.28	10.35

续表 13-8

项　目	调整前数据	调整后数据	差值	调整百分比/%
提升企业形象程度	85.00	92.48	7.48	8.80
符合可持续发展理念程度	86.00	96.08	10.08	11.73
有毒尾气排放量/m^3·(万元产值)$^{-1}$	19.66	28.13	8.47	43.09
有毒废水排放量/t·(万元产值)$^{-1}$	0.98	1.11	0.13	13.10
工业粉尘排放量/kg·(万元产值)$^{-1}$	0.42	0.46	0.04	10.28
噪声水平/分贝	30.00	33.15	3.15	10.51
企业 E	2.32			
单位控制气量投资/万元·m^{-3}	28.00	46.05	18.05	64.45
煤炭消耗率/t·(万元产值)$^{-1}$	1.32	2.79	1.47	111.14
油料消耗率/t·(万元产值)$^{-1}$	0.45	0.92	0.47	104.61
燃气消耗率/m^3·(万元产值)$^{-1}$	12.53	17.96	5.43	43.30
电力消耗率/度·(万元产值)$^{-1}$	13.50	19.04	5.54	41.06
耗水率/t·(万元产值)$^{-1}$	0.31	0.59	0.28	91.36
单位控制气量运行成本/元·m^{-3}	110.00	208.65	98.65	89.68
单位控制气量回收成本/元·m^{-3}	90.00	137.32	47.32	52.58
技术先进水平	5.00	11.61	6.61	132.25
管理复杂度	20.00	32.36	12.36	61.80
总致霾污染物排放量/mg·m^{-3}	290.00	290.00	0.00	0.00
臭氧排放量/μg·m^{-3}	200.00	228.17	28.17	14.09
致霾污染物物种去除率/%	92.30	151.22	58.92	63.83
致霾污染物物种去除速率/mg·(h·m^3)$^{-1}$	117.76	198.96	81.20	68.96
致霾污染物物种去除达标率/%	89.00	145.62	56.62	63.62
除去的致霾污染物物种范围	92.00	147.27	55.27	60.08
除去的致霾污染物物种浓度范围	93.00	150.59	57.59	61.93
社会接受程度	80.00	132.75	52.75	65.94
提升企业形象程度	85.00	138.98	53.98	63.50
符合可持续发展理念程度	88.00	141.88	53.88	61.23
有毒尾气排放量/m^3·(万元产值)$^{-1}$	29.22	29.22	0.00	0.00
有毒废水排放量/t·(万元产值)$^{-1}$	1.05	1.58	0.53	50.93
工业粉尘排放量/kg·(万元产值)$^{-1}$	0.43	0.68	0.25	58.23
噪声水平/分贝	35.00	42.33	7.33	20.94

表 13-9　各企业的参考标杆（产出导向视角）

企业	效率	排名	标　杆
企业 A	1.843016036	3	企业 B（0.326676305）；企业 C（0.246208099）；企业 E（5.62E-02）
企业 B	1.296909041	4	企业 A（0.161963905）；企业 C（0.219523142）；企业 D（0.254433882）；企业 E（0.119834995）
企业 C	2.060505002	2	企业 A（0.255780347）；企业 E（0.567630058）
企业 D	1.173494205	5	企业 A（1.18E-02）；企业 B（1.94E-02）；企业 C（0.164599815）；企业 E（0.746485292）
企业 E	2.322515379	1	企业 C（0.178281328）；企业 D（0.536197786）

表 13-10　各企业的努力方向（产出导向视角）

项　目	调整前数据	调整后数据	差值	调整百分比/%
企业 A	1.84			
单位控制气量投资/万元 · m^{-3}	21.00	17.13	-3.87	-18.45
煤炭消耗率/t · (万元产值)$^{-1}$	2.76	1.61	-1.15	-41.76
油料消耗率/t · (万元产值)$^{-1}$	0.54	0.37	-0.17	-30.72
燃气消耗率/m^3 · (万元产值)$^{-1}$	8.45	6.40	-2.05	-24.26
电力消耗率/度 · (万元产值)$^{-1}$	6.40	5.60	-0.80	-12.56
耗水率/t · (万元产值)$^{-1}$	0.45	0.24	-0.21	-46.30
单位控制气量运行成本/元 · m^{-3}	93.00	93.00	0.00	0.00
单位控制气量回收成本/元 · m^{-3}	45.00	45.00	0.00	0.00
技术先进水平	28.00	7.64	-20.36	-72.70
管理复杂度	22.00	10.46	-11.54	-52.48
总致霾污染物排放量/mg · m^{-3}	400.00	217.04	-182.96	-45.74
臭氧排放量/μg · m^{-3}	170.00	92.24	-77.76	-45.74
致霾污染物物种去除率/%	87.30	53.93	-33.37	-38.22
致霾污染物物种去除速率/mg · (h · m^3)$^{-1}$	105.49	67.43	-38.06	-36.08
致霾污染物物种去除达标率/%	85.00	52.06	-32.94	-38.76
除去的致霾污染物物种范围	80.00	53.86	-26.14	-32.67
除去的致霾污染物物种浓度范围	75.00	53.76	-21.24	-28.32
社会接受程度	75.00	48.69	-26.31	-35.08
提升企业形象程度	70.00	47.34	-22.66	-32.38
符合可持续发展理念程度	75.00	50.45	-24.55	-32.73
有毒尾气排放量/m^3 · (万元产值)$^{-1}$	11.27	6.89	-4.38	-38.88

续表 13-10

项　目	调整前数据	调整后数据	差值	调整百分比/%
有毒废水排放量/t·(万元产值)$^{-1}$	0.57	0.43	-0.14	-24.71
工业粉尘排放量/kg·(万元产值)$^{-1}$	0.37	0.23	-0.14	-37.29
噪声水平/分贝	6.00	6.23	0.23	3.78
企业 B	1.30			
单位控制气量投资/万元·m^{-3}	25.00	20.21	-4.79	-19.15
煤炭消耗率/t·(万元产值)$^{-1}$	2.93	1.49	-1.44	-49.13
油料消耗率/t·(万元产值)$^{-1}$	0.48	0.43	-0.05	-9.43
燃气消耗率/m^3·(万元产值)$^{-1}$	10.21	7.83	-2.38	-23.28
电力消耗率/度·(万元产值)$^{-1}$	7.80	7.80	0.00	0.00
耗水率/t·(万元产值)$^{-1}$	0.40	0.28	-0.12	-29.37
单位控制气量运行成本/元·m^{-3}	158.00	90.17	-67.83	-42.93
单位控制气量回收成本/元·m^{-3}	65.00	56.38	-8.62	-13.26
技术先进水平	15.00	8.86	-6.14	-40.96
管理复杂度	15.00	15.00	0.00	0.00
总致霾污染物排放量/mg·m^{-3}	200.00	233.00	33.00	16.50
臭氧排放量/μg·m^{-3}	150.00	115.66	-34.34	-22.89
致霾污染物物种去除率/%	85.70	67.47	-18.23	-21.27
致霾污染物物种去除速率/mg·(h·m^3)$^{-1}$	110.70	85.36	-25.34	-22.89
致霾污染物物种去除达标率/%	83.00	65.11	-17.89	-21.55
除去的致霾污染物物种范围	85.00	65.54	-19.46	-22.89
除去的致霾污染物物种浓度范围	83.00	65.80	-17.20	-20.72
社会接受程度	75.00	59.65	-15.35	-20.47
提升企业形象程度	70.00	60.71	-9.29	-13.27
符合可持续发展理念程度	76.00	63.01	-12.99	-17.09
有毒尾气排放量/m^3·(万元产值)$^{-1}$	7.44	12.84	5.40	72.59
有毒废水排放量/t·(万元产值)$^{-1}$	0.47	0.66	0.19	40.57
工业粉尘排放量/kg·(万元产值)$^{-1}$	0.35	0.30	-0.05	-13.79
噪声水平/分贝	4.00	15.43	11.43	285.83
企业 C	2.06			
单位控制气量投资/万元·m^{-3}	30.00	21.27	-8.73	-29.12
煤炭消耗率/t·(万元产值)$^{-1}$	2.34	1.46	-0.88	-37.81

续表 13-10

项　目	调整前数据	调整后数据	差值	调整百分比/%
油料消耗率/t·(万元产值)$^{-1}$	0.78	0.39	-0.39	-49.54
燃气消耗率/m^3·(万元产值)$^{-1}$	9.59	9.27	-0.32	-3.30
电力消耗率/度·(万元产值)$^{-1}$	9.30	9.30	0.00	0.00
耗水率/t·(万元产值)$^{-1}$	0.38	0.29	-0.09	-23.40
单位控制气量运行成本/元·m^{-3}	143.00	86.23	-56.77	-39.70
单位控制气量回收成本/元·m^{-3}	76.00	62.60	-13.40	-17.64
技术先进水平	10.00	10.00	0.00	0.00
管理复杂度	18.00	16.98	-1.02	-5.67
总致霾污染物排放量/mg·m^{-3}	550.00	266.92	-283.08	-51.47
臭氧排放量/μg·m^{-3}	130.00	157.01	27.01	20.78
致霾污染物物种去除率/%	84.30	74.72	-9.58	-11.36
致霾污染物物种去除速率/mg·(h·m^3)$^{-1}$	100.12	93.83	-6.29	-6.29
致霾污染物物种去除达标率/%	81.00	72.26	-8.74	-10.79
除去的致霾污染物物种范围	85.00	72.68	-12.32	-14.49
除去的致霾污染物物种浓度范围	87.00	71.97	-15.03	-17.27
社会接受程度	80.00	64.59	-15.41	-19.26
提升企业形象程度	80.00	66.15	-13.85	-17.31
符合可持续发展理念程度	84.00	69.13	-14.87	-17.70
有毒尾气排放量/m^3·(万元产值)$^{-1}$	11.44	19.47	8.03	70.18
有毒废水排放量/t·(万元产值)$^{-1}$	0.88	0.74	-0.14	-15.70
工业粉尘排放量/kg·(万元产值)$^{-1}$	0.38	0.34	-0.04	-10.86
噪声水平/分贝	12.00	21.40	9.40	78.35
企业 D	1.17			
单位控制气量投资/万元·m^{-3}	27.00	26.57	-0.43	-1.58
煤炭消耗率/t·(万元产值)$^{-1}$	1.46	1.46	0.00	0.00
油料消耗率/t·(万元产值)$^{-1}$	0.48	0.48	0.00	0.00
燃气消耗率/m^3·(万元产值)$^{-1}$	11.23	11.23	0.00	0.00
电力消耗率/度·(万元产值)$^{-1}$	12.20	11.84	-0.36	-2.99
耗水率/t·(万元产值)$^{-1}$	0.35	0.31	-0.04	-12.28
单位控制气量运行成本/元·m^{-3}	120.00	109.82	-10.18	-8.49
单位控制气量回收成本/元·m^{-3}	85.00	81.49	-3.51	-4.13

续表 13-10

项 目	调整前数据	调整后数据	差值	调整百分比/%
技术先进水平	6.00	6.00	0.00	0.00
管理复杂度	20.00	18.44	-1.56	-7.78
总致霾污染物排放量/mg · m^{-3}	50.00	315.61	265.61	531.23
臭氧排放量/μg · m^{-3}	140.00	175.61	35.61	25.44
致霾污染物物种去除率/%	93.40	85.47	-7.93	-8.49
致霾污染物物种去除速率/mg · (h · m^3)$^{-1}$	126.48	107.78	-18.70	-14.78
致霾污染物物种去除达标率/%	90.00	82.38	-7.62	-8.46
除去的致霾污染物物种范围	90.00	85.26	-4.74	-5.26
除去的致霾污染物物种浓度范围	92.00	86.24	-5.76	-6.26
社会接受程度	80.00	75.23	-4.77	-5.96
提升企业形象程度	85.00	78.80	-6.20	-7.29
符合可持续发展理念程度	86.00	81.88	-4.12	-4.79
有毒尾气排放量/m^3 · (万元产值)$^{-1}$	19.66	23.97	4.31	21.94
有毒废水排放量/t · (万元产值)$^{-1}$	0.98	0.94	-0.04	-3.62
工业粉尘排放量/kg · (万元产值)$^{-1}$	0.42	0.39	-0.03	-6.02
噪声水平/分贝	30.00	28.25	-1.75	-5.83
企业 E	2.32			
单位控制气量投资/万元 · m^{-3}	28.00	19.83	-8.17	-29.19
煤炭消耗率/t · (万元产值)$^{-1}$	1.32	1.20	-0.12	-9.09
油料消耗率/t · (万元产值)$^{-1}$	0.45	0.40	-0.05	-11.90
燃气消耗率/m^3 · (万元产值)$^{-1}$	12.53	7.73	-4.80	-38.30
电力消耗率/度 · (万元产值)$^{-1}$	13.50	8.20	-5.30	-39.26
耗水率/t · (万元产值)$^{-1}$	0.31	0.26	-0.05	-17.61
单位控制气量运行成本/元 · m^{-3}	110.00	89.84	-20.16	-18.33
单位控制气量回收成本/元 · m^{-3}	90.00	59.13	-30.87	-34.30
技术先进水平	5.00	5.00	0.00	0.00
管理复杂度	20.00	13.93	-6.07	-30.33
总致霾污染物排放量/mg · m^{-3}	290.00	124.86	-165.14	-56.94
臭氧排放量/μg · m^{-3}	200.00	98.24	-101.76	-50.88
致霾污染物物种去除率/%	92.30	65.11	-27.19	-29.46
致霾污染物物种去除速率/mg · (h · m^3)$^{-1}$	117.76	85.67	-32.09	-27.25
致霾污染物物种去除达标率/%	89.00	62.70	-26.30	-29.55

续表 13-10

项　目	调整前数据	调整后数据	差值	调整百分比/%
除去的致霾污染物物种范围	92.00	63.41	-28.59	-31.07
除去的致霾污染物物种浓度范围	93.00	64.84	-28.16	-30.28
社会接受程度	80.00	57.16	-22.84	-28.55
提升企业形象程度	85.00	59.84	-25.16	-29.60
符合可持续发展理念程度	88.00	61.09	-26.91	-30.58
有毒尾气排放量/m^3 · (万元产值)$^{-1}$	29.22	12.58	-16.64	-56.94
有毒废水排放量/t · (万元产值)$^{-1}$	1.05	0.68	-0.37	-35.01
工业粉尘排放量/kg · (万元产值)$^{-1}$	0.43	0.29	-0.14	-31.87
噪声水平/分贝	35.00	18.23	-16.77	-47.93

13.5　本章小结

基于密切值法和熵权法的优缺点，将两者结合，对致霾污染物排放型企业的致霾污染物排放控制效果进行评价。与其他评价方法不同的是，权重的确定和虚拟的最优点等均来自于样本数据，没有主观臆断和不确定性因素，评价结果更为客观合理，可信度较高，较常用的评价法更为实用；采用 DEA 模型，可以得出个企业提升致霾污染物排放控制效果的努力方向。采用本章提出的方法，可以将不同时间点的致霾污染物排放控制对标管理指标作为评价对象进行比较，分析该企业在致霾污染物排放控制效果方面的变化情况。该方法为致霾污染物排放型企业全方位地了解自身的致霾污染物排放控制效果对标管理提供了新的途径和可靠依据。

参考文献

[1] 吴栋梁，朱先策．一种基于指标贡献度的同业对标考核激励模型 [J]．华北电力大学学报（社会科学版），2016，(1)：21~26.

[2] 许学娜，刘金兰，王之君．基于熵权 TOPSIS 法的企业对标评价模型及实证研究 [J]．情报杂志，2011，30 (1)：78~82.

[3] 梁榕珊，王江波，丁玉珏．基于改进密切值法的火力发电企业生产运营对标管理研究 [J]．华东电力，2010，38 (11)：1663~1666.

[4] 余立斌．密切值法在室内空气品质评价中的应用研究 [J]．环境科学与管理，2017，42 (8)：178~180.

[5] 梁光川，李庆，彭星煜．基于熵权-密切值法的地下储气库设计方案优选 [J]．油气储

运，2017，36（7）：811~815.

[6] 成刚. 数据包络分析方法与 MaxDEA 软件 [M]. 北京：知识产权出版社，2015：30~37.

[7] 陈廉，陈强. 基于 VRS 包络模型的工业企业对标实证研究 [J]. 工业技术经济，2017（10）：108~116.

[8] Ifuero Osad Osamwonyi，Kennedy Imafidon. Benchmarking and Ranking of Listed Manufacturing Companies in Nigeria：A Data Envelopment Analysis Approach [J]. International Journal of Financial Research，2015，6（4）：90~98.